Management de l'eau et santé

sous la direction de
Olivier Thomas
François Petit

2009
PRESSES DE L'ÉCOLE DES HAUTES ÉTUDES EN SANTÉ PUBLIQUE

www.presses.ehesp.fr
ISBN : 978-2-85952-986-4

Liste des auteurs

AIDAN Michael, vice-président marketing, Danone Eau, France.

BARIL Pierre, président, Centre de recherche Ouranos, Québec.

BAURÈS Estelle, responsable de pôle, Laboratoire d'étude et de recherche en environnement et santé (LERES), École des hautes études en santé publique (EHESP).

BEAUCHAMP André, président d'Aquacentrum, Centre de l'eau, Montréal.

BERGERON Peggy, ingénieur, Centre technique littoral-Lyonnaise des Eaux.

BERNIER Anne-Marie, responsable assainissement, ville de Montréal.

BOISSESON (De) Anne-Estelle, Ingénieur, ICS'eau.

BIZET Bernard, avocat au barreau de Paris, coordinateur CHEE-DD, Académie de l'eau, ancien professeur de l'ESSEC.

BOIS Denis, directeur de centre, Université du Québec en Abitibi-Témiscamingue, Amos.

BUCHHOLZ Hans-Ulrich, responsable Projet des effluents, direction générale des opérations, L'Oréal.

CHAUMET Fleur, responsable technique et commercial, Laboratoire d'étude et de recherche en environnement et santé (LERES), École des hautes études en santé publique (EHESP).

CHAUVEL Alain-Michel, directeur management de la qualité et de la sûreté, Bureau Veritas.

CLÉMENT Michel, professeur, Laboratoire d'étude et de recherche en environnement et santé (LERES), École des hautes études en santé publique (EHESP).

CLOUTIER Vincent, professeur, Université du Québec en Abitibi-Témiscamingue, Amos.

COURTOIS Sophie, ingénieur, CIRSEE – SUEZ Environnement.

GIUDICI (De) Pascal, consultant environnement-santé.

GOUYER Sylvain, directeur technique Europe-Afrique, Club Med.

LATULIPPE Jean-Maurice, consultant et juriste, développement durable.

LEBOT Barbara, professeur, Laboratoire d'étude et de recherche en environnement et santé (LERES), École des hautes études en santé publique (EHESP).

LÉTOURNEAU Alain, professeur, faculté de théologie, d'éthique et de philosophie, Université de Sherbrooke.

MASSÉ Philippe, ingénieur, centre technique littoral – Lyonnaise des Eaux.

MONTIEL Antoine, académie de l'eau.

OHAYON-COURTÈS Céline, professeur, laboratoire d'hydrologie – Environnement, EA 3672, Université Victor Segalen-Bordeaux 2.

OLIVER Jean-Louis, secrétaire général de l'Académie de l'eau.

PAULUS Hélène, ingénieur, Laboratoire d'étude et de recherche en environnement et santé (LERES), École des hautes études en santé publique (EHESP).

PEUFEILHOUX (De) Brigitte, présidente de l'association Europe-Baïkal, ONG reconnue par l'UNESCO.

PERONNET Coralie, ingénieur, EGIS Eau.

PETIT François, directeur de la filière Environnement et développement durable du Groupe Sup de Co La Rochelle.

PEYRON Nelly, chef de projet, Risque inondation et ressources en eau, EGIS EAU.

PLISSON Bernard, ingénieur, Port autonome de La Rochelle.

PRÉTOT Jeannette, présidente de l'Ambassade de l'eau, membre de l'Académie de l'eau.

ROCHE Virginie, ingénieur, Lyonnaise des Eaux, Groupe Suez.

ROY Magalie, technologue, Université du Québec en Abitibi-Témiscamingue, Amos.

SAINT-DENIS Karine, doctorante Philosophie, faculté de théologie, d'éthique et de philosophie, Université de Sherbrooke.

SEUX René, professeur émérite de l'EHESP, membre de l'Académie de l'eau.

THOMAS Olivier, directeur, Laboratoire d'étude et de recherche en environnement et santé (LERES), École des hautes études en santé publique (EHESP).

VALENSUELA Daniel, Office international de l'eau.

VEILLETTE Jean, professeur, Université du Québec en Abitibi-Témiscamingue, Amos.

VERREY Dominique, responsable de pôle, Laboratoire d'étude et de recherche en environnement et santé (LERES), École des hautes études en santé publique (EHESP).

WALLET France, médecin, service des études médicales, EDF-Gaz de France.

AVANT-PROPOS

Olivier THOMAS, François PETIT

Le premier forum Eau Samuel-de-Champlain s'est tenu à la Biosphère de Montréal en novembre 2006 sur le thème « Eau et innovation ». Il avait réuni environ 120 participants, français et québécois, chercheurs et représentants de grandes entreprises, collectivités et institutions.

La seconde édition de ce forum s'est déroulée les 24 et 25 avril 2008 à La Rochelle, proche de Brouage, lieu de naissance du « père de la Nouvelle France » et fondateur de la ville de Québec il y a tout juste 400 ans. Elle était placée sous le haut patronage de l'Organisation internationale de la francophonie. Au total, 175 entreprises et organismes y étaient représentés.

L'Eau et la santé : tel était le thème du forum de La Rochelle, retenu à partir des conclusions de celui de Montréal, qui recommandaient de poursuivre les recherches et les travaux sur les « bonnes pratiques », la gouvernance et la maîtrise de l'eau au regard de l'intérêt final des usagers, et donc de la santé.

L'impact sur la santé des usagers des politiques de l'eau, qu'elles soient publiques ou privées, de leur conception à leur mise en œuvre, engage chaque jour davantage la responsabilité des parties impliquées. En outre, leur comportement varie selon qu'il s'agit de considérer la gestion de la ressource, l'efficacité d'un traitement, la répartition des volumes et la prévention des conflits, du coût du service, de la gestion des rejets, etc.

La problématique globale du forum portait sur la question suivante : « Comment entreprises et collectivités locales prennent-elles en compte les attentes des usagers dans leurs projets Eau ? » L'accent a donc été mis sur les innovations de type organisationnel et l'optimisation des processus de gestion de l'eau, pour mieux garantir la santé des usagers tout au long de la chaîne de l'eau.

Les objectifs visaient à répondre aux interrogations suivantes :

– Comment les acteurs de l'eau anticipent-ils les risques émergents ? Quelles solutions innovantes, notamment de type organisationnel, préconisent-ils ?

– Comment améliorer les relations entre entreprises et collectivités, afin de garantir la qualité de l'eau pour l'usager ?

– Comment mettre en place un management total de la qualité tout au long de la chaîne de l'eau ?

Près de 40 conférenciers, français et québécois, représentants des acteurs de l'eau (responsables d'entreprises industrielles et de services, responsables de collectivités…), professionnels de la santé, experts en réglementation, associations de consommateurs et chercheurs ont apporté leur expertise lors de séances plénières et d'ateliers.

Le présent ouvrage constitue les actes de cette seconde édition du forum Samuel-de-Champlain. Il est constitué d'une trentaine de contributions émanant d'auteurs reconnus, tant en France qu'au Québec, mais aussi d'acteurs de la société civile, soucieux de faire connaître leur expérience. Les textes concernent des aspects disciplinaires (chimie, microbiologie, droit, communication…), mais aussi de nombreux retours d'expérience d'entreprises, de collectivités locales et d'associations, autour des différentes problématiques de l'eau. La première partie est centrée sur la chaîne de l'eau et sur ses processus de transformation, pour une eau propre à la consommation (de la source à la bouche) ; la seconde illustre la première en proposant des retours d'expérience dans les domaines « Tourisme et loisirs » et « Ports et infrastructures ». Les contributions de la troisième et dernière partie permettent de prendre un peu de champ. Elles portent sur la gouvernance, sur l'intérêt d'une approche globale, sur la participation des acteurs pour une gestion intégrée, ainsi que sur les partenariats publics et privés.

Nous souhaitons remercier très chaleureusement les auteurs qui ont accepté de contribuer par écrit à ces actes ainsi que les organisateurs du forum Eau & Santé 2008 : le Groupe Sup de Co La Rochelle qui a reçu le forum dans ses locaux, l'École des hautes études en santé publique (EHESP), ICI Environnement (Québec), l'école d'ingénieurs de La Rochelle (EIGSI) ainsi que l'Académie de l'eau. Nous tenons aussi à remercier nos partenaires pour leur confiance et leur aide matérielle : Veolia Environnement Recherche et Innovation, Primagaz, Danone Eaux France, Rémy Cointreau, le Conseil général de Charente-Maritime, la Chambre de commerce et d'industrie de La Rochelle, l'association Orée et le Pôle Éco-Industries Poitou-Charentes.

Notre gratitude va également à Fanny Romestant, ainsi qu'à Adeline, Bénédicte, Kalidou, Romain et Émilie, étudiants des masters Management de l'environnement et Stratégie du développement durable du Groupe Sup de Co La Rochelle.

Le 9 juin 2008

PARTIE 1

La chaîne de l'eau : qualité et traitement

Eau et risques émergents

Olivier THOMAS, Fleur CHAUMET, Estelle BAURÈS

Introduction

Lorsque l'on parle d'eau et de risques, il faut bien entendu considérer les différents types d'eaux : les eaux de surface, souterraines, usées, de mer, de consommation, de loisirs, thermales... Cette liste non exhaustive mélange la nature de l'eau, plus ou moins « pure », avec certains usages essentiels liés à l'eau.

Parmi les multiples définitions du risque, on peut retenir l'exposition à un danger qui, dans le cas de l'eau, peut avoir des conséquences purement physiques (inondation, sécheresse), biologiques (maladies hydriques) ou chimiques (intoxication).

La notion d'émergence, souvent associée à tort avec un événement nouveau, se réfère à ce qui « dépasse » ou à ce qui constitue un problème (danger) important et/ou récurrent. Quels sont donc actuellement les risques émergents liés à l'eau ? Le premier qui vient à l'esprit à l'échelle mondiale est le risque biologique, associé à la persistance des maladies d'origine hydrique dans le monde ainsi qu'aux accidents récents touchant des pays développés. Si l'on se projette vers l'avenir, les risques émergents sont sans aucun doute liés aux conséquences des changements climatiques avec l'augmentation des épisodes extrêmes comme les sécheresses ou les inondations. Dans les pays tempérés, les risques émergents liés à l'eau sont à l'heure actuelle principalement d'origine chimique. Dans ce cas, et contrairement aux risques physiques ou biologiques, la dégradation chronique de la qualité de l'eau en est la cause. En Europe, le risque « chimique » est pris en compte de façon très importante, au niveau des substances et produits industriels avec la directive Reach, et évidemment avec la directive-cadre sur l'eau de 2000.

Le risque chimique

Le risque chimique est associé à la présence de substances dans l'eau (molécules ou ions généralement) dont la concentration est susceptible de provoquer des effets toxiques sur l'écosystème et sur l'homme. Parmi ces substances, celles qualifiées de dangereuses doivent être particulièrement surveillées dans les eaux, et surtout dans les eaux destinées à la consommation humaine, compte tenu d'une forte probabilité d'exposition par l'eau potable et du danger potentiel pour la santé.

Substances dangereuses

Le code de l'environnement, modifié par arrêté du 5 septembre 2007, classe comme substance dangereuse, toute substance toxique ou cancérogène, mutagène ou reprotoxique (CMR).

Les substances dangereuses sont définies dans la directive-cadre sur l'eau comme étant soit toxiques, et/ou persistantes, et/ou bioaccumulables, ou présentant un potentiel cancérogène. D'autres substances ou groupes de substances peuvent être considérées, à un degré équivalent, comme sujettes à caution. Ce sont des substances prioritaires sélectionnées d'après le risque qu'elles présentent dans les écosystèmes aquatiques.

Origine des substances dangereuses

L'origine des substances dangereuses est évidemment multiple. La première source qui vient à l'esprit est industrielle, mais il faut évidemment considérer les sources domestiques (rejet des habitations) et les autres sources non domestiques qui peuvent être urbaines (hôpitaux, activités commerciales polluantes telles que les blanchisseries, etc.) ou agricoles (traitement chimique des cultures, élevages). D'autres sources de pollution diffuse doivent également être prises en compte comme le lessivage des surfaces urbaines par exemple.

Nature des substances dangereuses

Les substances dangereuses peuvent être classées suivant leur nature. Les plus nombreuses sont de nature organique et peuvent être soit des molécules, soit une famille de molécules. Dans ce cas, une famille peut regrouper des substances possédant les caractéristiques suivantes :

- même structure (ex. : dioxines, phtalates) ;
- même origine (ex. : cyanotoxines) ;
- même usage (ex. : pesticides) ;
- mêmes effets (ex. : perturbateurs endocriniens).

Les substances dangereuses peuvent être de nature minérale ou métallique, sous forme d'ion ou de molécule organométallique (ex. : méthyl-mercure). La détermination de la forme sous laquelle se trouve un élément métallique est la spéciation (ex. : cadmium et dérivés).

Listes de substances dangereuses et normes de qualité environnementales

Actuellement, deux directives européennes définissent les substances dangereuses vis-à-vis du milieu aquatique :

– la directive 76/464/CEE concernant la pollution causée par certaines substances dangereuses déversées dans le milieu aquatique de la Communauté, transposée par le décret n° 2005-378 du 20 avril 2005 et ses arrêtés d'application (156 substances) ;

– la directive-cadre européenne sur l'eau (2000/60/CE) ou DCE qui fixe notamment comme objectif d'atteindre le bon état des eaux en 2015 (état chimique et écologique), en définissant les critères d'évaluation du bon état. L'annexe X de cette directive fixe une liste de 33 substances.

Parmi les 33 substances de la DCE, 11 sont identifiées en tant que substances prioritaires dangereuses (suppression dans les rejets), 8 prioritaires (réduction dans les rejets) et 14 sont en cours d'examen en vue de leur possible identification comme « dangereuses ».

Le décret du 20 avril 2005 a défini le Programme national d'action contre la pollution des milieux aquatiques afin de répondre aux exigences de la directive 76/464/CEE, qui visent à éliminer la pollution des eaux par les substances de la liste I (18 substances), et à réduire la pollution des eaux par les substances de la liste II. Le programme national a donc visé 113 substances parmi les 156 indiquées dans le décret n° 2005-378. C'est l'arrêté du 30 juin 2005 qui a précisé les substances retenues, les normes de qualité et les objectifs de réduction.

Les principales familles de substances sont notamment : les alkylphénols, les anilines, les BTEX, les chlorobenzènes, les chlorophénols, les chlorotoluènes, les COHV, les diphényléthers bromés, les HAP, les métaux, les nitroaromatiques, les organoétains, pesticides, les phtalates, les PCB ainsi que d'autres substances (épichlorydrine, tributylphosphate, acide chloroaétique, chloroalcanes C10-C13, biphényle).

L'arrêté du 21 mars 2007 relatif au programme national d'action contre la pollution des milieux aquatiques par certaines substances dangereuses est venu :

– modifier l'arrêté du 20 avril 2005, en présentant des normes de qualité (NQ) pour 8 nouvelles substances, en plus de la liste des 33 de l'annexe X de la directive-cadre, soit 41 substances au total ;

– compléter l'arrêté du 30 juin 2005 (tableaux des substances exclues du programme d'action et substances pertinentes au titre du programme national du 30 juin 2005).

Ces substances et familles de substances ont été sélectionnées sur la base des résultats de l'inventaire exceptionnel des milieux aquatiques réalisé en 2005, ainsi que sur la campagne de recherche des substances dangereuses dans les rejets industriels et urbains menés depuis 2003. Au total, cet arrêté retient 114 substances, dont 18 figurent dans la liste I et 96 dans la liste II de la directive 76/464/CEE. Pas moins de 86 substances ne font pas partie des 41 substances et familles de substances de l'annexe X de la DCE.

À terme, la DCE prévoit d'abroger la directive 76/464/CEE en 2013. Elle a donc pour objectif d'intégrer les exigences de cette directive, et d'associer les 41 substances et familles de l'évaluation de l'état chimique aux substances et familles de substances pertinentes mentionnées ci-dessus.

La circulaire du 7 mai 2007 propose pour l'ensemble de ces substances des normes de qualité environnementales provisoires (NQEp). Le tableau 1 présente certaines de ces substances et leur NQEp.

Tableau 1. Extrait des normes de qualité environnementale provisoires (NQEp) – circulaire du 7 mai 2007

N° DCE	Nom de la substance	N° CAS	NQEp (µg/L) eaux de surface intérieures
2	Anthracène	120-12-7	0,1
3	Atrazine	1912-24-9	0,6
4	Benzène	71-43-2	8
5	Pentabromodiphényléther	32534-81-9	0,0002
6	Cadmium et dérivés	7440-43-9	5(1)
7	C10-13- chloroalcanes	85535-84-8	0,4

(1) concentration dissoute après filtration 0,45µm.

Outre les valeurs très variables des NQEp (d'un facteur 10 000), dues aux caractéristiques toxicologiques des substances, ce tableau illustre la nature différente des substances dangereuses réglementées.

Les résidus de substances

Selon leurs propriétés physico-chimiques, le devenir des substances peut aller de leur conservation à leur dégradation complète. Corrélativement à la dégradation des substances, des résidus associés ou sous-produits sont formés qui peuvent également être soit des métabolites dans le cas de la transformation de la molécule mère par des organismes vivants, soit des sous-produits de dégradation. Les sous-produits de dégradation résultent soit de facteurs environnementaux tels que la biodégradation, la photodégradation ou les réactions physico-chimiques de dégradation, soit de procédés de traitement (autres que les procédés de rétention) tels que la coagulation, la filtration sur sable, membrane, charbon actif, etc. Les procédés de traitement des eaux dits destructifs sont les procédés biologiques et les procédés d'oxydation avec en premier lieu pour les eaux destinées à la consommation humaine, les procédés de désinfection tels que l'ozonation, l'action de rayonnements UV ou la chloration. Contrairement aux réactions extensives de dégradation dans l'environnement qui peuvent conduire dans certains cas à la minéralisation plus ou moins complète de la matière organique, les procédés intensifs de traitement des eaux donnent des sous-produits organiques, chlorés ou non en fonction du traitement. Un point commun à tous ces sous-produits, dont certains comme les trihalométhanes (THM) sont connus depuis plusieurs décennies, est que l'on dispose de très peu de données sur leur caractère toxique. De plus de nombreux sous-produits de désinfection restent non identifiés. Parmi les sous-produits de chloration les plus connus on peut citer, outre les THM, les acides haloacétiques (AHA) et les haloacétonitriles (HAN) qui, même s'ils ne sont pas considérés comme substances dangereuses (car non produits par l'industrie), présentent un risque pour la santé.

Autres substances préoccupantes

Outre les substances précédentes réglementées, d'autres méritent une attention particulière du fait de leur potentiel toxique ou de leur impact sur l'environnement. Une première classe de substances est constituée des produits pharmaceutiques à usage humain et vétérinaire auxquels peuvent être rattachés les produits cosmétiques. Une deuxième classe comprend les molécules organofluorées (PFOA et PFOS), très utilisées dans le traitement hydrofuge (pour les vêtements par exemple). Une dernière classe de polluants émergents est constituée des nanoparticules dont la taille est telle que l'on ne sait pas à ce jour les analyser. Leurs comportements et leurs effets potentiels ne sont pas encore suffisamment étudiés. D'autres substances naturelles polluantes, telles que les cyanotoxines doivent être également considérées compte tenu de l'accroissement des conditions de leur occurrence (voir ci-après) et de leur potentiel toxique. Enfin, même s'ils ne constituent pas à proprement parler des substances dangereuses prioritaires ni des polluants émergents, le fluor, l'arsenic, le sélénium et les nitrates constituent toujours des facteurs de risques chimiques lorsque leur concentration dépasse les valeurs limites.

Enjeux

Les enjeux pour la santé publique liés à la présence de substances dangereuses sont nombreux. En premier lieu, la multiplicité des substances (et de leurs sous-produits de dégradation) liée à la diversité des sources (ponctuelles et diffuses) constitue un challenge analytique important que les techniques actuelles permettent très difficilement de relever. Le deuxième enjeu majeur est la complexité du passage de la connaissance de la contamination de l'eau à l'estimation de l'exposition de la population. Cette difficulté est d'autant plus grande que certaines substances à caractère volatil peuvent être non seulement ingérées par l'eau de boisson mais également inhalées, comme c'est le cas pour les THM. Cette exposition multiple peut être également possible par le contact cutané pour certaines substances. Le dernier enjeu important est lié à la toxicité des substances, et plus précisément à la toxicité chronique, à faible dose pour certaines d'entre elles. L'étude des effets cumulés et agrégés (entre voies d'exposition et entre substances) constitue un challenge complexe très important.

Le risque microbiologique

Les maladies d'origine hydrique n'épargnent pas les pays développés

L'eau est un vecteur de contamination microbiologique à l'origine chaque année de la mort de 1,8 million de personnes suite à des épidémies de gastroentérites [1]. Ces épidémies touchent en premier lieu les enfants des pays en voie de développement ne disposant pas de ressources en eau de qualité satisfaisante ou de systèmes de potabilisation. Mais les pays développés ne sont pas épargnés par ces épidémies. Une revue de la fréquence d'apparition des germes pathogènes lors d'épidémies récentes dans 15 pays industrialisés (tableau 2) a été réalisée [2]. Le premier agent en cause est un protozoaire : *Cryptosporidium.*

Tableau 2. Agents pathogènes impliqués dans les épidémies récentes dans 15 pays industrialisés [2]

Agent pathogène	Fréquence d'apparition
Cryptosporidium	20
Campylobacter	14
Giardia	13
Virus de Norwalk	12
E. coli	7
Agent non identifié	5
Rotavirus	2
Shigella	2
Virus de l'hépatite A	1
Salmonella	1
Toxoplasma	1

En France, selon l'InVS, des eaux non conformes à la réglementation pourraient être la cause de 10 à 30 % des gastro-entérites aigües. Une revue des épidémies récentes de gastro-entérites liées à l'eau de consommation humaine en France est proposée dans le tableau 3 [3]. L'origine la plus fréquente de ces contaminations d'eau est une mise en contact accidentelle d'eaux usées et d'eaux traitées ou la remise en eau après arrêt de la distribution.

Tableau 3. Épidémies récentes de gastro-entérites d'origine hydrique en France [3]

Lieu	Date	Nombre de cas cliniques estimés	Circonstances et pathogènes
Sète	Septembre 1998	> 150 enfants	Contamination des sources par des eaux de surface *Cryptosporidium*
Strasbourg	Mai 2000	? *53 cas étudiés*	Travaux sur le réseau erreur de procédure Lors de la remise en eau du réseau Agent non déterminé
Gourdon	Août 2000	2 600	Infiltration au forage d'eau de rivière polluée et dysfonctionnement de la chloration *Rotavirus, Campylobacter*
Dracy-le-Fort	Septembre 2001	560	Interconnexion entre STEP et réseau AEP *Cryptosporidium*
Isère	Novembre 2002	2 000	Précipitation débordement de la STEP amont captage et inondation captage *Norovirus I et II*
Divonne	Août 2003	1 040	Interconnexion entre STEP et réseau AEP *Cryptosporidium*
Vesoul	Septembre 2003	200	Interconnexion entre réseau industriel et réseau AEP et retour d'eau *Cryptosporidium* et *Campylobacter*
Pont-de-Roide	Février 2004	1 000	Interconnexion entre STEP et réseau AEP *Norovirus*
Arc 1800	Février 2006	> 1 000	Épandage fosse septique ou neige artificielle contaminée Défaut de chloration ? *Norovirus*
Puligny	Avril 2006	1 000	Panne de chloration Agent non identifié

Les nouveaux risques de contamination hydrique

On distingue dans l'eau potable trois principaux types de micro-organismes : les bactéries, les virus et les protozoaires. Certains d'entre eux sont présents à l'état naturel, mais d'autres sont liés à la contamination des ressources par des matières fécales. Parmi les bactéries, le choléra, les salmonelles et *Escherichia coli* sont des bactéries qui survivent dans l'eau et qui sont très sensibles à la désinfection. D'autres bactéries comme les *Pseudomonas*, les *Aeromonas* ou les légionelles peuvent se développer dans l'eau. Les parasites les plus fréquemment impliqués sont *Giardia* et *Cryptosporidium* découvert en 1955 et à l'origine de l'épidémie de Milwaukee en 1993 et d'épidémies récentes en France (cf. tableau 2). Ces parasites ont pour inconvénients de présenter de faibles doses infectantes et d'être plus résistants aux désinfectants (tableau 4).

Tableau 4. Efficacité du chlore en fonction du micro-organisme [4]

Micro-organismes	Valeurs de CT*
Bactéries	0,08 mg min/L pH 7 0-5 °C
Virus	12 mg min/L pH 7-7,5 10 °C
Protozoaires (*Giardia*)	230 mg min/L pH 7,5 0-5 °C

*C est la concentration en désinfectant (mg/L) et T le temps de contact (min).

Concernant les virus, les virus entériques liés à des cas de gastro-entérite aiguë sont notamment les adénovirus, les entérovirus ainsi que les norovirus. Selon une étude américaine, 10 à 50 % des gastro-entérites sont liées à l'eau, avec la répartition suivante : 70 % des cas d'origine virale, 25 % des cas d'origine bactérienne, 5 % des cas d'origine parasitaire.

Les facteurs à l'origine de l'émergence de ces pathologies

En dehors des accidents de contamination des eaux de consommation, d'autres facteurs sont à l'origine de l'émergence de ces pathologies. Il s'agit d'ailleurs plus de la conjonction de plusieurs facteurs tels que le milieu, l'environnement socio-économiques et les comportements.

Parmi ces facteurs, l'augmentation de personnes souffrant de déficit immunitaire concourt à la recrudescence de ces pathologies. Il s'agit notamment de personnes atteintes du VIH et de personnes sous traitements curatifs tels que la chimiothérapie anticancéreuse ou la corticothérapie prolongée. Ces personnes seront plus sensibles aux agents pathogènes [5]. Les *Pseudomonas* ou les mycobactéries sont des exemples d'agents opportunistes profitant d'une baisse des défenses immunitaires.

Une autre cause à l'origine de l'émergence de ses pathologies est le fort développement de nouvelles activités comme les loisirs aquatiques. Le type d'installation, la température des eaux, la désinfection plus ou moins maîtrisée et adaptée, la fréquentation par des personnes sensibles (femmes enceintes, nourrissons...), la diversité des voies de contamination (contact, ingestion, inhalation) concourent à l'émergence de pathologies liées par exemple à *Pseudomonas* ou encore aux légionelles.

Les légionelles sont des bactéries dont la croissance est optimale entre 30 et 40 °C, qui prolifèrent dans les canalisations et les ballons d'eau chaude, et dont la transmission se fait par inhalation d'aérosols contaminés venant notamment des tours aéroréfrigérantes, de douches, de bains à remous ou de fontaines décoratives. Plusieurs facteurs de risques individuels ont été mis en évidence comme le tabagisme, l'âge ou les personnes immunodéprimées [6]. Selon l'InVS, 1 443 cas ont été recensés en France en 2006, soit un taux d'incidence de 2,3 pour 100 000 habitants [7].

Les systèmes de surveillance et la limite des indicateurs de contamination fécale

En France comme en Europe, le contrôle de la qualité microbiologique de l'eau repose sur la recherche d'indicateurs de contamination fécale : *Escherichia coli*, coliformes totaux, entérocoques intestinaux doivent être absents dans 100 mL d'eau distribuée, selon la réglementation (Arrêté du 11 janvier 2007 relatif aux limites et référence de qualité des eaux destinées à la consommation humaine). Cette réglementation ne permet pas de couvrir tous les risques puisque d'une part, il n'est pas possible de réaliser une revue exhaustive de tous les micro-organismes, et d'autre part, la recherche se limite aux bactéries viables. Il n'y a pas toujours de rapport entre le comptage des bactéries indicatrices de contamination fécale et la probabilité de présence de parasites ou de virus, ceci en particulier en raison de la différence de sensibilité de ces agents aux désinfectants (cf. tableau 4).

Parmi les indicateurs réglementaires, la présence de spores de bactéries anaérobies sulfito-réductrices apporte une information notamment sur l'efficacité de clarification des filières de traitement, étape importante pour la maîtrise du risque parasitaire ainsi que viral. Cependant, il n'y a pas de limite de qualité sur ce paramètre mais une référence de qualité (absence dans 100 mL d'eau traitée).

Depuis les années quatre-vingt-dix, l'Organisation mondiale de la santé a recommandé l'usage de traitements multibarrières pour la garantie microbiologique de l'eau. Pour les eaux de surface la désinfection efficace sera obtenue par une clarification efficace suivie d'une étape de désinfection. Au niveau français, cette obligation s'est traduite par une limite de turbidité de 1 NFU sur l'eau filtrée.

À ce dispositif de contrôle non exhaustif s'ajoute la difficulté de relier les épisodes de gastro-entérite à une origine hydrique. La surveillance des pathologies infectieuses d'origine hydrique est assurée en France par l'InVS. Cette surveillance s'appuie sur les relevés et investigations des DDASS et des cellules interrégionales d'épidémiologie (CIRE). Un guide d'investigation des épidémies d'infection liées à l'ingestion d'eau de distribution a été publié par l'InVS en janvier 2008. L'élaboration de ce guide a été précédée par l'élaboration de recommandations issues de l'analyse des investigations survenues en France [8]. Ces recommandations concernent tous les acteurs et incluent notamment le meilleur signalement des accidents par les exploitants, des données issues du contrôle sanitaire (réglementaire et auto-surveillance), ainsi que par la comptabilisation des prescriptions d'actes de santé, de ventes d'anti-diarrhéiques [9] et la recherche plus poussée des germes à l'origine des épidémies, aussi bien dans l'eau que dans les selles.

Risques liés aux changements climatiques

Les risques liés aux changements climatiques sont également à prendre en compte. Ils ne sont émergents que dans leur dimension hydrologique avec l'accroissement des inondations et des sécheresses, mais leurs conséquences indirectes prévisibles sur la qualité de l'eau doivent être également considérées.

Contexte

Le principal effet des changements climatiques observé en France, comme dans de nombreux pays, est une augmentation de la température moyenne annuelle de 0,6 °C entre 1970 et 2003 en France (Météo France). Parmi les scénarios d'évolution du climat établis par le groupe d'experts intergouvernemental sur l'évolution du climat (GIEC), deux hypothèses sont le plus couramment retenues :

- Le scénario B2 « optimiste » suppose la mise en œuvre de solutions locales, dans un contexte proche d'un développement durable qui s'appuie sur les dimensions économique, sociale et environnementale. Dans ce scénario, la température moyenne augmenterait de 2° à 2,5 °C d'ici 2100, les précipitations augmenteraient faiblement en hiver et diminueraient plus fortement en été (de 5 à 25 %).
- Le scénario A2, plus pessimiste, décrit un monde basé sur l'autosuffisance et la préservation des identités locales, où le développement économique a une orientation principalement régionale. Le réchauffement prévu est alors plus important (3° à 3,5°), de même que l'assèchement estival (de 20 à 35 %). Les événements extrêmes pourraient se multiplier avec, en particulier, un été sur deux de la fin de siècle (2070-99) au moins aussi chaud que l'été 2003.

Impacts

Les impacts attendus des changements climatiques sont essentiellement l'accroissement de la température moyenne et la modification des régimes hydriques des ressources en eau résultant de l'augmentation de la fréquence d'apparition des événements extrêmes (inondations, sécheresses, etc). Ces impacts ont un effet négatif sur la qualité de l'eau, sans compter les risques sanitaires liés à l'inondation des points de pompage d'eau souterraine non protégés.

L'accroissement de la température augmente en général les cinétiques de réaction de dissolution/solubilisation, complexation, dégradation, etc, qui influent sur la qualité de l'eau. La concentration des substances dissoutes augmente donc corrélativement. Il n'en est pas de même pour les gaz dissous comme l'oxygène, dont la concentration diminue avec l'accroissement de la température (près de 10 % pour + 3 °C, avec une concentration à saturation de 10 mg/L à 15 °C). Par ailleurs, elle accélère l'évaporation et favorise la croissance des végétaux, y compris des plantes aquatiques et des algues.

La modification du régime hydrique des ressources se traduit, pour les eaux de surface, par des effets de concentration des substances en cas de faibles débits, ou à l'opposé, par l'érosion des sols.

Conséquences sur la qualité de l'eau

Les conséquences sur la qualité des eaux sont de différente nature :

1. La plus importante est l'accroissement de la matière organique et des nutrients. Même si l'augmentation de la concentration en matière organique dissoute, exprimée en carbone organique dissous (COD), peut être reliée dans certains cas à la diminution des précipitations acides [10], l'accroissement des précipitations pendant l'hiver peut entraîner l'élévation des teneurs en COD, composés azotés comme les nitrates [11] et composés phosphorés [12]. La saturation des sols et le transport de particules de sol peuvent notamment expliquer le phénomène. Corrélativement, l'accroissement du COD entraînera une difficulté supplémentaire pour la production d'eau potable à partir d'eau de surface (surtout pour les petites unités) et une augmentation des risques liés aux sous-produits de désinfection.

2. La deuxième est l'accroissement prévisible des crises de cyanobactéries, liées à la problématique du phosphore et de l'azote, mais aussi et surtout à l'augmentation de la température et des fortes précipitations. Une étude récente [13] a montré que l'accroissement de la biomasse algale peut être d'autant plus important que la croissance des cyanobactéries peut reprendre tôt dans l'année, ce qui est attendu dans le futur proche du fait de l'élévation de température. Comme précédemment, le traitement des eaux sera plus difficile avec la présence possible de cyanotoxines.

3. La modification du régime hydrique devrait se traduire par la diminution du nombre de jours de pluies mais par un accroissement de leur intensité. Ceci pourra se traduire par une forte augmentation des effets de ruissellement, d'érosion et de transport solide. Par exemple l'entraînement des formes réduites de l'azote (azote Kjeldahl : ammoniacal + organique) est beaucoup plus important pendant une forte pluie, par écoulement de surface mais aussi par drainage, dans des zones forestières [14]. Corrélativement, les périodes de sécheresse peuvent avoir des impacts négatifs sur l'oxygène dissous, l'eutrophisation, ou les concentrations de certaines substances, et des impacts positifs sur les nitrates et métaux adsorbés sur les particules comme le plomb ou le mercure [15].

4. Enfin, le risque associé aux maladies hydriques provoquées par les changements climatiques ne peut être écarté, même si peu d'études en font état [16]. À titre d'exemple, l'épidémie de Walkertown au Canada pourrait s'expliquer par la survenue d'un épisode de pluies exceptionnellement fortes après une période de sécheresse. Les chercheurs ont établi que plus de la moitié des épidémies de maladies d'origine hydrique qui se sont déclarées aux États-Unis entre 1948 et 1994 avaient été précédées d'épisodes de précipitations intenses [17]. Il est également possible que l'élévation des températures accentue les problèmes de contamination de l'eau, notamment par la prolifération des algues ou de micro-organismes.

Conclusion

En conclusion la maîtrise des risques émergents nécessite avant tout la poursuite des efforts entrepris, que ce soit les programmes de surveillance, l'évolution de la réglementation ou l'information des acteurs et du public.

Des programmes de recherche interdisciplinaires doivent être poursuivis dans le domaine des risques sanitaires notamment pour une meilleure connaissance de la qualité des milieux par rapport au risque chimique (polluants émergents non pris en compte actuellement, sous-produits de traitements, cyanotoxines), mais aussi au risque microbiologique (germes émergents, reviviscence).

Enfin, il ne faut pas oublier les risques sanitaires liés au volet quantitatif de l'accès à l'eau, avec les conséquences des sécheresses et des inondations.

Bibliographie

[1] World Health Organization Water Health Sanitation, (2004), Water, sanitation and hygiene links to health Facts and figures. Site web consulté le 15 mai 2008 (http://www.who.int/water_sanitation_health/publications/factsfigures04/en/).

[2] E. J. Hrudey, (2004), Safe Drinking Water : Lessons From Recent Outbreaks in Affluent Nations, IWA Publishing, 514 pages.

[3] Beaudeau P., De Valk H., Vaillant V., Mouly D., (2007), Détection et investigation des épidémies d'infection liées à l'ingestion d'eau de distribution, Approche intégrée environnementale et sanitaire, rapport InVS, 104 pages.

[4] World Health Sanitation, (2006), Guidelines for drinking-water quality, third edition, incorporating first addendum Volume 1 – Recommendations, 515 pages.

[5] De Marsilly G., (2006), Les eaux continentales - Rapport sur la science et la technologie n° 25, Académie des Sciences, Éditions EDP Sciences, 328 pages.

[6] Che D., (2007), Les facteurs de risque de survenue des légionelloses sporadiques communautaires en France, rapport InVS, 35 pages.

[7] Campèse C., Jarraud S., Bitar D., Maine C., Che D., (2006), Les légionelloses survenues en France en 2005, Bull. Epid. Hebdo., 26 : 185-192.

[8] Beaudeau P., Vaillant V., de Valk H., Mouly D., (2008), Guide d'investigation des épidémies d'infection liées à l'ingestion d'eau de distribution, rapport InVS, 20 pages.

[9] Beaudeau P., Bounoure F., Évaluation épidémiologique d'indicateurs d'incidence des gastro-entérites fondés sur les données de l'assurance maladie, (2006), Risques & Santé, 5 : 373-82.

[10] Montheith D.T., Stoddard J.L., Evans C.D., de Wit H.A., Forsius M., Hogasen T., Wilander A., Skjelkvale B.L., Jeffries D.S., Vuorenmaa J., Keller B., Kopacek J., Vesely J., (2007), Dissolved organic carbon trends resulting from changes in atmospheric deposition chemistry, Nature, 450 : 537-541.

[11] Ducharme A., Baubion C., Beaudoin N., Benoit M., Billen G., Brisson N., Garnier J., Kieken H., Lebonvallet S., Ledoux E., Mary B., Mignolet C., Poux X., Sauboua E., Schott C., Théry S., Viennot P., (2007) Long term prospective of the Seine River system : Confronting climatic and direct anthropogenic changes, Science of the Total Environment, 375 : 292-311.

[12] Arheimer B., Andréasson J., Fogelberg S., Johnsson H., Pers C.B., Persson K., (2005), Climate Change Impact on Water Quality : Model Results from Southern Sweden, Ambio, 34, 7 : 559-566.

[13] Wiedner C., Rücker J., Brüggemann R., Nixdorf B., (2007), Climate change affects timing and size of populations of an invasive cyanobacterium in temperate regions, Oecologia, 152 : 473-484.

[14] Bhat S., Hatfield K., Jacobs J.M., Lowrance R., Williams R., (2007), Surface runoff contribution of nitrogen during storm events in a forested watershed, Biogeochemistry, 85 : 253-262.

[15] Van Vliet M.T.H., Zwolsman J.J.G., (2008), Impact of summer droughts on the water quality of the Meuse river, Journal of Hydrology, 353 : 1-17.

[16] Charron D.F., Thomas M.K., Waltner-Toews D., Aramini J.J., Edge T., Kent R.A., Maarouf A.R., Wilson J., (2004), Vulnarability of waterborne diseases to climate change in Canada : a review, Journal of Toxicology and Environmental Health, Part A, 67 : 1667-1677.

[17] Curriero F.C., Patz J.A., Rose J.B., Lele S., (2001), The association between extreme precipitation and waterborne disease outbreaks in the United States, 1948-1994. Am J Public Health, 91 : 1194-9.

L'évolution du traitement des eaux destinées à la consommation humaine

Antoine MONTIEL

Introduction

Le but des traitements a peu à peu évolué dans le temps et surtout en fonction de nouvelles données sur certains risques pris en compte par les diverses réglementations : OMS, Union européenne.

Le but du traitement de l'eau doit prendre en compte 3 paramètres essentiels :
– L'eau doit être, avant toute chose, acceptée par les consommateurs :
- au niveau aspect, odeur, saveur, ces 3 éléments sont les seuls directement appréciables par le consommateur ;
- au niveau confiance, bien des consommateurs ont un à priori négatif sur la qualité de l'eau du robinet et refusent de la consommer. Cela explique tous les engagements des distributeurs d'eau dans des démarches de management de la qualité suivant divers référentiels : ISO 9001, ISO 22000, mais aussi ISO 14001 et OSHA 18000. Les réglementations en vigueur ont introduit des obligations d'information des consommateurs en temps normal ou lors de non-conformités ;
- au niveau du prix, l'eau doit être un aliment à la portée de tous. L'eau est aussi utilisée pour les autres usages domestiques dont la toilette corporelle, et tout prix de l'eau inacceptable par une partie de la population conduira à une réduction de la consommation et donc de l'hygiène corporelle, ce qui se traduira par une augmentation du risque de maladie. En Europe, la définition de l'eau destinée à la consommation humaine a été élargie « aux autres usages domestiques » afin justement d'inclure la toilette corporelle.

– Une fois que cette eau est utilisée par les consommateurs il faut alors s'assurer que celle-ci ne leur fait courir aucun risque : lors de l'ingestion, du contact et de l'inhalation. L'eau doit donc respecter des obligations de résultats mais aussi, comme nous le verrons plus loin, des obligations de moyens et de déclaration.

– L'eau est un élément livré à domicile en grande quantité, à la demande. Il est donc indispensable que celle-ci ne se dégrade pas durant son transport et ne dégrade pas les ouvrages de transport. Un pas très important a été fait en Europe puisque les normes doivent aujourd'hui être vérifiées au robinet, normalement utilisé pour la consommation humaine et non, comme par le passé, au compteur de l'abonné. Cette modification a imposé la prise en compte des risques de corrosion dans les réseaux à l'intérieur des immeubles : corrosion du plomb, du cuivre, du zinc et du nickel. Concernant le plomb, l'élimination de toute canalisation en plomb a été programmée d'ici décembre 2013, et dans l'attente de cette échéance, la réduction du potentiel de corrosivité de l'eau vis-à-vis du plomb : obligation de reminéraliser les eaux peu minéralisées pour atteindre un titre hydrométrique (TH) ou un titre alcalimétrique complet (TAC) d'au moins 80 mg/L de $CaCO_3$, et un pH à l'équilibre calco-carbonique d'environ 8-8,1 unités pH. Dans le cas général, les eaux ne doivent pas être agressives vis-à-vis du carbonate de calcium.

Traitement des eaux

Quelle eau traiter ?

La quantité d'eau consommée par habitant par jour ne cesse d'augmenter. Si à Paris au XIXe siècle on estimait la demande en eau par habitant et par jour à 40 L, elle est aujourd'hui de 150 à 200 L. Il faut rappeler que dans certains pays cette demande peut dépasser 500 L. Les besoins en eau des villes sont en constante augmentation, à la fois en raison de l'accroissement de la population mais également en termes de consommation par habitant.

Les eaux souterraines, naturellement potables et protégées, sont de plus en plus rares et de toute façon en quantités réduites ; elles ne permettent pas par conséquent l'alimentation des grandes villes. On s'est donc dans un premier temps orienté soit vers des eaux à réalimentation plus rapides : eaux alluviales (filtration sur berge), où lors d'une demande en eau trop importante c'est l'eau de la rivière qui est filtrée par le sol et pompée dans le puits ou le forage ; soit vers des eaux influencées par des eaux de surface en zones fissurées ou karstiques. Dans certains cas ce sont de véritables rivières souterraines, directement alimentées par des eaux de surface : pertes et résurgences. Dans d'autres cas ce sont les eaux de surface qui, après traitement, sont utilisées pour l'alimentation humaine. Les eaux souterraines ont quant à elles l'avantage d'être bien protégées, peu polluées avec parfois des éléments naturellement présents qui doivent être éliminés (fer, manganèse, fluor, arsenic) ou des éléments indicateurs de pollutions (nitrates, pesticides, solvants chlorés, hydrocarbures). De toute façon ces eaux, si elles posent problème, ce n'est que pour un nombre très limité de paramètres : 1 à 2 en général. Leur inconvénient principal, en dehors de leur débit limité, est que si elles sont polluées, les pollutions risquent de perdurer pendant des années, voire des décennies. C'est la raison pour laquelle les eaux souterraines doivent être protégées contre toute pollution accidentelle par la mise en place de périmètres de protection.

Pour ces eaux, le sol a normalement joué son rôle de filtre et la plupart des micro-organismes, notamment les parasites, ont été retenus. Le traitement minimal sera constitué d'une simple étape de désinfection de sécurité en sachant que pour de petits villages la distribution peut se faire sans aucun traitement.

Par contre, les eaux influencées par des eaux de surface n'ont, dans la plupart des cas, pas été correctement filtrées par le sol, et la présence de pathogènes n'est donc pas à exclure. Comme certains pathogènes (parasites *Giardia* et *Cryptosporidium*) sont très résistants aux traitements de désinfection chimique, en France ces eaux sont aujourd'hui considérées comme des eaux de surface avec nécessité d'au moins une étape de clarification et une étape de désinfection.

Les eaux de surface quant à elles sont bien sûr disponibles en quantités beaucoup plus importantes, mais sont toutes plus ou moins polluées. Les traitements minimaux à mettre en œuvre sont : une étape de clarification suivie d'une étape de désinfection.

Concernant les pollutions accidentelles, si celles-ci sont plus fréquentes que pour les eaux souterraines, leur durée est beaucoup plus faible et en général ne dépassent pas la journée pour une rivière ou un fleuve.

La mise en place des périmètres de protection n'a donc pas pour but de se protéger contre toute pollution accidentelle mais de définir une zone sans risque et d'avoir un certain temps de réaction, de l'ordre de 2 heures. Ce temps permet soit de modifier ou ralentir la marche de l'usine, soit d'arrêter l'usine et réalimenter le réseau de distribution par une autre ressource.

Comment traiter ?

Là aussi, les nouvelles connaissances acquises, tant en microbiologie qu'en physico-chimie, ont eu une répercussion très importante sur la conception des chaînes de traitement, ainsi que sur les contrôles de qualité. Au niveau des traitements quels qu'ils soient, ils se résument en une juxtaposition d'étapes de rétention et de transformation pour ensuite retirer le composé transformé (exemple : la neutralisation des colloïdes négatifs qui peuvent ensuite floculer et être séparés de l'eau). C'est aussi le cas de la déferrisation et de la démanganisation de l'eau où ces éléments solubles à la valence 2 sont respectivement oxydés aux valences 3 et 4 pour être retirés sous une forme oxyde ou oxyhydroxyde précipitable. L'étape de transformation peut aussi avoir pour rôle de laisser les éléments transformés dans l'eau. C'est notamment le cas de tous les traitements biocides : algicides, bactéricides, virucides, mais aussi la nitrification biologique qui transforme les ions ammonium en ions nitrates.

Les traitements qui « retirent » ont l'avantage d'isoler les composés de l'eau. Les problèmes qui se posent alors ne sont que des problèmes de gestion de déchets. L'impact sur la qualité de l'eau est normalement nul, sauf si le traitement de rétention retire des éléments solubles, comme c'est le cas par exemple des traitements de déminéralisation par membrane où l'eau partiellement ou totalement déminéralisée peut être agressive, corrosive ou trop peu minéralisée.

Les traitements qui « transforment pour retirer » ne devraient normalement conduire qu'à des problèmes de gestion de déchets, or il n'en est rien et on observe dans la quasi-totalité des cas des répercussions sur la qualité de l'eau. Tout traitement de transformation quel qu'il soit a une répercussion sur la qualité de l'eau qu'il faudra prendre en compte dans la chaîne de traitement. Le cas le plus simple est la clarification physico-chimique de l'eau qui induit, lors de l'ajout de coagulants à base de sels de fer ou d'aluminium, l'augmentation de la teneur soit en ions chlorure soit en ions sulfate, mais surtout modifie l'agressivité de l'eau, qui devra dans une étape ultérieure être neutralisée.

Les principaux traitements de rétention utilisés sont : le dégrillage, le dessablage, le déshuilage, le tamisage, la filtration directe, la filtration membranaire, l'adsorption (sur charbon actif en poudre, sur oxyhydroxydes métalliques...).

Les principaux traitements de transformation pour « retirer » ensuite sont : la coagulation-floculation-séparation ; la déferrisation, la démanganisation chimique ou biologique ; l'élimination des ions ammonium par le chlore ; la dénitrification.

Ces traitements peuvent conduire à des réactions secondaires (nous avons déjà cité la clarification physico-chimique). La chloration peut aussi, en présence de matières organiques, conduire à la production de composés organochlorés dont les trihalométhanes (THM) sont les plus représentatifs. En France la préchloration au « break point » des eaux brutes de surface est interdite, et ce traitement n'est autorisé qu'en fin de filière lorsque la plupart des matières organiques (acides humiques) ont été retirées de l'eau.

Les traitements qui transforment pour laisser les éléments dans l'eau concernent tous les traitements biocides (algicides, bactéricides, virucides...) et la nitrification.

Il ne faut pas oublier tous les traitements d'oxydation utilisés sur les micropolluants organiques (oxydation directe ou oxydation radicalaire ainsi que la biodégradation). Ces traitements ne conduisent qu'exceptionnellement à des composés minéralisés dans la quasi-totalité des cas et ce sont d'autres molécules parfois non identifiées qui sont générées.

De nombreuses études, très récentes pour certaines, ont mis en évidence les limites de ces traitements :

– reviviscence de micro-organismes stressés et non tués lors de l'étape de désinfection ;

– libération d'endotoxine lors de la lyse des cyanobactéries ;

– réactions secondaires de certains oxydants : chlore, ozone, bioxyde de chlore, rayonnements UV pour les longueurs d'onde < 230 nm ;

– produits de réaction des micropolluants organiques.

La prise en compte de ces nouvelles données a conduit à la modification des chaînes de traitement ou même à l'interdiction de certaines étapes de traitement :

– couplage ozone-filtration sur charbon actif en grain pour éliminer le carbone organique biodégradable (CODB) généré par l'ozonation de l'eau ;

– interdiction de la préchloration des traitements algicides en tête de traitement, des lampes UV moyenne pression à mercure dont les longueurs d'onde < 230 nm n'ont pas été coupées (production de nitrite) ;

– dénitrification biologique des eaux de surface (production de nitrite).

Au niveau microbiologique, il a été montré que pour certains pathogènes, les doses infectantes étaient très faibles comparées à celles prises en compte pour les risques bactériens. Pour *Cryptosporidium* et certains virus, le risque d'avoir un malade additionnel pour 10 000 habitants et par an conduirait à ne tolérer qu'un seul pathogène pour 100 m^3 d'eau.

Ces niveaux ne peuvent pas être vérifiés analytiquement. La garantie de qualité est donc obtenue de façon indirecte, en ne recherchant ces pathogènes que dans les eaux brutes. Chaque étape de traitement a été créditée après étude d'un taux d'abattement donné et la conception de la chaîne doit être telle que l'addition des taux d'abattement de chaque étape permet de garantir le résultat attendu. Le contrôle de la qualité de l'eau consiste à s'assurer par le suivi de paramètres critiques du bon fonctionnement de chaque étape.

La garantie de désinfection ne peut être obtenue que par un système multibarrières : rétention-désinfection. La turbidité de l'eau filtrée est maintenant en France considérée comme un paramètre microbiologique. Cette turbidité pour les eaux de surface ou influencées par des eaux de surface doit être < 0,5 NFU.

Cela permet d'une part, d'être assuré d'avoir réduit de façon considérable le nombre de parasites très résistant aux traitements classiques de désinfection chimique et, d'autre part, de réduire le nombre de micro-organismes de façon à limiter le risque d'avoir des organismes stressés mais non tués pouvant se revivifier dans le réseau de distribution.

Pour les traitements d'élimination des cyanobactéries, toutes les étapes pouvant conduire à une lyse de ces micro-organismes avec risque de libération des endotoxines ont dû être prohibées : interdiction des traitements algicides (préoxydation avec résiduel, sels de cuivre), la flottation est à préférer à la décantation, lavage des filtres toutes les 24 heures, traitements de coagulation au potentiel Zéta nul. Concernant les micropolluants organiques, seule la rétention permet d'éviter la transformation des molécules. L'oxydation radicalaire n'est pas autorisée en France. Les filtres à charbon actif en grain qui, avec le temps, permettent la sélection de micro-organismes capables de biodégrader des polluants organiques, doivent être régénérés tous les 12 à 18 mois bien qu'ils ne soient pas saturés. En effet, mis à part l'élévation de température, il n'existe aucun autre moyen de désinfecter un charbon actif en grain. Des essais seraient à faire en utilisant d'autres désinfectants. Cela explique le remplacement progressif des filtres à charbon actif par des réacteurs à charbon actif en poudre : réacteurs CAP-membranes UF (ultrafiltration) ou MF (microfiltration).

Un problème se pose dès à présent avec certaines molécules retrouvées dans les eaux qui sont de plus en plus polaires (pesticides, résidus de médicaments non retenus par les stations d'épuration), et, de fait, l'adsorption sur charbon actif est et sera de plus en plus difficile. Il sera donc impératif de mettre au point d'autres systèmes de rétention faisant appel soit à d'autres adsorbants, soit à des systèmes membranaires utilisant la diffusion préférentielle : la nano-filtration ou l'osmose inverse.

Conclusion

Les chaînes de traitement doivent être constituées d'étapes de traitement qui permettent suivant leur enchaînement, d'obtenir les meilleurs résultats tout en minimisant au maximum les réactions secondaires. La garantie de résultats ne pourra être obtenue que par des obligations de moyens et la vérification du bon fonctionnement de ces moyens. Le contrôle analytique de l'eau est dans bien des cas impossible, notamment pour certains micro-organismes émergents. Le traitement de l'eau ne relève plus aujourd'hui que de la science ou de la technique ; c'est aussi un art. Il est indispensable de bien connaître la qualité de l'eau brute à traiter pour pouvoir assembler dans le bon ordre les différentes étapes de traitement, de façon à obtenir les meilleurs résultats tout en limitant au maximum les effets négatifs induits par certaines d'entre elles.

La qualité de l'eau à Montréal, du fleuve au robinet

Anne-Marie BERNIER

Introduction

Le Canada est un pays riche en eau douce et ses cours d'eau déversent près de 9 % des ressources en eau renouvelable de la planète. Les enjeux du contrôle de la qualité de l'eau potable pour assurer la santé et la sécurité des usagers à Montréal sont parmi les suivants :

– normes et obligations face au règlement du Québec ;

– travaux de mise aux normes des usines de production afin de faire face aux défis des problématiques nouvelles et émergentes ;

– vérification de la qualité dans les réseaux de distribution et problématiques ;

– actions de surveillance, de recherche et développement scientifique et technologique ;

– mise en œuvre des stratégies de gouvernance de l'eau en général.

Les Grands Lacs et le fleuve Saint-Laurent

Les Grands Lacs

Les Grands Lacs contiennent 20 % de l'eau douce disponible sur la planète. Dans ce bassin vivent 37 millions de Canadiens et d'Américains et plus de 40 millions de personnes s'approvisionnent quotidiennement en eau potable provenant de ce bassin hydrographique. Environ 30 % de la production agricole des États-Unis, et 25 % de la production agricole du Canada, proviennent de la région des Grands Lacs (figure 1).

L'accord canado-américain relatif à la qualité de l'eau dans les Grands Lacs reflète l'engagement des deux pays à réduire un large éventail de problèmes liés à la qualité de l'eau. Il énonce les objectifs généraux et spécifiques quant à la qualité de l'eau et établit les programmes destinés à les atteindre.

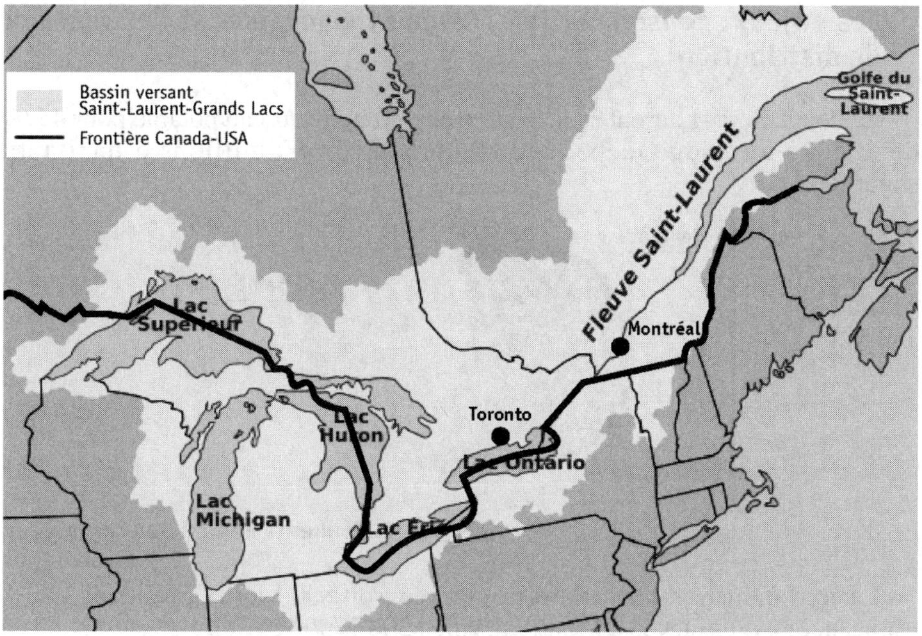

Figure 1. Le bassin des Grands Lacs et du fleuve Saint-Laurent

Le fleuve Saint-Laurent

L'eau du fleuve Saint-Laurent provient de deux bassins principaux, les Grands Lacs et la rivière des Outaouais. Au cours du siècle dernier l'urbanisation, les activités industrielles et agricoles ont généré une importante charge de substances toxiques qui ont contribué à détériorer la qualité de l'eau du bassin Grands Lacs-Saint-Laurent, mettant en péril la santé de cet écosystème unique.

Les enjeux

Les contaminants

Plusieurs contaminants ont été analysés dans l'eau du fleuve Saint-Laurent. Ils ont été choisis à partir des listes de substances prioritaires d'Environnement Canada, de l'Environmental Protection Agency des États-Unis et de la Commission mixte internationale. Parmi ces contaminants étudiés, notons la présence de substances émergentes, dont les produits pharmaceutiques et les alkylphénols. Plus de 360 produits chimiques ont été analysés dans les Grands Lacs, dont un grand nombre d'entre eux sont des toxiques persistants (exemple : benzo(a)pyrène, DDT, mercure). On remarque de plus que certaines espèces de poissons sont affligées de tumeurs et de lésions.

Les enjeux : consommation élevée et mauvais état des réseaux de distribution

Le fleuve Saint-Laurent est la source de production d'eau potable pour 45 % de la population du Québec qui compte environ 7 millions d'habitants (figure 2).

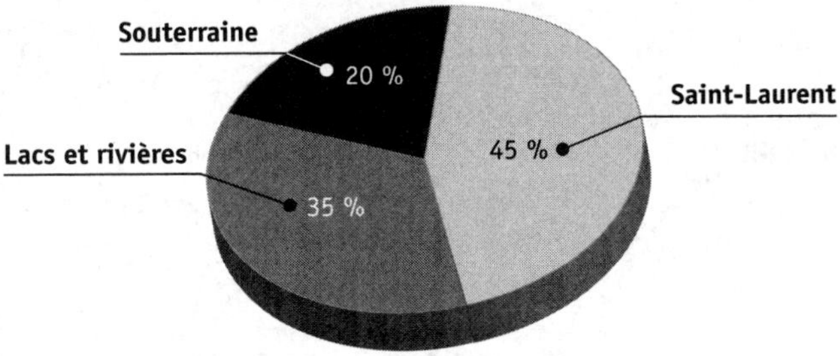

Figure 2. Alimentation en eau du Québec

La consommation d'eau y est très élevée, soit 800 L/p/j. Cependant, elle y est beaucoup plus élevée à Montréal, soit 1 300 L/p/j.

Deux facteurs principaux peuvent influencer cet indice : le prix très faible de l'eau qui est une ressource encore abondante et le manque d'entretien du réseau dans les années antérieures, ce qui a pour effet de causer plusieurs fuites et la perte d'un volume important d'eau potable.

L'île de Montréal

Les infrastructures d'eau potable de l'agglomération de Montréal sont réparties sur six zones desservies par les usines de production d'eau potable (figure 3). Les usines alimentent la population de l'île et ont leur propre réseau de distribution. Des interconnexions sont prévues pour suppléer à une éventuelle pénurie de l'un d'entre eux (la stratégie d'interconnexion continue à être mise en place) et différentes stations d'échantillonnage sont réparties le long de ces réseaux.

Ces points d'échantillonnage sont choisis en fonction de la population desservie selon le cadre réglementaire, et aussi afin d'assurer la qualité des prélèvements dans des zones plus sensibles comme les extrémités de réseau.

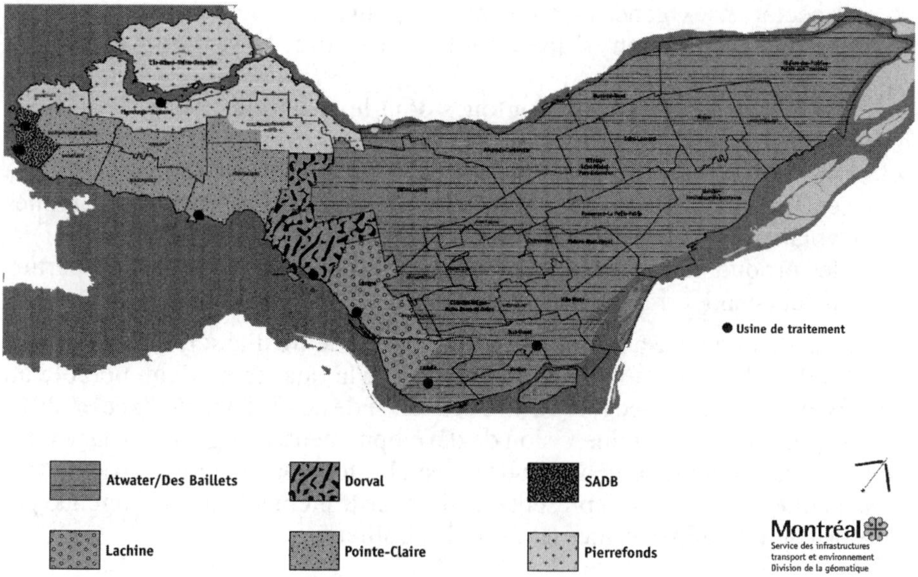

Figure 3. Zones desservies par les usines de production de l'eau potable

Cadre réglementaire pour l'eau potable au Québec

Le règlement sur l'eau potable définit les normes (les limites et références de qualité) des différents paramètres tels que : les paramètres microbiologiques, la turbidité, les substances inorganiques, organiques et radioactives et la désinfection résiduelle.

Il régit également le traitement de l'eau selon l'eau brute utilisée, le contrôle analytique (les prélèvements et les analyses), la compétence des opérateurs et assure une révision régulière de la réglementation. Entre autres, les exigences pour les usines alimentées par de l'eau de surface, comme c'est le cas pour le fleuve Saint-Laurent, prévoient que le traitement mis en place doit permettre l'élimination d'au moins 99,99 % des virus, 99,9 % des kystes de *Giardia* et 99 % des oocystes de *Cryptosporidium*.

Les usines : chantier de mise aux normes

Afin de respecter les exigences de ce cadre réglementaire, l'approche des « barrières multiples » est retenue, ce qui implique de nombreuses actions au niveau des filières de traitement dans les usines pour :

– réduire les risques pour la santé publique et les dangers de contamination : de la source au robinet ;

– respecter les exigences réglementaires pour :
  • les paramètres physiques dont la turbidité, la couleur, le goût et l'odeur,
  • les paramètres microbiologiques dont les bactéries, les parasites, les virus,
  • les paramètres chimiques dont les sous-produits de la désinfection (THM) et leurs précurseurs, les métaux, les pesticides, les composés organiques volatils,
  • les produits émergents dont les composés pharmaceutiques, les perturbateurs endocriniens et les pesticides.

Le chantier de mise à niveau des usines va permettre d'assurer la conformité de la qualité de l'eau suivant le règlement sur la qualité de l'eau potable du gouvernement du Québec (RQEP). L'échéance de ce projet a été fixée en 2012 et ce, tout en maintenant une vision de développement à long terme (par exemple un accroissement de la demande en eau brute et une dégradation possible de sa qualité). La figure 4 représente la filière de traitement qui a été retenue par l'une des deux grandes usines (l'usine des Baillets).

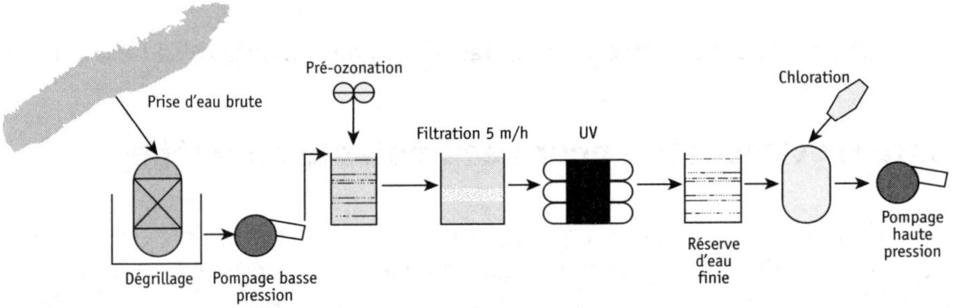

Figure 4. Système de traitement proposé à l'usine des Baillets

Le réseau de distribution

Le réseau de distribution comporte entre autres 740 km de conduites principales, certaines infrastructures sont en mauvais état et plusieurs fuites ont été constatées dans le réseau.

Le contrôle de la qualité

Le suivi effectué par le laboratoire de la ville de Montréal comporte des vérifications dans le réseau de distribution et aux niveaux des filières de traitement des usines de production.

Contrôles physico-chimiques

De façon routinière, les analyses physico-chimiques classiques de turbidité, couleur, pH, conductivité, et chlore sont faites tous les jours *in situ* dans les usines de production et sur une centaine de points de prélèvement dans le réseau. Les analyses en chimie inorganique et organique sont elles faites en laboratoire selon les calendriers des analyses réglementaires.

Analyses microbiologiques

Environ 20 000 analyses microbiologiques sont réalisées à différentes étapes de traitement des usines, de l'eau brute à l'eau traitée, ainsi que sur une centaine de points de prélèvements dans le réseau, toutes les semaines. Ces analyses comprennent entre autres les analyses des coliformes totaux, de *E. coli* et des BHAA, des entérocoques et des parasites *Giardia* et *Cryptosporidium*.

Les problématiques du réseau

Utilisations domestiques de l'eau à Montréal

L'une des problématiques est la consommation élevée d'eau sur le territoire (figure 5). Un grand chantier a été mis en œuvre pour réhabiliter plusieurs kilomètres de conduites afin de réduire la demande croissante et les risques associés à des bris de conduites qui surviennent de plus en plus souvent.

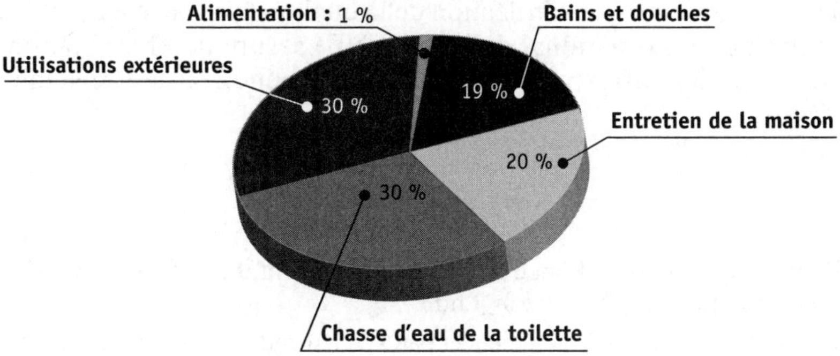

Figure 5. Utilisations domestiques de l'eau à Montréal

Le plomb

La norme québécoise sur la teneur en plomb dans l'eau potable a été révisée en 2001 passant de 50 µg/L à 10 µg/L. Plusieurs non-conformités ont donc été identifiées, surtout pour certaines résidences dont l'entrée de service est en plomb. De plus, une campagne d'échantillonnage de l'eau de robinet réalisée pendant l'été 2006 dans 130 résidences construites avant 1970 a permis de faire les constatations suivantes :

– concentrations faibles en plomb dans l'eau de robinet des résidences sans une entrée de service en plomb ;

– concentrations élevées en plomb dans l'eau de certaines résidences avec une entrée de service en plomb, particulièrement dans celles d'après-guerre (1940-1950).

La ville a donc mis en place un programme de remplacement des entrées de services en plomb.

Conclusion

Des activités de surveillance, de recherche et développement ont permis à la ville de Montréal de mettre en place d'importantes mesures de contrôle et de correction afin d'assurer en tout temps la qualité de l'eau potable pour les citoyens, les industries, commerces et institutions sur son territoire ; ceci avec la collaboration de différents partenaires tels que la chaire en eau potable de l'École polytechnique de Montréal, le ministère du développement durable, de l'environnement et des parcs, et la Direction de la santé publique. Les problématiques spécifiques ont aussi été étudiées et les solutions proposées ont été faites en accord avec ces partenaires. Le plan, débuté en 2004, devrait s'échelonner sur 20 ans.

En conclusion, afin d'assurer la santé publique, la ville de Montréal a mis en place un processus de gouvernance de mise aux normes des usines, de réhabilitation des réseaux et de vérification de la qualité des eaux chez l'utilisateur. La création du Fonds national de l'eau (FNE) assure la réhabilitation ou le remplacement des infrastructures de l'eau au bénéfice de l'ensemble des Montréalais.

Sites web consultés

Saint-Laurent Vision 2000, Plan d'action Saint-Laurent, http://www.slv2000.qc.ca/plan_action/phase3/plan_action_f.htm.

Développement durable, environnement et parcs, www.mddep.gouv.qc.ca/eau/inter.htm.

Réseaux de centres d'excellence, rapport annuel 2004-2005, Réseaux de centres d'excellence, www.nce.gc.ca/annualreport2004_2005/Fre/3_0/3_12.asp.

Ville de Montréal, www.ville.montreal.qc.ca.

L'eau du robinet, une eau agréable à boire

Virginie ROCHE

Introduction

L'eau du robinet est un produit indispensable. Elle revêt de multiples usages liés à l'hygiène (les douches, le linge), à l'hydratation par ingestion, à la préparation des aliments, à des usages extérieurs (lavage de la voiture, arrosage du jardin)...

En comparaison à d'autres produits, pour remplir toutes ces fonctions, l'eau du robinet est un produit économique. Il faut compter environ 1 €/j/famille, pour toutes les utilisations (sur la base de 120 m^3/an pour une famille de 4 personnes) [1]. Dans nos pays développés, elle est accessible partout. Elle est aussi un produit « écologique ». En effet, puisée à proximité des sites de consommation, elle nécessite peu de transport. Par une distribution avec des réseaux de canalisations, elle ne génère pas de déchets d'emballage. Elle ne contribue pas à l'assèchement des territoires puisqu'après épuration, elle est rejetée dans le milieu, à proximité et en aval du lieu où elle avait été prélevée. Enfin, l'eau est nécessaire à la vie, puisque nous sommes tous constitués d'eau, et elle contribue à la santé publique puisqu'elle est non calorique.

La contrepartie de cette universalité est que l'eau, pour certains consommateurs, ne représente qu'un simple produit industriel, standardisé, fonctionnel avec peu de valeur et ne pouvant logiquement pas être utilisée comme boisson.

Cet article relate des retours d'expériences de Lyonnaise des Eaux sur les actions mises en œuvre pour redonner une valeur à ce produit et améliorer son image.

La satisfaction réglementaire: distribuer un produit sûr et fiable pour rassurer les consommateurs

Des paramètres de qualité encadrés par des limites et des références

La qualité de l'eau distribuée au robinet est très réglementée en France, ce qui en fait un des produits alimentaires les plus contrôlés. Doivent ainsi être maîtrisés 60 paramètres microbiologiques, physico-chimiques ou organoleptiques.

L'arrêté du 11 janvier 2007 [2] fixe pour ces paramètres, des limites et des références de qualité des eaux brutes et des eaux destinées à la consommation humaine. Ainsi :

– pour la valeur de qualité limite, appelée également conformité : concernant différents paramètres bactériologiques (entérocoques, *Escherichia coli*...) ou physico-chimiques (arsenic, nitrates, nickel, plomb...), l'arrêté fixe une valeur qui ne doit pas être dépassée. Un dépassement implique de déclarer l'eau non conforme, de rechercher une solution de mise en conformité de l'eau distribuée et de la mettre rapidement en œuvre : la récurrence du dépassement pouvant représenter à terme une menace pour la santé des consommateurs ;

– pour la valeur de qualité référence : il n'est pas obligatoire de respecter ces valeurs imposées par l'arrêté pour un certain nombre de paramètres bactériologiques (coliformes...) ou physico-chimiques (turbidité, cuivre, fer total...). Toutefois le dépassement récurrent de la valeur de référence doit conduire à trouver une solution afin d'éliminer le problème ainsi mis en évidence, en raison des incidences sur les installations de production, les réseaux de distribution publics ou privés, et le confort d'utilisation par les consommateurs.

Des contrôles réguliers des valeurs des paramètres

Ces paramètres de qualité sont contrôlés régulièrement :

– par le contrôle officiel, dont la direction départementale des affaires sanitaires et sociales (DDASS) a la charge. Un arrêté spécifique, également du 11 janvier 2007 [3], définit les modalités de ces contrôles : les paramètres étudiés, les points de prélèvement et la fréquence... Les résultats de ces contrôles sont mis à disposition de la population, avec un affichage en mairie, et un envoi à domicile avec la facture d'eau 1 fois par an ;

– par les autocontrôles des producteurs et distributeurs d'eau. Tout au long du process de production et de distribution, l'eau est analysée régulièrement, ce qui permet de vérifier le respect des limites et des références, mais aussi d'affiner les réglages du process.

Des actions pour garantir la qualité de l'eau

Deux grands types d'actions permettent d'agir pour garantir la qualité de l'eau.

Les actions préventives pour limiter les risques de pollution des ressources

Ces actions peuvent être imposées par la réglementation, comme par exemple la mise en place des périmètres de protection, demandée par des directives européennes [4] [5] [6] et imposée en France par le code de la santé publique [7]. Le Plan national santé-environnement [8] précise qu'à l'horizon 2010, tous les captages d'eau devront être protégés par ces périmètres de protection. Ces actions préventives peuvent également être volontaires, et prendre alors différentes formes. Elles sont souvent à l'initiative et portées par les collectivités responsables des ressources. C'est le cas par exemple d'action à l'échelle des bassins versants, des opérations « fertimieux », « irrimieux ».... Les territoires de ces actions sont souvent beaucoup plus étendus que les périmètres de protection.

Les actions curatives pour traiter les ressources dont la qualité est dégradée

Si l'eau brute n'est pas conforme pour la distribution, il est possible de la rendre conforme en la traitant ou en la diluant. La solution retenue, ainsi que le type de traitement, sont adaptés en fonction de la problématique de pollution de la ressource : pesticides (charbon actif), turbidité (ultrafiltration)... La décision finale revient à la collectivité compétente.

Pour une meilleure protection des ressources, ces actions sont mises en œuvre de manière complémentaire. Le respect de la réglementation dans la production et la distribution de l'eau représente une base essentielle du métier, non négociable et préalable à toute autre action. Ces fondamentaux sont les mêmes pour tous les distributeurs. Lyonnaise des Eaux veut aller plus loin. L'entreprise s'est engagée dans une démarche intitulée « eau à valeur ajoutée ». L'idée est d'améliorer certains paramètres de confort, par exemple sur le goût dans le programme « eau agréable à boire », ou la teneur en calcaire, pour améliorer l'image qu'ont certains consommateurs de notre produit. Cette démarche se fait avec le consommateur.

À l'écoute des clients : identifier et comprendre les attentes des consommateurs

Pour aller dans le sens de l'amélioration de la qualité perçue par le consommateur, il est indispensable de comprendre ce qu'il perçoit, et d'analyser ses attentes. Pour cela, Lyonnaise des Eaux utilise des outils spécifiques pour écouter et comprendre les attentes du consommateur.

Les centres de relation clientèle (CRC)

Le premier outil utile dans l'écoute du client, est le centre de relation clientèle (CRC). Douze CRC existent à l'échelle de la France pour Lyonnaise des Eaux. Le principe est de donner une réponse en temps réel aux clients, par téléphone ou par mail, à leurs questions administratives, financières et techniques. Ces centres ont traité près de 2 660 000 appels en 2007 (figure 1), dont 73 % de demandes et 23 % de réclamations.

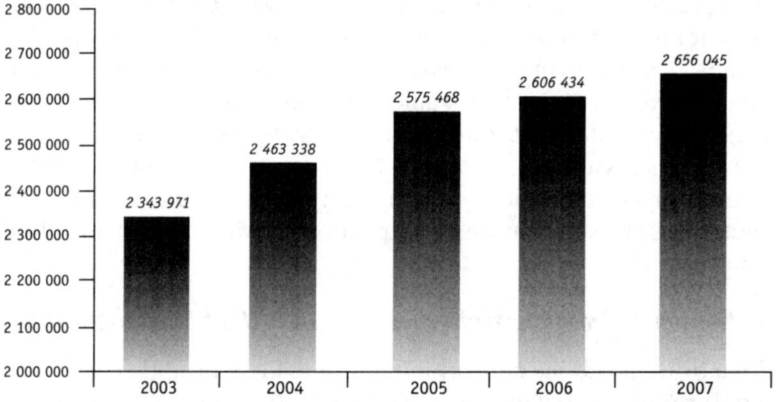

Source : Données internes Lyonnaise des Eaux

Figure 1. Évolution des nombres d'appels traités par les 12 centres de relation clientèle de Lyonnaise des Eaux

Malgré ce fort nombre de contacts, plus de 80 % des demandes concernent la relation clientèle (facturation, relevé compteurs...). La qualité (goût, couleur, odeur) n'est souvent abordée que par le biais de plaintes, déclenchées par des situations ponctuelles de dégradation de la qualité (travaux sur le réseau, remise en eau suite à une coupure...).

Cet outil, bien qu'accessible à tous, n'est donc pas optimal pour décrire les attentes des consommateurs en matière de qualité d'eau. Il a donc été indispensable de développer d'autres outils plus adaptés.

Le baromètre multilocal de satisfaction

Depuis 12 ans, Lyonnaise des Eaux interroge chaque année 300 clients par centre régional, ce qui représente près de 10 000 clients à l'échelle de la France. Le principe de ce baromètre est, au travers d'un questionnaire téléphonique, d'évaluer la satisfaction d'un point de vue global et détaillé sur différents aspects de la qualité du service : les relevés de compteur, la relation client, l'information, la facturation, et bien sûr la qualité de l'eau (sur les paramètres de constance, de goût, couleur, chlore, calcaire…). Les résultats nous permettent de repérer les axes possibles d'amélioration, et d'identifier les facteurs favorables. Nous avons pu mettre en évidence que les deux principales sources d'insatisfaction du consommateur concernant la qualité de l'eau sont le goût (et spécifiquement le chlore) et la teneur en calcaire (figure 2).

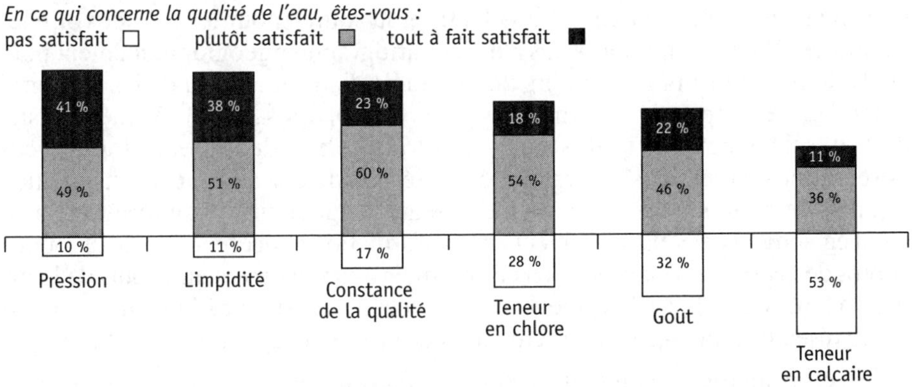

Source : Données internes Lyonnaise des Eaux

Figure 2. Résultats au niveau national de l'enquête 2007 sur la qualité de l'eau

Les études consommateurs ciblées

Pour aller encore plus loin sur l'écoute du consommateur et la compréhension de ses attentes, des études marketing ciblées sont réalisées. Récemment, une étude a été réalisée entre septembre 2007 et avril 2008. Elle concerne les attentes satisfaites et insatisfaites des consommateurs en matière d'eau du robinet. Cette étude en deux phases (qualitative avec des focus groupes et des interviews à domicile, et quantitative) a permis d'obtenir une image assez précise des représentations de l'eau du robinet qu'ont les consommateurs. Ces représentations induisent automatiquement des comportements différentiels vis-à-vis de l'eau du robinet, et en particulier de l'usage comme « eau de boisson ». Nous avons ainsi pu construire une typologie des consommateurs, en fonction de leurs représentations de l'eau du robinet et des usages qu'ils en font, à l'échelle de la population française.

Les clients deviennent des « consommacteurs »

Les outils présentés jusqu'à présent sont basés sur les déclarations des consommateurs. Concernant le goût de l'eau, il est important d'objectiver ce type de déclaration. En effet, la représentation que les consommateurs ont de l'eau du robinet peut en effet grandement fausser l'appréciation de son goût.

Il y a une dizaine d'années, des « clubs » ou « réseaux » de goûteurs d'eau ont été créés en France pour répondre à cette problématique. Le principe, simple, consiste à faire déguster régulièrement l'eau de leur robinet à des clients consommateurs formés aux goûts de l'eau. Ils nous transmettent régulièrement par courrier ou internet, les résultats de leurs dégustations, et leurs appréciations du goût de leur eau. L'objectif principal de ces réseaux est de détecter les éventuels mauvais goûts de l'eau, d'en identifier la source pour les limiter voire les supprimer. Il peut s'agir alors aussi de les cartographier géographiquement pour analyser des endroits particuliers du réseau de distribution, ou de les cartographier dans le temps, car les « mauvais goûts » n'apparaissent pas de façon systématique. Des actions à plus ou moins long terme découlent alors de ces observations, allant de simples purges du réseau de distribution à l'installation d'unités de traitement complexes. Ces réseaux de goûteurs d'eau formés constituent également des relais pertinents de l'information concernant l'eau du robinet auprès de la population. Ils sont en effet formés non seulement aux goûts de l'eau, mais à toutes les étapes du cycle de l'eau domestique. Aujourd'hui, un peu moins de 20 réseaux sont en fonctionnement en France pour Lyonnaise des Eaux.

En croisant tous les éléments explicités dans les paragraphes précédents, on observe que, bien que la qualité de l'eau du robinet soit irréprochable en accord avec la définition réglementaire, les consommateurs peuvent dénigrer l'eau du robinet comme boisson parce qu'ils ont une appréciation négative des paramètres de confort que sont la teneur en calcaire et le goût de l'eau. Le consommateur n'est pas un « analyseur » de paramètres physico-chimiques. Ses propres « analyseurs » sont ses sens. Il décrétera que l'eau est de qualité s'il la perçoit avec ses sens, constante, sans odeur, sans goût, sans couleur. Or, pour le consommateur, le goût constitue le lien affectif qu'il lie avec le produit. Pour l'eau, améliorer son goût, c'est regagner la confiance du consommateur sur le produit et sur les services associés.

Innover sur le goût : des programmes de recherche à Dijon

S'inscrire dans un pôle de compétitivité

À Dijon, en 2005 a été labellisé un pôle de compétitivité sur le goût, la nutrition et la santé nommé Vitagora. Il vise à rassembler les industries et les centres de recherche sur les régions Bourgogne et Franche-Comté, pour dynamiser la recherche et favoriser les innovations. Constitué de 7 filières thématiques industrielles, dont la filière « eau du robinet » [9], ce pôle a permis à Lyonnaise des Eaux de créer des partenariats avec 2 instituts de recherche renommés dans le domaine du goût : l'Institut national de la recherche agronomique (INRA) et le Centre national de la recherche scientifique (CNRS), pour mettre en place 2 programmes de recherche sur le goût de l'eau.

Étudier la perception de la flaveur « chlore » et les leviers de diminution de cette perception

Ce programme de recherche est mené en partenariat entre l'UMR FLAVIC (INRA, Université de Bourgogne, ENESAD), Lyonnaise des Eaux et Suez-Environnement. Les recherches sont menées par une doctorante sous convention industrielle de formation par la recherche (CIFRE), financée par l'Association nationale de la recherche technique, ce qui garantit un partenariat étroit entre l'industriel LDE et l'institut de recherche.

Ce travail de recherche sur la perception du chlore est né d'un constat : la chloration de l'eau, étape ultime de la production de l'eau avant distribution au consommateur, garantissant la qualité bactériologique de l'eau tout au long de son parcours, a été renforcée en 2001, suite aux attaques terroristes, via le plan *vigipirate*. La conséquence est que les consommateurs perçoivent parfois le chlore de façon plus intense, le déplorent et s'en plaignent. L'image de l'eau du robinet a beaucoup pâti de ce phénomène.

Le programme de recherche a donc 2 objectifs :
– comprendre la perception de la « flaveur » chlore : la flaveur (ce que l'on appelle le « goût » au sens commun du terme) est en fait l'intégration de la perception de 3 systèmes sensoriels : la gustation, l'olfaction et la somesthésie. Il s'agit donc de déterminer parmi ces 3 systèmes, lesquels sont impliqués, et à partir de quel niveau de stimuli ;
– identifier les leviers permettant de réduire cette perception du chlore. L'influence notamment des facteurs constitutifs du goût de l'eau est en cours d'étude.

Étudier la perception du goût de l'eau, son appréciation et son acceptabilité

Ce second programme est mené en partenariat entre le Centre européen des sciences du goût (UMR CNRS – Université de Bourgogne et INRA), Lyonnaise des Eaux et Suez-Environnement. Les recherches sont également réalisées par un doctorant sous convention CIFRE.

Ce programme de recherche est aussi né de constats croisés :
– en dehors de tout « mauvais goût », les eaux en France n'ont pas le même goût partout (cas des eaux en bouteille, mais aussi le cas des eaux délivrées au robinet) ;
– les eaux n'ont pas les mêmes compositions minérales puisqu'elles proviennent de régions aux sous-sols différents.

La notion de terroir semble donc exister pour les eaux en bouteille comme pour les eaux du robinet.

Le contenu des recherches sur ce thème est donc articulé autour de 3 points :
– décrire l'espace perceptif de l'eau de boisson (eau du robinet et eau en bouteille), pour définir les goûts de l'eau, et les facteurs qui constituent le goût de l'eau ;

– déterminer si parmi les grands types de goût de l'eau, le consommateur a des préférences, et si oui, quelles sont-elles ? La cellule familiale et les habitudes de consommation seront également étudiées en vue de déterminer si ces éléments influencent les préférences ;

– comprendre le comportement du consommateur et identifier les verrous des freins à la consommation de l'eau du robinet pour tenter de les lever.

Conclusion

L'eau du robinet est un produit sûr. Les résultats de la récente enquête annuelle du centre d'information sur l'eau (CIEAU) auprès de 1977 Français [10] montrent en effet que 81 % d'entre eux estiment que « l'eau du robinet est sûre » (progression régulière depuis la valeur de 1996 : 66 %). Cette même enquête indique que 71 % des Français jugent leur eau « bonne » (73 % en 2007), mais la défiance que véhiculent certains mauvais goûts dégrade son image et impacte son usage pour la boisson.

Les programmes de recherche sur 3 ans sur le goût de l'eau de Lyonnaise des Eaux vont apporter de nouvelles connaissances sur le goût et probablement des innovations. Nous espérons bien sûr qu'en améliorant le goût de l'eau du robinet, cela en favorise la consommation et augmente la part des Français qui boivent de l'eau du robinet (67 % des Français déclarent consommer au moins une fois par semaine de l'eau du robinet en 2007 et 2008, 2007 étant la première année où les déclarations de consommation d'eau du robinet sont supérieures à celles d'eau minérale [10]). Mais il faut être réaliste, l'humain ne consommera pas plus d'un litre et demi à deux litres d'eau par jour, même si elle est excellente. La part de l'eau du robinet utilisée pour la boisson, qui représente aujourd'hui 1 % des volumes produits, évoluera peu.

Cependant, au-delà de ces considérations, améliorer le goût de l'eau, c'est surtout améliorer l'image du produit. Et améliorer l'image du produit va conduire à lui redonner une valeur et par conséquent, à le respecter. Pour l'eau du robinet, cela se traduit aussi par « devenir éco-responsable » dans le domaine quantitatif, en ne la gaspillant pas, et dans le domaine qualitatif, en protégeant les zones où elle est puisée.

Remerciements

Je tiens à remercier tous ceux qui ont contribué par leurs travaux à la démarche « eau agréable à boire » : Éric Teillet et Sabine Puget nos doctorants, les équipes de recherches de Flavic et du CESG, les équipes de Suez-Environnement, les directions marketing, clientèle et technique de Lyonnaise des Eaux.

Bibliographie

[1] Institut français de l'environnement, (2007), Le 4 pages n° 117, La facture d'eau domestique en 2004 – 177 euros par personne et par an, Mars.

[2] Arrêté du 11 janvier 2007 relatif aux limites et références de qualité des eaux brutes et des eaux destinées à la consommation humaine, Journal Officiel de la République Française, 6 février 2007.

[3] Arrêté du 11 janvier 2007 relatif au programme de prélèvements et d'analyses du contrôle sanitaire pour les eaux fournies par un réseau de distribution, Journal Officiel de la République Française, 11 février 2007.

[4] Directive européenne n° 75/440/CEE du 16/06/75 concernant la qualité requise des eaux superficielles destinées à la production d'eau alimentaire dans les États membres, Journal Officiel des communautés européennes n° L194 du 25/07/75.

[5] Directive européenne n° 98/83/CE du Conseil du 3/11/98 relative à la qualité des eaux destinées à la consommation humaine, Journal Officiel des communautés européennes n° L330 du 5/12/98.

[6] Directive européenne n° 2000/60/CE du Parlement Européen et du Conseil du 23/10/2000 établissant un cadre pour une politique communautaire dans le domaine de l'eau, Journal Officiel des communautés européennes n° L327 du 22/12/2000.

[7] Code de la santé publique : partie législative articles L1321-1 à L1321-10 et partie réglementaire articles R1321-1 à R1321-68.

[8] Plan National Santé-Environnement 2004-2008, adopté par le gouvernement le 21 juin 2004.

[9] Pôle de compétitivité VITAGORA, http://vitagora.tevolys.com/, avril 2008.

[10] C.I.EAU, Baromètre C.I.EAU/TNS SOFRES 2008, 13e édition « Les Français et l'eau », avril 2008.

Amibes libres pathogènes : éléments d'évaluation et de gestion du risque

France Wallet, Pascal De Giudici

Introduction

Les amibes libres comportent de nombreuses espèces, dont beaucoup restent encore à identifier et à décrire. Elles sont omniprésentes dans l'environnement naturel et anthropisé et sont considérées comme utiles du fait qu'elles participent à la régulation des sols (renouvellement, minéralisation, action sur la faune bactérienne). Parmi tous les genres d'amibes libres existant dans la nature, seuls quelques-uns sont pathogènes pour l'homme : *Acanthamoeba*, *Balamuthia mandrillaris*, *Naegleria fowleri*, *Sappinia diploidea* [1]. Le genre *Hartmanella* a également été décrit dans des infections oculaires [2]. Sur plus de 30 espèces du genre *Naegleria*, seule l'espèce *Naegleria fowleri*, se révèle très pathogène. Elle provoque chez l'homme une maladie rare mais grave la méningo-encéphalite amibienne primitive (MEAP). Ces amibes libres thermophiles se retrouvent dans des eaux naturellement chaudes ou artificiellement réchauffées comme par exemple les circuits de refroidissement des sites industriels ou les canalisations d'eau chaude notamment en Australie. Les rares données épidémiologiques existantes rendent difficile une évaluation précise des risques sanitaires.

Amibes libres : les espèces pathogènes chez l'homme

Parmi toutes les amibes libres présentes dans la nature, seuls quatre genres sont pathogènes pour l'homme : *Acanthamoeba spp*, *Balamuthia mandrillaris*, *Naegleria fowleri* et *Sappinia diploidea*, causant des infections du système nerveux central, des infections oculaires, souvent chez des patients immunodéprimés mais pas toujours [3]. Trois types de pathologies du système nerveux central sont distingués : la méningo-encéphalite amibienne primitive provoquée par *Naegleria fowleri*, l'encéphalite amibienne granulomateuse à *Acanthamoeba* ou *Balamuthia mandrillis*, et un autre type d'encéphalite, ne rentrant pas dans les deux premières catégories, provoquée par une espèce récemment mise en évidence *Sappinia diploidea*.

Méningo-encéphalite amibienne primitive (MEAP)

Au sein du genre *Naegleria*, plus de 30 espèces ont été identifiées jusqu'à présent, notamment par De Jonckheere [4]. Cet auteur a également mis au point un test de pathogénicité sur la souris. Trois espèces de *Naegleria* se montrent pathogènes chez la souris : *Naegleria fowleri*, *Naegleria australiensis* et *Naegleria italica*. Ces trois espèces sont également thermophiles, c'est-à-dire capables de se développer à une température de 42 °C (45 °C pour *N. folweri*). Par contre, les autres espèces thermophiles ne sont pas pathogènes.

De ces trois espèces, une seule est pathogène pour l'homme entraînant une méningo-encéphalite très rare mais gravissime. Le rôle pathogène chez l'homme d'autres espèces de *Naegleria* et notamment *N. australiensis* est évoqué [5 ; 6] mais actuellement pas prouvé. Des cas de MEAP ont été rapportés de diverses parties du monde à partir de 1965, [7] bien que le premier cas reconnu par diagnostic rétrospectif date de 1909 [8]. Actuellement, plus de 200 cas sont rapportés chez l'homme dont la moitié aux États-Unis [9 ; 10]. Ce chiffre, issu des cas déclarés ou publiés, ne représente en aucun cas la réalité car il est très probable que de nombreux cas ne soient pas diagnostiqués ni publiés.

La période d'incubation est de trois à cinq jours, la MEAP touche les enfants ou adultes jeunes en bonne santé, avec survenue brutale d'une triade de symptômes : une migraine intolérable, une hyperthermie et des troubles digestifs, parfois associés à des troubles de la vigilance et de l'humeur [11]. Le décès survient rapidement, seulement quelques cas de guérison ont été décrits dans la littérature [12 ; 13].

L'exposition fait suite à l'inhalation d'eau contaminée lors de baignade. Elle touche plutôt les enfants et les adultes jeunes, en raison sans doute d'une pratique plus importante des sports nautiques et aquatiques chez ces sujets.

La contamination se fait dans des eaux naturellement ou artificiellement réchauffées. Le principal cas reporté d'infection à *Naegleria fowleri* (MEAP) contracté dans un cours d'eau artificiellement réchauffé par les rejets d'un établissement industriel est celui décrit par Vandepitte *et al.* [14]. En juin 1973, un jeune garçon de 14 ans s'étant baigné dans un ruisseau drainant les effluents d'une fonderie de zinc et de plomb a contracté une MEAP. Le cours d'eau dans lequel l'enfant s'était baigné montrait une température de 26,5 °C au lieu de baignade contre 30 °C au lieu de rejet des effluents. La température des cours d'eau naturels voisins (non pollués thermiquement) était comprise entre 22 et 23 °C. Des amibes de genre *Naegleria* ont été isolées dans l'eau du ruisseau pollué, mais la recherche de l'espèce *N. fowleri* par immunofluorescence s'est avérée négative. Il en a été de même pour les *Naegleria* isolés dans les canaux voisins. L'auteur spécifie que dans un cas de MEAP survenue en Tchécoslovaquie en 1968, il serait possible que la contamination se soit également produite dans un ruisseau pollué thermiquement par une industrie.

Plusieurs publications relatent des recherches de *Naegleria fowleri* et d'autres genres amibiens dans l'environnement naturel ou artificiellement réchauffé par les eaux de refroidissement de complexes industriels, notamment en Europe de l'Est et aux USA [15 ; 16 ; 17 ; 18 ; 19].

Encéphalite amibienne granulomateuse (EAG)

Deux genres d'amibes libres sont identifiés comme responsables d'EAG :

– plusieurs espèces d'*Ancanthamoeaba*, (*A. castellanii ; A. culbertsoni ; A. hatchetti, A. healyi, A. polyphaga, A. rhysodes, A. astronyxis, A. divionensis*). *Acanthamoeba* est une amibe très commune, retrouvée sur tous les continents dans des échantillons de sol et d'eau. Sa forme kystique, protégée des agressions chimiques ou physiques, peut survivre plusieurs années dans l'environnement. Le premier cas d'EAG à *Acanthamoeba* fut décrit en 1972 [20]. La population à risque est constituée de personnes présentant des affections sous-jacentes d'ordre immunologiques, métaboliques ou physiologiques ;

– *Balamuthia mandrillaris*. L'espèce *B. mandrillaris* a pour la première fois été isolée à la fin les années quatre-vingt à partir du cerveau d'un singe (mandrill) mort dans un parc de Californie [21]. Une fois l'espèce *B. mandrillaris* caractérisée et rendue identifiable par immunofluorescence [22], elle a été mise en évidence comme agent causal d'un certain nombre de cas d'EAG à partir des années quatre-vingt-dix [23]. Les premiers cas d'EAG attribués à *B. mandrillaris* ont été observés chez des patients immunodéprimés ou atteints par le VIH [24], mais plus récemment, des EAG à *B. mandrillaris* ont été diagnostiquées chez de patients jeunes et sains [25 ; 26]. Actuellement, une centaine de cas d'EAG imputables à *B. mandrillaris* ont été relatés dans la littérature médicale. Ces cas montrent une grande dispersion géographique : USA, Amérique du Sud, Australie, Asie du Sud-Est et République tchèque. Il faut noter qu'aux USA, la fréquence des EAG à *B. mandrillaris* est nettement plus élevée (relativement à l'effectif) dans la population d'origine hispanique [27]. L'origine génétique ou comportementale de cette sur-représentation n'a pas été établie.

Les cas d'EAG n'ont pas été reliés à des événements de baignade ou de contact particulier avec des eaux stagnantes ou courantes, à l'exception d'un cas survenu en Thaïlande en 2003 chez un jeune homme sain de 23 ans suite à une chute accidentelle en moto dans un marécage (contamination par l'eau et/ou le sol) [28]. Il faut ajouter que la longueur de la période d'incubation (généralement plusieurs mois) ne facilite pas toujours la recherche rétrospective des circonstances de contamination. Des encéphalites à *B. mandrillaris* ont été diagnostiquées chez les animaux (cheval, chien, mouton et singe) mais il n'est pas démontré que les animaux peuvent jouer le rôle de réservoir pour les infections humaines. L'entrée dans l'organisme se fait *a priori* par la pénétration à travers la peau par une blessure mise en contact avec le sol, ou éventuellement l'inhalation de kystes en suspension dans l'air. La répartition dans l'organisme utilise probablement la voie hématogène. La durée d'incubation est très longue, probablement de plusieurs semaines ou mois, précédent l'apparition insidieuse des signes cliniques : état mental anormal (confusion, irritations, hallucinations, troubles du comportement), migraines, fièvre et signes méningés. À de rares exceptions près, cette infection a toujours provoqué la mort des sujets atteints.

Acanthamoeba provoque également une infection oculaire, la kératite chronique amibienne. Le genre *Hartmanella* a également été incriminé dans cette pathologie. Le facteur de risque principal associé à ces pathologies est le port de lentilles de contact, probablement associé à une hygiène insuffisante lors de la préparation à domicile des solutions de nettoyages.

Autre type d'encéphalite

Plus récemment, une nouvelle espèce d'amibe, *Sappinia diploidea*, a été mise en cause dans un cas d'encéphalite chez un sujet sain [29]. Il s'agit d'une amibe de grande taille, qui se caractérise par la présence de deux noyaux (binucléée). *S. diploidea* a d'abord été isolée dans les excréments humains, et également dans ceux de l'élan et peut-être d'animaux du bétail. La forme enkystée peut résister aux transits stomacal et intestinal et l'organisme peut reprendre une forme trophique lorsque le milieu est plus favorable, dans des excréments riches en sources de nourriture, par exemple.

Le sujet souffrait de maux de tête, troubles de la vue, photophobie et vomissements. L'examen histopathologique du cerveau a montré la présence d'amibes, mais aucune réaction granulomateuse n'a été mise en évidence : il ne s'agit donc pas d'une EAG *a priori*. Après traitement chirurgical et médicamenteux, la guérison est survenue sans aucune séquelle neurologique. Le sujet avait eu contact avec des animaux de ferme et a pu être contaminé par inhalation de kystes présents dans l'air. La survenue d'une infection des sinus préalablement à l'encéphalite corrobore l'hypothèse de la contamination par voie nasale.

Évaluation et gestion du risque

Les données disponibles dans la littérature ne concernent que la méningo-encéphalite amibienne primitive ou MEAP. Les publications portant sur l'évaluation et la gestion des risques d'infection à *Naegleria* sont peu nombreuses.

Du point de vue épidémiologique, la seule donnée exploitable a été pendant longtemps celle élaborée par Wellings [30] en Floride. Sur la base des cas de MEAP enregistrés en Floride entre 1962 et 1977 et de l'estimation moyenne du nombre de baigneurs, cet auteur calcule une incidence de 1 cas annuel de MEAP annuel pour 2,6 millions de baigneurs en eau douce, soit un risque de $3{,}85\ 10^{-7}$ par baignade, pour une eau contenant de 1 à 40 *N. fowleri*/litre.

Ces données ne permettent pas d'obtenir une association quantitative du risque en fonction de la concentration de l'eau en *Naegleria folweri*, qui serait la base pour l'émission de critères de qualité de l'eau (outils de gestion). Trois études tentent une approche de cette estimation quantitative, avec éventuellement des propositions de critères de qualité des eaux permettant une gestion du risque d'infection à *Naegleria fowleri*.

– Bard et Siclet, [31], ont modélisé la probabilité d'infection à *Naegleria fowleri* (MEAP) chez l'homme suite à une exposition par baignade. À partir de trois études expérimentales chez l'animal, une relation dose-réponse est établie pour l'infection à *Naegleria fowleri*. Pour des concentrations d'amibes dans l'eau allant de 0,01 à 100/litre, les probabilités de contracter une MEAP sont calculées sur la base des fonctions dose-réponse des différents modèles et de la probabilité d'exposition obtenue en considérant la distribution des amibes dans l'eau comme une loi de Poisson. Les modèles exponentiel-logarithmique et lognormal donnent des estimations compatibles avec les données épidémiologiques, c'est-à-dire un risque voisin de $4\ 10^{-7}$ par épisode d'exposition [30]. En particulier, pour une eau contenant 1 amibe *N. fowleri*/litre, le risque de contracter une MEAP est de $1\ 10^{-8}$ par épisode de baignade.

– Cabanes *et al.* [32] ont modélisé le risque de MEAP chez l'homme suite à une exposition par baignade en fonction du nombre de *Naegleria fowleri* présents dans l'eau. À partir des données de la littérature et de nouvelles expérimentations animales, une courbe dose-réponse a été établie. Ensuite, l'hypothèse que la distribution des amibes dans l'eau suit une loi de Poisson permet de calculer une probabilité d'exposition puis de construire une fonction concentration-réponse donnant la probabilité de contracter une MEAP par épisode de baignade en fonction de la concentration de *N. fowleri* dans l'eau. Ce modèle a été ensuite ajusté aux données épidémiologiques humaines. Selon ces résultats, le risque de MEAP pour une baignade dans une eau contenant 1 *N. fowleri*/litre est de $1\ 10^{-9}$. Le risque est de $3{,}8\ 10^{-8}$ pour 5 *N. fowleri*/litre, de $8{,}5\ 10^{-8}$ pour 10 *N. fowleri*/litre, de $7{,}8\ 10^{-7}$ pour 50 *N. fowleri*/litre. Ces résultats sont corroborés par un comptage des cas de MEAP causés par l'eau publique distribuée en Australie : 10 cas pour $3\ 10^{9}$ épisodes d'exposition, pour des concentrations de 1 à 400 *N. fowleri*/litre.

En fonction de ces résultats, les autorités sanitaires françaises, notamment le Conseil supérieur d'hygiène publique de France (CSHPF), ont adopté le niveau maximal de 100 *N. fowleri*/litre pour les eaux douces dans lesquelles l'exposition de l'homme est possible. Seul EDF, saisi du problème depuis 1979, effectue une détection quotidienne en période d'exposition de *N. fowleri* dans ces circuits de refroidissement. Des recherches actives ont été entreprises tant au niveau écologique, métrologique avec le développement d'une méthode rapide de détection [33], qu'au niveau de la gestion du risque. Des traitements adaptés ont été mis en place sur les circuits contaminés, qui sont ceux équipés de condenseur en acier inoxydable, matériau mis en remplacement du laiton pour diminuer les rejets de cuivre. Le CSHPF a émis un avis favorable au traitement par chloration de ce type de circuit. Par la suite, le traitement par chloration continue a été interdit pas les autorités compétentes en raison des rejets en dérivés organochlorés engendrés par le traitement. Actuellement deux types de traitements sont utilisés, le traitement chimique par monochloramination de l'ensemble de l'eau du circuit pour 5 sites et le traitement physique aux UV de l'eau de purge pour 1 site.

– Lugg and Psaila-Savona [34] ont défini des critères sanitaires de concentration en *Naegleria fowleri* pour l'eau d'un bassin artificiel créé pour une activité de ski nautique dans la ville de Cockburn, près de Perth, dans l'ouest de l'Australie. La qualité de l'eau du bassin est actuellement suivie régulièrement et l'amibe thermophile pathogène pour la souris, *Naegleria italica*, y a été détecté pendant les mois les plus chauds. La première mesure de prévention consistant à augmenter la teneur en sel de l'eau s'est montrée inefficace. Aucune évaluation des risques n'étant disponible pour *Naegleria italica*, les auteurs se sont basés sur les évaluations existantes pour *Naegleria fowleri*.

La gestion du risque définie est basée sur les critères de risque sanitaire énoncés par l'autorité environnementale ouest-australienne (WA-EPA), à savoir :

– 1 10^{-6} par an pour la population générale, correspondant pour la MEAP à une fréquence de 4 épisodes d'exposition par an pour une eau contenant 5 *N. fowleri*/litre, scénario jugé maximal acceptable pour les adultes utilisant le bassin ;

– 5 10^{-7} par an pour les populations sensibles telles que les enfants ou les personnes âgées, correspondant pour la MEAP à une fréquence de 5 épisodes d'exposition par an pour une eau contenant 2 *N. fowleri*/litre, scénario maximal acceptable pour les enfants et jeunes adultes utilisant le bassin.

L'estimation des *Naegleria* pathogènes se fait par comptage des *Naegleria* thermophiles totaux (selon la technique du nombre le plus probable de germes), ce qui surestime le nombre réel de *Naegleria* pathogènes. Pendant la période chaude, soit d'octobre à mai (hémisphère sud), considérée comme la seule période où le risque *Naegleria* peut être significatif, il est donc proposé une gestion du risque reposant sur deux niveaux de concentration de *Naegleria* :

– un *niveau d'action* (action level) de 2 *Naegleria*/litre, à partir duquel le public est informé et l'accès du bassin restreint aux adultes de plus de 18 ans,

– un *niveau guid*e (guideline level) de 5 *Naegleria*/litre, à partir duquel le bassin est fermé.

Il est rappelé que les activités de ski nautique sont en permanence interdites aux enfants de moins de douze ans. De plus, le fait que certains habitués utilisent le bassin plus de 4 fois par an durant la saison à risque est compensé par le mode de comptage des *Naegleria* qui surestime les *Naegleria* véritablement pathogènes.

Ces critères de gestion sont transcrits de manière opérationnelle à l'usage des techniciens de laboratoire, en termes de plaques de cultures positives ou négatives, selon la méthode du nombre le plus probable de germes. Il est montré que, selon cette méthode, le niveau d'action et le niveau guide peuvent être révélés avec un intervalle de confiance de 95 %. Ce mode de gestion du risque a été adopté depuis l'année 2000. Il est à noter que, devant les faibles incidences de ces pathologies, l'OMS ne recommande aucune valeur guide pour ce risque particulier.

Le tableau 1 suivant récapitule les principales caractéristiques et résultats des études précédentes. Il apparaît notamment que le critère de qualité des eaux douces adopté par la législation française est nettement moins conservateur que ceux adoptés par la législation australienne. Cela s'explique en particulier par le fait que la législation sanitaire australienne adopte une valeur repère de risque de 5 10^{-7} pour les enfants et 10^{-6} pour la population générale, alors que le critère français correspond à un risque supérieur à 10^{-6} pour toute la population.

Tableau 1. Récapitulation des études récentes sur l'évaluation et la gestion du risque d'infection à *Naegleria fowleri* pour l'humain

	Méthode d'évaluation du risque	Risque MEAP par épisode d'exposition	Valeurs repères pour la gestion du risque
Wellings Floride, 1977	Données épidémiologiques (incidence).	**4 10^{-7}**, pour une eau contenant **1 à 40 *N. fowleri*/litre**	
Bard et Siclet France, 1995	Expérimentations animales réalisées antérieurement par d'autres auteurs. Modélisation de la fonction dose réponse par modèle lognormal. Distribution de *N. fowleri* selon Loi de Poisson.	**1 10^{-8}** pour une eau contenant **1 *N. fowleri*/litre**	
Cabanes *et al.* France, 2001	Expérimentation animale réalisée par les auteurs. Modélisation de la fonction dose réponse par modèle lognormal. Distribution de *N. fowleri* selon Loi de Poisson. Ajustement de la courbe concentration – réponse en fonction des données épidémiologiques (Wellings, 1977).	**7 10^{-9}** pour une eau contenant **1 *N. fowleri*/litre** **5,5 10^{-7} pour 40 *N. fowleri*/litre**	Niveau maximal pour eaux douces : **100 *Naegleria*/litre**
Législation australienne			Eau de distribution : **2 *Naegleria*/litre**
Lugg et Psaila-Savona Australie, 2001	Choix d'une valeur intermédiaire entre les risques déterminés par Wellings (1977) et Bard et Siclet (2001).	**5 10^{-8}** pour une eau contenant **1 *N. fowleri*/litre**	Eau douce de bassin récréatif Niveau d'action : **2 *Naegleria*/litre** Niveau guide : **5 *Naegleria*/litre**

Conclusion

Les amibes libres pathogènes provoquent des pathologies graves mais leur incidence est heureusement très faible. Très peu de données existent en termes d'évaluation de risque, ce qui rend difficile une éventuelle gestion. L'OMS, du fait des faibles incidences de ces maladies, et malgré leur gravité, ne donne aucune valeur guide. Seuls deux pays, l'Australie et la France, ont mis en place respectivement une législation et une recommandation.

L'exemple industriel français, avec l'apparition d'un risque sanitaire amibien suite à un changement de condenseur pour limiter des rejets environnementaux, et les conséquences environnementales du traitement chimique anti-amibien, montre bien la difficulté de gérer concomitamment les risques environnementaux et sanitaires.

Avec l'augmentation de la température susceptible d'accompagner le changement climatique global, il est probable qu'il y ait une augmentation des niches écologiques des amibes thermophiles, en particulier *Naegleria fowleri* ainsi qu'une augmentation de l'exposition. La progression du nombre des personnes à risques (immunodéprimés, SIDA, usage de médicaments anti-inflammatoires ou immunosuppresseurs) pourrait de plus entraîner une augmentation de l'incidence de ce type de pathologies.

Bibliographie

[1] Visvesvara G.S., Moura H., Schuster F.L., (2007), FEMS Immunol. Med. Microbiol., 50, 1.

[2] De Jonckheere J.F., Brown S., (1998), Clin. Infect. Dis., 27, 1337.

[3] Martinez A.J., (2001), Free living amebas and the immune deficient host. In IXth International Meeting on the Biology and Pathogenicity of Free-Living Amoebae Proceedings (P. Cabanes, S. Billlot Bonef, eds), pp. 1. John Libbey Eurotext, Paris.

[4] De Jonckheere J.F., (2004), Protist, 155, 89.

[5] De Jonckheere J.F., Pernin P., Scaglia M., Michel R., (1984), J. Protozool., 31, 324.

[6] Pernin P., De Jonckheere J.F., (1984), Ann. Parasitol. Hum. Comp., 59, 133.

[7] Fowler M., Carter R.F., (1965), Br. Med. J., 2, 740.

[8] Symmers W.C., (1969), Br. Med. J., 4, 449.

[9] CDC, (2003), MMWR. Morb. Mortal. Wkly. Rep., 52, 962.

[10] Dziuban E.J., Liang J.L., Craun G.F., Hill V., Yu P.A., Painter J., Moore M.R., Calderon R.L., Roy S.L., Beach M.J., (2006), MMWR. Surveill. Summ., 55, 1.

[11] Okuda D.T., Coons S., (2003), Neurology, 61, E1.

[12] Jain R., Prabhakar S., Modi M., Bhatia R., Sehgal R., (2002), Neurol. India, 50, 470.

[13] Wiwanitkit V., (2004), MedGenMed, 6, 2.

[14] Vandepitte J., Van den Driessche E., Van Dijck P.J., De Jonckheere J., (1974), Ann. Soc. Belg. Med. Trop., 54, 297.

[15] Behets J., Declerck P., Delaedt Y., Verelst L., Ollevier F., (2007), Parasitol. Res., 100, 1249.

[16] Cermeno J.R., Hernandez I., El Yasin H., Tinedo R., Sanchez R., Perez G., Gravano R., Ruiz A., (2006), Rev. Soc. Bras. Med. Trop., 39, 264.

[17] De Jonckheere J.F., (2006), Eur. J. Protistol., 42, 115.

[18] Sykora J.L., Keleti G., Martinez A.J., (1983), Appl. Environ. Microbiol., 45, 974.

[19] Tsvetkova N., Schild M., Panaiotov S., Kurdova-Mintcheva R., Gottstein B., Walochnik J., Aspock H., Lucas M.S., Muller N., (2004), Parasitol. Res., 92, 405.

[20] Jager B.V., Stamm W.P., (1972), Lancet, 2, 1343.

[21] Visvesvara G.S., Martinez A.J., Schuster F.L., Leitch G.J., Wallace S.V., Sawyer T.K., Anderson M., (1990), J. Clin. Microbiol., 28, 2750.

[22] Visvesvara G.S., Schuster F.L., Martinez A.J., (1993), J. Eukaryot. Microbiol., 40, 504.

[23] Kiderlen A.F., Laube U., (2004), Parasitol. Res., 94, 49.

[24] Anzil A.P., Sancesario G., Massa R., Bernardi G., (1991), Muscle Nerve, 14, 358.

[25] Deol I., Robledo L., Meza A., Visvesvara G.S., Andrews R.J., (2000), Surg. Neurol., 53, 611.

[26] Schuster F.L., Visvesvara G.S., (2004), Int. J. Parasitol., 34, 1001.

[27] Schuster F.L., Glaser C., Honarmand S., Maguire J.H., Visvesvara G.S., (2004), Emerg. Infect. Dis., 10, 1510.

[28] Intalapaporn P., Suankratay C., Shuangshoti S., Phantumchinda K., Keelawat S., Wilde H., (2004), Am. J. Trop. Med. Hyg., 70, 666.

[29] Gelman B.B., Rauf S.J., Nader R., Popov V., Borkowski J., Chaljub G., Nauta H.W., Visvesvara G.S., (2001), JAMA, 285, 2450.

[30] Wellings F.M., Amuso P.T., Chang S.L., Lewis A.L., (1977), Appl. Environ. Microbiol., 34, 661.

[31] Bard D., Siclet F. (1996). Amibes libres et santé publique, Éditions ENSP, Électricité de France, Rennes, Paris, 142 p.

[32] Cabanes P.A., Wallet F., Pringuez E., Pernin P., (2001), Appl. Environ. Microbiol., 67, 2927.

[33] Pougnard C., Catala P., Drocourt J.L., Legastelois S., Pernin P., Pringuez E., Lebaron P., (2002), Appl. Environ. Microbiol., 68, 3102.

[34] Lugg R., Psaila-Savona P., A legal standard for thermophilic Naegleria in a fresh water body in Western Australia. In IXth International Meeting on the Biology and Pathogenicity of Free-Living Amoebae Proceedings (P. Cabanes, S. Billot Bonef, eds), p. 291. John Libbey Eurotext, Paris, 2001.

Le défi de la gestion et de la protection de l'eau souterraine : le cas des eskers de l'Abitibi-Témiscamingue au Québec

Vincent CLOUTIER, Jean VEILLETTE, Magalie ROY, Denis BOIS

Introduction

À l'échelle planétaire, l'eau est la ressource la plus précieuse mais aussi la plus vulnérable qui soit. Au Canada, près du tiers de la population s'approvisionne en eau souterraine pour ses besoins domestiques [1]. Le cadre canadien de collaboration en matière d'eau souterraine a mis en lumière des problématiques reliées à cette ressource, dont l'augmentation de la demande, la contamination des nappes (activités industrielles et agricoles) ainsi que l'effet des changements climatiques sur l'alimentation des aquifères [2]. Le rapport de la Commission sur la gestion de l'eau au Québec [3] a fait le constat de l'insuffisance des connaissances sur l'eau souterraine, confirmant ainsi l'importance de développer des activités de recherche novatrices axées sur cette ressource.

Les eskers, dans certains contextes géologiques, présentent un potentiel aquifère important et peuvent contenir une eau d'une qualité exceptionnelle [4]. L'Université du Québec en Abitibi-Témiscamingue (UQAT) réalise des activités de recherche sur l'acquisition de connaissances relatives à l'eau souterraine en Abitibi-Témiscamingue à l'ouest du Québec (figure 1 ci-après). Le développement de ce programme est appuyé par le milieu (municipalités, gens d'affaires, population) qui a exprimé ses préoccupations quant à la pérennité et à la qualité de la ressource en eau souterraine, et qui désire participer activement au développement durable de la région.

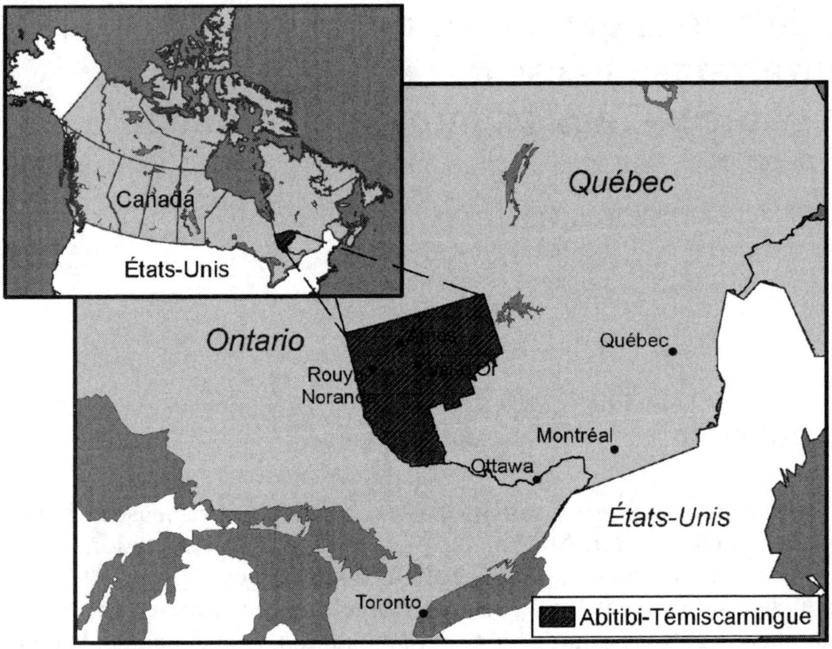

Figure 1. La région de l'Abitibi-Témiscamingue

La région d'étude

La région de l'Abitibi-Témiscamingue, d'une superficie de 64 656 km^2, est caractérisée par un relief assez uniforme et la présence de nombreux lacs [5]. Sa population en 2007 était de 145 192 habitants [6]. L'économie régionale repose principalement sur l'exploitation et la transformation des ressources forestières, l'industrie minière et l'agriculture [5]. La figure 2 présente la localisation des chefs-lieux des municipalités régionales de comté (MRC) de la région, soit les villes de La Sarre, Amos, Rouyn-Noranda, Val-d'Or et Ville-Marie. La MRC d'Abitibi (figure 2) a été choisie comme région pilote, parce qu'on y trouve les eskers les plus volumineux du nord-ouest québécois. Avec une population de 12 863 habitants [7], la ville d'Amos est l'agglomération la plus importante de la MRC d'Abitibi.

Eau souterraine en Abitibi-Témiscamingue : importance et préoccupations

Le tableau 1 montre qu'environ 73 % de la population de l'Abitibi-Témiscamingue s'alimente en eau souterraine pour sa consommation [8]. De son côté, la population de la MRC d'Abitibi dépend exclusivement de l'eau souterraine pour son alimentation en eau, et la majorité de celle-ci, soit environ 55 %, s'approvisionne à partir de puits privés (tableau 1).

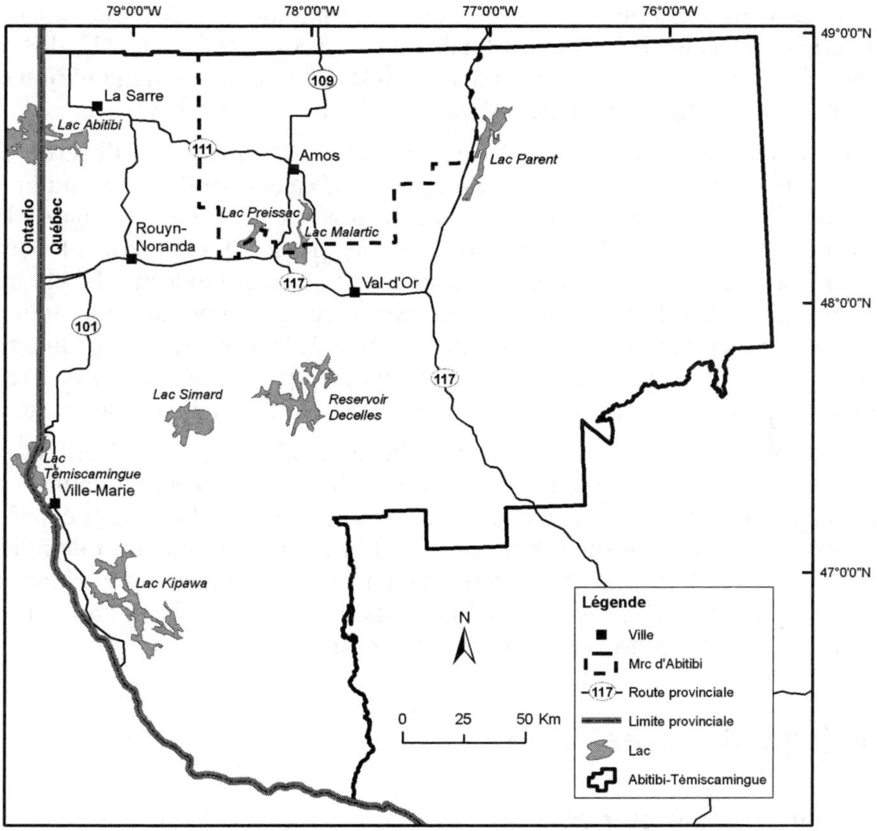

Figure 2. La MRC d'Abitibi

Tableau 1. Type d'alimentation en eau de consommation pour la population de la région de l'Abitibi-Témiscamingue et celle de la MRC d'Abitibi

Territoire	Type d'alimentation en eau (pourcentage de la population)		
	Eau de surface	Eau souterraine	
		Réseau	Puits privé
Total de la région de l'Abitibi-Témiscamingue	26,6 %	43,2 %	30,2 %
MRC d'Abitibi	0,0 %	45,1 %	54,9 %

Source : Ministère du développement durable de l'environnement et des parcs [8]

Les eskers de la région peuvent présenter un potentiel aquifère important, par exemple dans le cas de l'esker Saint-Mathieu-Berry, qui approvisionne en eau la ville d'Amos et une usine d'embouteillage à Saint-Mathieu-d'Harricana. La qualité exceptionnelle de l'eau souterraine associée aux eskers de la MRC d'Abitibi a été reconnue à la compétition internationale de Berkeley Springs [9]. La municipalité de Barraute s'est distinguée à ce concours en 2002, distinction qu'a aussi reçue la ville d'Amos en 2001. La population de la région est sensibilisée aux enjeux associés à l'eau souterraine et aux eskers.

Les eskers de l'Abitibi, lesquels ne représentent qu'environ 5 % du territoire, sont au cœur de nombreux conflits d'usages causés par des utilisations multiples du territoire et de la ressource dont les infrastructures routières, l'exploitation forestière, les activités d'extraction de sables et gravier, des dépotoirs, les activités récréatives, le captage d'eau (utilisation municipale et industrielle) et l'embouteillage d'eau. Les préoccupations exprimées par la population incluent l'impact des activités de captage sur la pérennité de la ressource en eau liée aux eskers, ainsi que la présence d'activités anthropiques pouvant augmenter la vulnérabilité de l'aquifère et le risque de contamination de l'eau souterraine.

L'excellente qualité de l'eau souterraine associée aux eskers, l'utilisation multiple du territoire, le potentiel aquifère élevé des eskers et leur nature vulnérable justifient les travaux de recherche entrepris pour développer des connaissances relatives à l'eau souterraine. En effet, il est devenu impératif de mieux connaître la ressource en eau souterraine en Abitibi-Témiscamingue, tant au niveau de sa quantité que de sa qualité, afin d'éviter une surexploitation de la ressource et en assurer la protection à long terme.

Géologie du quaternaire

L'héritage des glaciations

Le passage des grands glaciers dans la région a laissé en place des dépôts qui caractérisent le territoire, dont l'épaisse couverture d'argile qui recouvre le socle rocheux du bouclier canadien et les longs rubans de sables et graviers fluvioglaciaires que sont les eskers et les moraines. La figure 3 montre la localisation des eskers et de la moraine dans la MRC d'Abitibi [10]. On retrouve, de l'ouest vers l'est, l'esker de Launay, l'esker Saint-Mathieu-Berry, la moraine d'Harricana, l'esker de Barraute, l'esker du lac Despinassy et l'esker du lac Parent. La moraine d'Harricana est ici incluse dans les eskers. D'un point de vue purement sédimentologique, c'est un esker mis en place en position interlobaire [11]. Les eskers et la moraine occupent un peu plus de 4 % du territoire [12]. Le retrait du glacier, qui occupait le territoire de la MRC d'Abitibi il y a environ 9000 ans avant aujourd'hui, s'est effectué vers le nord-ouest à l'ouest de la moraine d'Harricana, et vers le nord-est à l'est de celle-ci. Ce style de déglaciation explique l'orientation des eskers de part et d'autre de la moraine d'Harricana (figure 3) : nord-ouest – sud-est à l'ouest de celle-ci (eskers de Launay et Saint-Mathieu-Berry) et nord-est – sud-ouest à l'est de la moraine (eskers de Barraute, du lac Despinassy et du lac Parent). Sur la figure suivante, le rectangle au sud-ouest de la ville d'Amos représente le segment de l'esker

Saint-Mathieu-Berry étudié dans le cadre du projet Esker-Abitibi de la CGC, en partenariat avec l'Institut national de la recherche scientifique, centre Eau, Terre et Environnement (INRS-ETE) et l'UQAT [13].

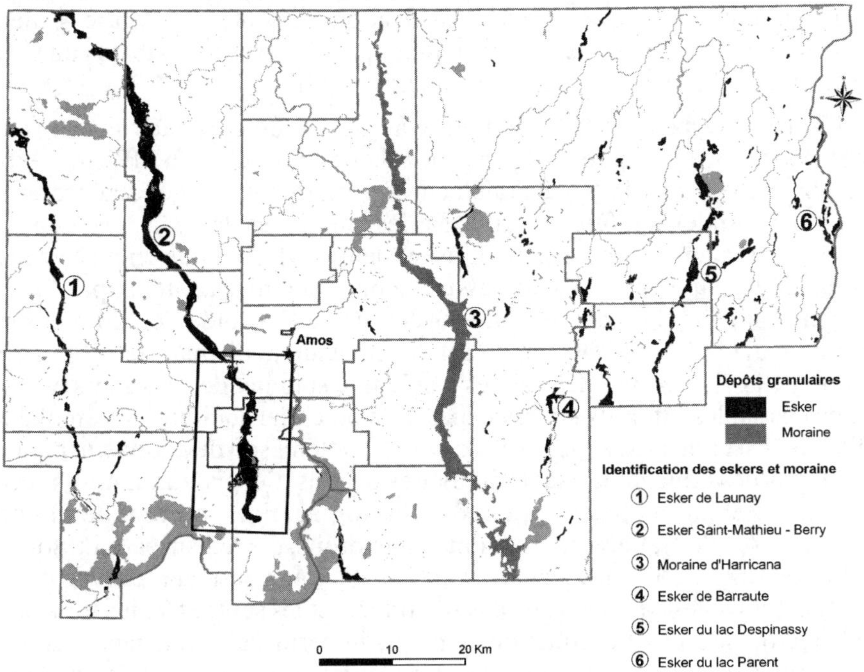

Source: Commission géologique du Canada (CGC) [10]

Figure 3. Localisation des eskers et moraine de la MRC d'Abitibi

La submersion par l'ancien lac proglaciaire Ojibway, lors de la déglaciation, a laissé une forte empreinte sur le territoire. Les eskers mis en place au contact d'eaux glaciolacustres profondes, comme ceux de la MRC d'Abitibi, montrent des sommets aplanis par l'action des vagues, des contours souvent flous ainsi que des sommets et des flancs totalement ou partiellement masqués par des sables littoraux ou par des sédiments à grain fin du faciès d'eau profonde. La présence prolongée d'un grand plan d'eau en région est indiquée par la grande quantité de sédiments à grain fin, les sédiments d'eau profonde. Ceux-ci forment la plaine argileuse qui occupe environ 57 % du territoire de la MRC [12], où est concentrée l'activité agricole. Les argiles sont la principale formation à faible perméabilité de la région, soit un aquitard.

La distribution des dépôts du quaternaire, résultat de la dernière glaciation, fait de la MRC d'Abitibi une région de contraste avec une faible superficie de dépôts granulaires affleurants (eskers et moraine), donc une zone de recharge réduite, et une énorme surface imperméable constituée par l'argile. L'interaction entre les sables et graviers des eskers et l'argile est l'une des caractéristiques essentielles qui confère aux eskers de la région un potentiel aquifère important.

Les eskers : classification et modèle conceptuel

Une classification des eskers a été réalisée en considérant leur stratigraphie et leur structure interne [4]. Cette classification, présentée à la figure 4, met en évidence les caractéristiques sédimentologiques des eskers abitibiens du milieu glaciolacustre, et elle explique leur potentiel aquifère.

L'esker de type A a été mis en place au-dessus du plus haut niveau atteint par le lac Ojibway (figure 4). Ce type d'esker est absent de la MRC d'Abitibi. Il se distingue par sa crête généralement bien formée et ses flancs à pentes raides. Son potentiel aquifère est faible sur les interfluves, là où la zone non saturée est généralement importante. L'esker de type B a été mis en place sous le niveau du lac Ojibway, mais au-dessus du plus haut niveau atteint par l'argile. L'argile est généralement absente au-dessus de l'altitude de 320 mètres en région, mais le lac Ojibway a atteint des niveaux avoisinant les 400 mètres d'altitude [14]. L'action des vagues a aplani le sommet de ces eskers et redistribué des sables littoraux sur les flancs. Son potentiel aquifère est semblable à celui de l'esker de type A. L'esker de type C a atteint son développement maximum sous des tranches d'eau de 50 mètres ou plus d'épaisseur. L'argile recouvre partiellement la base des dépôts fluvioglaciaires, et, lors de la phase d'exondation, des sables littoraux ont, par endroits, été redistribués du sommet de l'esker sur l'argile, masquant les flancs de l'esker. C'est dans ce type d'esker que l'on trouve les aquifères les plus importants et les sources à plus forts débits de la région. L'argile fait fonction de parois imperméables retenant ainsi l'eau souterraine dans la masse granulaire. Les sources émergent au contact de l'argile. L'esker de type D est totalement enfoui sous l'argile.

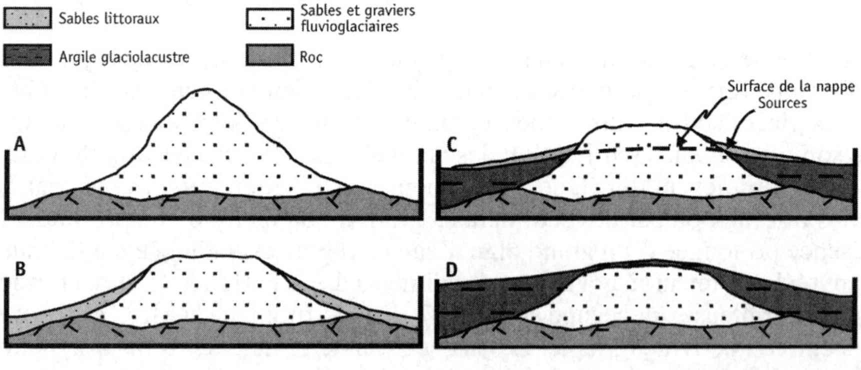

Figure 4. Classification des eskers abitibiens en quatre types (adapté de [4])

Ces divers types d'eskers peuvent se retrouver à des endroits différents le long du même esker. Il est toutefois possible de noter des tendances dans la MRC d'Abitibi. Les eskers de Launay et du lac Despinassy appartiennent aux types C et D, l'esker Saint-Mathieu-Berry et la moraine d'Harricana au type C, et l'esker de Barraute au type D.

Le modèle de la figure 5 illustre l'évolution géologique d'un esker formé en milieu subaquatique depuis la déglaciation, passant par la submersion glaciolacustre, la baisse progressive du lac glaciaire (phase d'exondation), l'action éolienne et l'entourbement. L'esker abitibien, au fort potentiel aquifère, résulte de la séquence d'environnements géologiques décrite ci-dessus.

Le noyau central (A) de l'esker est constitué de couches de gravier et de sable grossier mis en place par des eaux de fonte s'écoulant dans un tunnel ou tout au moins dans un couloir confiné par les glaces (figure 5). Ce milieu à haute énergie, en position proximale par rapport au front glaciaire, correspond généralement à la crête centrale de l'esker. La plupart des bancs d'emprunt sont localisés dans le noyau central de l'esker. Avec le retrait du front glaciaire, des sables d'épandage subaquatique (B), en position distale, ont recouvert les flancs et, par endroits, la partie supérieure du noyau central.

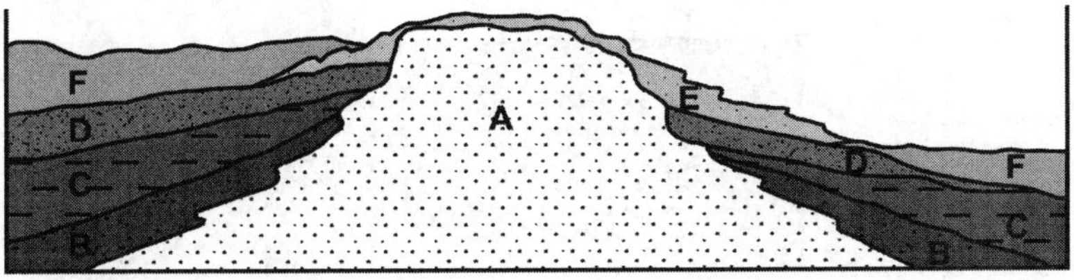

Figure 5. Modèle conceptuel de l'esker formé en milieu glaciolacustre (adapté de [4])

Plus loin du front glaciaire, dans des eaux calmes et profondes, l'argile (C) est venue sceller les flancs des eskers jusqu'à une altitude ne dépassant pas 310-320 mètres, ne laissant que la partie supérieure de la crête émerger de l'argile. Suite à cette phase d'eau profonde et de sédimentation de l'argile, la baisse progressive du lac a entraîné le remaniement du sommet de l'esker par les vagues et la formation de sédiments littoraux (D) déposés sur les flancs des eskers. Des gradins d'érosion ont été entaillés dans le noyau de l'esker, et plusieurs encoches de plages sont nettement discernables le long des flancs d'eskers.

Un climat plus sec et l'absence de végétation ont favorisé l'action éolienne (E) sur les sols dégagés par la vidange du lac Ojibway, créant ainsi les champs de dunes. Après 6000 ans A.A., les tourbières (F) ont envahi les surfaces planes ou à pentes douces, mal drainées, sur les flancs d'eskers. La dynamique d'écoulement des eaux entre l'esker et les tourbières demeure à déterminer avec précision. Certaines tourbières sont maintenues par les eaux de résurgence des eskers, tandis que d'autres déversent le trop-plein de leur eau dans les eskers.

L'eau souterraine dans la MRC d'Abitibi

Hydrostratigraphie

Le type de dépôts quaternaires et l'histoire géologique de leur mise en place sont deux éléments importants pour expliquer les propriétés hydrogéologiques des sédiments et le potentiel aquifère des différentes unités géologiques. Le modèle hydrostratigraphique de la figure 6 illustre les principales unités géologiques et hydrogéologiques de la région. Les unités géologiques sont présentées dans l'ordre naturel de leur mise en place, mais cette séquence de sédiments ne se trouve pas nécessairement en entier au même endroit dans la région.

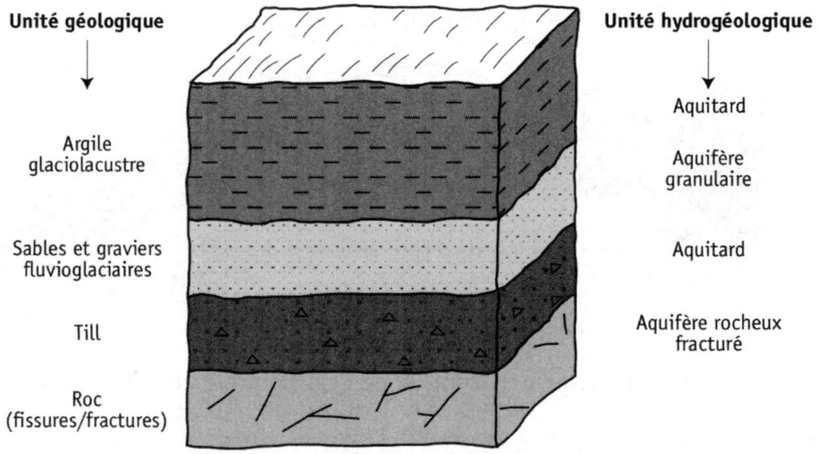

Figure 6. Modèle hydrostratigraphique de la région d'étude (adapté de [15])

Les roches métamorphiques du Précambrien (unité géologique « Roc » sur la figure 6) ont une conductivité hydraulique généralement faible, leur conférant ainsi un faible potentiel aquifère. Localement, la présence de fractures et de fissures dans le roc contribue à augmenter sa perméabilité et, par le fait même, son potentiel aquifère. C'est pour cette raison que cette unité est décrite comme étant un aquifère rocheux fracturé, avec un potentiel aquifère variable selon le degré de fracturation.

L'unité de till a été mise en place directement par le glacier, et elle consiste en un mélange de dépôts à grain fin, de sable, de gravier, de blocs et de farine de roche. Ce mélange en fait un dépôt compact et de conductivité hydraulique très faible. En effet, il y a peu de vides entre les grains, puisque les petits fragments occupent les espaces entre les grands. Lorsqu'il se présente en couverture continue et d'épaisseur supérieure à un mètre, l'unité de till peut se comporter comme un aquitard, donc comme une couche de confinement au-dessus du roc.

Les sables et graviers sont les dépôts fluvioglaciaires qui ont été mis en place par l'eau courante, soit l'eau de fonte du glacier. Ce sont les dépôts qui forment les eskers et la moraine d'Harricana. L'eau courante a entraîné loin en aval les dépôts à grain fin laissés dans la glace, ne gardant que les plus grossiers, comme les sables et les graviers. Ce mode de déposition en fait des sédiments poreux, qui ont une conductivité hydraulique et un potentiel aquifère élevés.

L'argile glaciolacustre a été mise en place dans le grand lac glaciaire Ojibway. L'argile a une porosité élevée et contient beaucoup d'eau, mais une très faible conductivité hydraulique. L'argile glaciolacustre représente l'aquitard le plus important de la région.

Les contextes hydrogéologiques

La figure 7 est une coupe au travers d'un esker de type C, partiellement enfoui sous l'argile (voir la figure 4). La coupe, qui intègre l'hydrostratigraphie et les types d'aquifères, se prolonge dans la plaine argileuse afin d'illustrer le modèle conceptuel des contextes hydrogéologiques de la région.

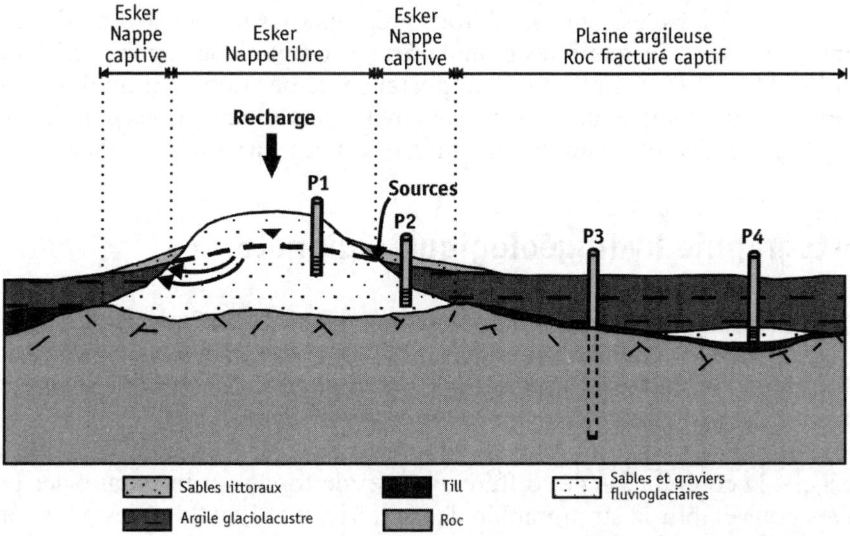

Figure 7. Modèle conceptuel des contextes hydrogéologiques et types d'aquifères (adapté de [15])

Dans cet exemple, l'esker est un aquifère de type granulaire en condition de nappe libre lorsque le sable et le gravier sont présents à la surface (secteur de P1). La recharge de l'aquifère s'effectue par infiltration des précipitations dans l'esker à partir de la surface de l'esker non-confinée par les argiles. Cette dernière caractéristique fait que les aquifères à nappe libre sont vulnérables à la contamination. L'eau souterraine circule dans l'aquifère de l'esker selon les directions d'écoulement, et peut sortir du système aquifère sous forme de sources ou de résurgences diffuses dans les marais. Les sources et résurgences diffuses sont à l'origine du développement d'un réseau de ruisseaux dans la plaine argileuse bordant l'esker. L'esker de type C étant partiellement confiné par des argiles le long de ses flancs, la partie de l'esker qui se prolonge sous l'argile, qui est une couche de confinement, est un aquifère en condition de nappe captive ou confiné (secteur de P2). On retrouve des conditions de nappe captive des deux côtés de la crête centrale libre de l'esker. Dans la MRC d'Abitibi, les aquifères granulaires que sont les eskers alimentent en eau potable des municipalités, dont la ville d'Amos et la municipalité de Barraute, des industries, une usine d'embouteillage ainsi que des résidences permanentes et saisonnières.

Dans la plaine argileuse, la couche d'argile glaciolacustre confine l'unité de roc fracturé qui est en condition de nappe captive (secteur de P3). Historiquement, la population qui a colonisé le territoire de l'Abitibi s'est installée dans la plaine argileuse pour y développer l'agriculture. C'est pour cette raison que la majorité des puits privés de la région sont situés dans les zones inter-eskers. Ces puits sont généralement forés au roc et captent l'eau souterraine présente dans les fissures et fractures de l'unité de roc fracturé. C'est dans la plaine argileuse que l'on trouve par endroits des puits artésiens jaillissants ou puits coulants. Des sédiments perméables sont par endroits présents sous la couche d'argile et forment localement des aquifères granulaires en condition de nappe captive (secteur de P4). La distribution et l'importance de ces dépôts granulaires, qui pourraient être associés aux eskers, sont mal connues puisque les grandes étendues d'argile glaciolacustre masquent le roc et ces autres dépôts glaciaires.

Cartographie hydrogéologique régionale

La cartographie hydrogéologique régionale de la MRC d'Abitibi a permis de développer des connaissances tant sur l'eau souterraine associée aux eskers que sur l'eau souterraine qui provient des formations rocheuses dans les zones entre les eskers. De nombreux travaux ont été réalisés, incluant : un levé et l'échantillonnage des sources, la caractérisation physico-chimique des lacs d'eskers, la compilation des différents types de forages, l'inventaire des puits privés pour établir la stratigraphie des matériaux et l'analyse des paramètres physico-chimiques de l'eau, le développement de la base de données du projet, la mise en place d'un système d'information géographique (SIG) et l'échantillonnage géochimique complet de 80 puits [15].

Les résultats de la cartographie hydrogéologique régionale sont intégrés dans l'atlas hydrogéologique de la MRC d'Abitibi [12]. L'objectif principal de l'atlas est de synthétiser et de rendre accessibles, dans un même document, les connaissances régionales sur le territoire, incluant la géologie du roc et des formations superficielles, la classification des eskers, les contextes hydrogéologiques et la qualité de l'eau souterraine de la MRC d'Abitibi. L'atlas est un outil essentiel pour diffuser les données acquises aux intervenants locaux et régionaux, ainsi que pour faciliter l'intégration des connaissances sur l'eau souterraine dans la gestion du territoire.

Programme d'échantillonnage de l'eau souterraine

La campagne d'échantillonnage de l'eau souterraine s'est déroulée en 2006. La méthodologie et l'ensemble des résultats de ces travaux sont présentés dans [12] et [15]. La distribution géographique des 80 sites d'échantillonnage d'eau souterraine est présentée à la figure 8. Les échantillons ont ainsi été prélevés dans l'ensemble des contextes hydrogéologiques et géologiques de la MRC d'Abitibi.

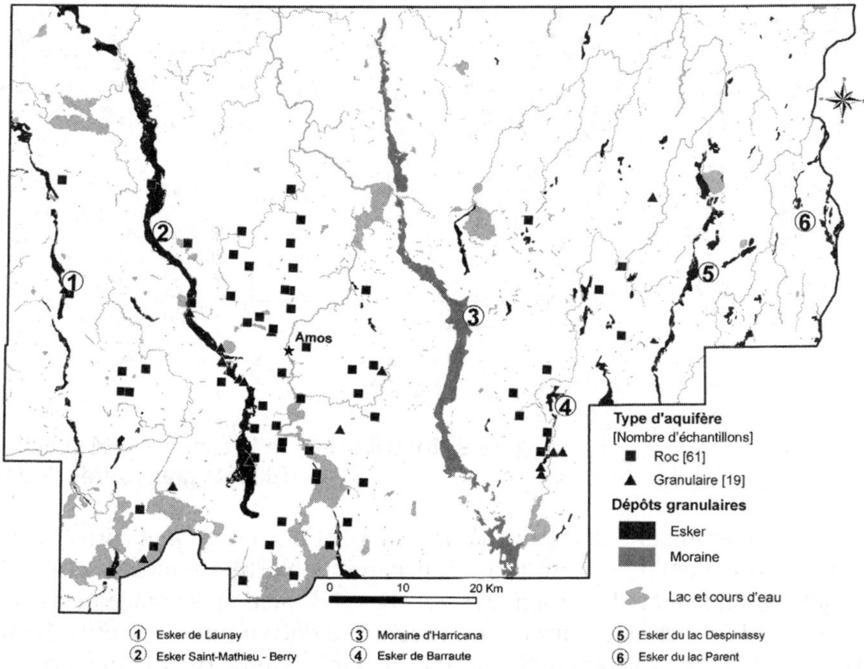

Figure 8. Distribution des sites d'échantillonnage et type d'aquifère (dépôts granulaires de [10])

La figure 9 ci-après montre que les valeurs les plus faibles de conductivité spécifique sont associées aux sites échantillonnés sur l'esker Saint-Mathieu-Berry, et que les valeurs dans les zones inter-eskers sont variables. Les sites échantillonnés dans l'esker de Barraute ont des valeurs de conductivité spécifique se situant dans la moyenne ; ils ont donc une quantité totale de solides dissous plus élevée que ceux de l'esker Saint-Mathieu-Berry. Le type d'esker enfoui qu'est l'esker de Barraute (Type D de la figure 4) peut expliquer les valeurs plus élevées de solides dissous, comparativement à l'esker Saint-Mathieu-Berry, qui est partiellement enfoui sous l'argile (Type C de la figure 4).

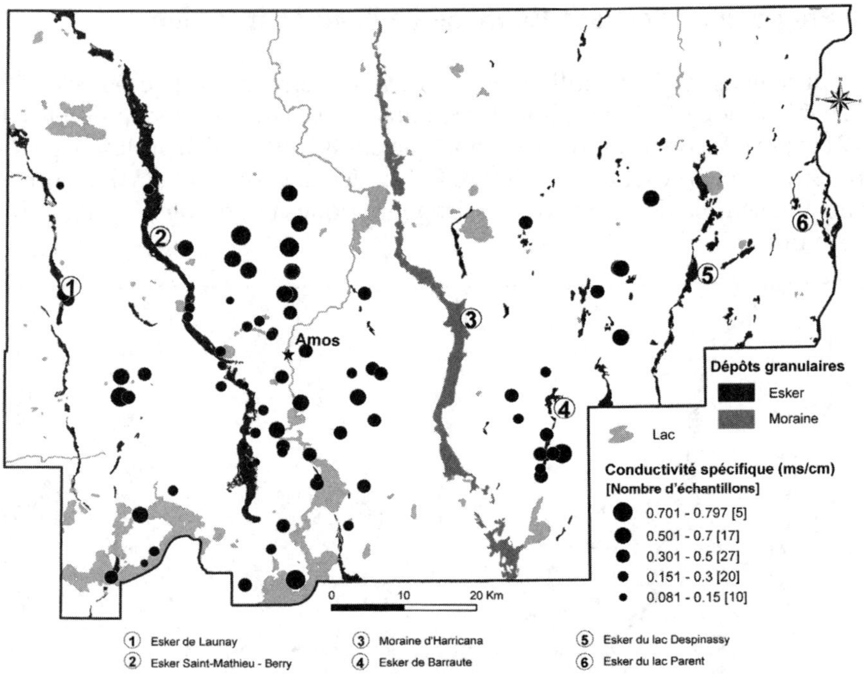

Figure 9. Distribution de la conductivité spécifique (dépôts granulaires de [10])

La « contamination d'origine naturelle » par l'arsenic de puits privés est une problématique connue en Abitibi-Témiscamingue [16]. L'étude [16] a permis d'établir un lien entre la présence des roches sédimentaires archéennes et celle d'arsenic dans des puits privés. La recommandation pour l'arsenic étant de 10 µg/L [17], deux légers dépassements pour l'arsenic ont été mesurés dans l'eau souterraine de deux puits au roc échantillonnés en 2006 (figure 10). Le site avec la valeur en arsenic la plus élevée (31 µg/L) est localisé dans la municipalité de Saint-Mathieu-d'Harricana, dans l'un des secteurs étudiés par [16], juste au nord d'une bande de roches sédimentaires archéennes. Dans son étude, [16] a conclu qu'il ne semblait pas y avoir de réel problème d'arsenic dans le secteur de Saint-Mathieu-d'Harricana autre que des résultats ponctuels plus élevés.

À la suite des travaux d'échantillonnage de 2006, il est possible de conclure que la qualité régionale de l'eau souterraine est généralement bonne sur le territoire de la MRC d'Abitibi. En fonction des paramètres analysés, trois échantillons de puits au roc ont montré un dépassement de recommandation en matière de santé pour l'arsenic (2 puits) et le fluorure (1 puits). Ces trois dépassements seraient le résultat d'une « contamination d'origine naturelle » causée par l'interaction avec les minéraux des formations rocheuses. Avec aucun dépassement des recommandations en matière de santé, la qualité de l'eau souterraine associée aux eskers est supérieure à celle de la plaine argileuse.

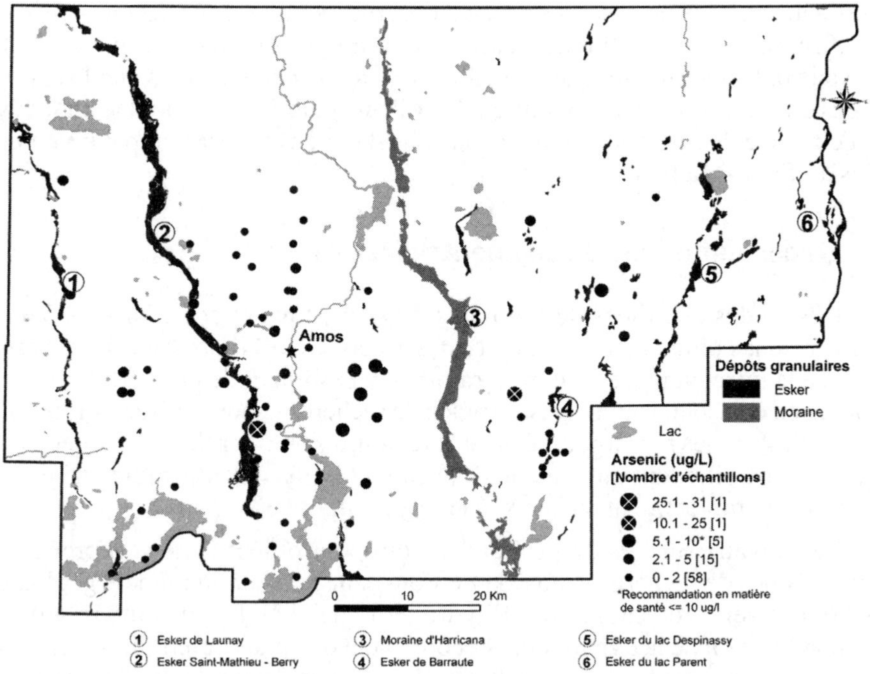

Figure 10. Distribution des concentrations en arsenic (dépôts granulaires de [10])

Les problématiques de qualité d'eau souterraine les plus répandues dans la MRC d'Abitibi sont associées à des paramètres esthétiques et ne constituent pas de problème pour la santé. Les problèmes de manganèse, de fer et de dureté peuvent être qualifiés de problématique régionale pour les zones inter-eskers, alors que ceux reliés au pH et aux sulfures sont observés localement, tant dans les eskers que dans les zones inter-eskers. Des facteurs géologiques sont à l'origine de ces dépassements des objectifs d'ordre esthétique qui sont remédiables par l'utilisation d'un système de traitement.

La représentation cartographique des données a permis de montrer que la chimie de l'eau souterraine est influencée par les contextes géologiques pour certains paramètres dont le pH, le fer, le manganèse, la dureté, l'arsenic et le fluorure, alors que d'autres paramètres sont aussi influencés par le contexte hydrogéologique, incluant la conductivité spécifique et les éléments majeurs. Ces travaux ont aussi démontré qu'il existait des différences dans la chimie et dans la qualité de l'eau souterraine associée aux eskers et l'eau de la plaine argileuse dans les zones inter-eskers.

Localement, des dépassements des objectifs d'ordre esthétique ont été identifiés dans l'eau souterraine associée aux eskers Saint-Mathieu-Berry (pH, manganèse) et de Barraute (manganèse, fer, sulfures). Bien que l'excellente qualité de l'eau souterraine associée aux eskers soit reconnue, ces derniers résultats confirment que la qualité de l'eau peut varier au sein même d'un esker. Les travaux ont aussi montré que la qualité de l'eau peut aussi être variable entre les types d'esker, comme le démontrent les valeurs plus élevées pour la conductivité spécifique et les éléments majeurs dans l'esker de Barraute comparativement à l'esker Saint-Mathieu-Berry [12, 15].

Études détaillées de segments d'eskers

Des études détaillées de segments d'eskers doivent être réalisées pour en arriver à une compréhension intégrée des eskers. Cette compréhension est essentielle à la mise en place d'un programme de gestion et de protection de la ressource en eau souterraine. Des activités de recherche sont réalisées sur les deux types d'eskers les plus importants de la région, soit l'esker Saint-Mathieu-Berry, qui est partiellement enfoui sous l'argile, et l'esker de Barraute qui est, par endroits, complètement enfoui sous l'argile (figure 3).

Les travaux sur l'esker de Barraute ont pour objectifs de comprendre les mécanismes de recharge d'un esker enfoui et de réaliser un modèle géologique 3D qui va servir de cadre pour l'hydrogéologie [18]. Les travaux relatifs à la compréhension de la dynamique d'écoulement de l'eau souterraine dans l'esker Saint-Mathieu-Berry sont documentés dans un mémoire de maîtrise [13]. Ces travaux ont été réalisés dans le cadre du projet Esker-Abitibi de la CGC, en partenariat avec l'INRS-ETE et l'UQAT. Les sections suivantes démontrent l'importance des connaissances acquises sur l'esker Saint-Mathieu-Berry afin de supporter un programme de gestion et de protection de la ressource en eau souterraine.

Dynamique d'écoulement dans l'esker Saint-Mathieu-Berry

L'esker Saint-Mathieu-Berry est situé dans la MRC d'Abitibi et s'étend de la municipalité de Berry au nord jusqu'à la municipalité de La Motte au sud (figure 3). La figure 11 présente le segment de l'esker Saint-Mathieu-Berry étudié dans le cadre du projet Esker-Abitibi [13]. La partie de l'esker en surface y est représentée en gris. La composition de l'esker Saint-Mathieu-Berry, principalement du sable et du gravier, ainsi que son confinement partiel par l'argile glaciolacustre, en fait un excellent aquifère. De plus, la qualité de l'eau souterraine associée à cet esker est exceptionnelle. Une composante importante du bilan hydrologique est l'eau qui émerge de l'esker sous forme de sources, ainsi que dans les marais sous forme d'émergences diffuses. Un des intérêts pour étudier ce secteur est la présence de deux utilisateurs importants de l'eau souterraine dans l'esker : la ville d'Amos et l'usine d'embouteillage d'EVH, maintenant Eaux Vives Water. La figure 11 montre le nombre important d'activités anthropiques sur l'esker. La présence d'activités anthropiques à proximité d'ouvrages de captage peut être la source de conflits d'usages.

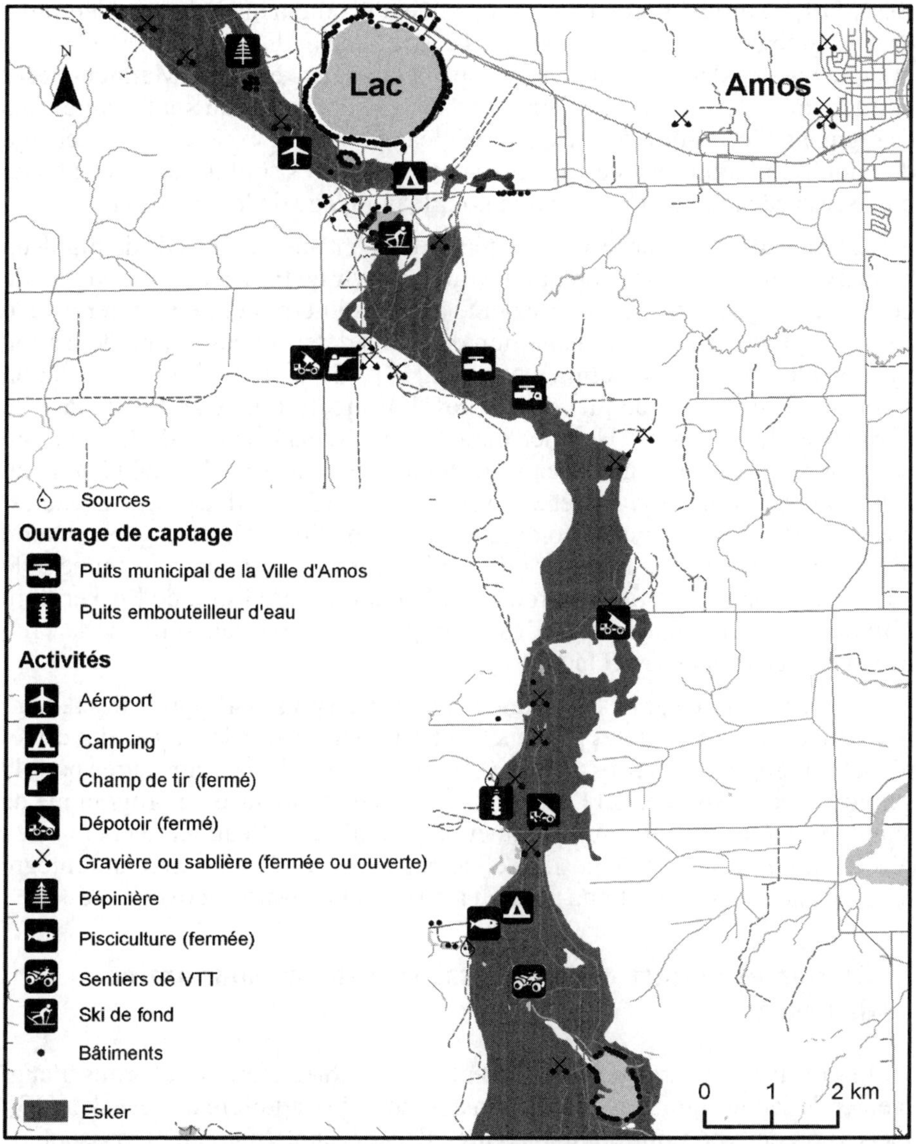

Figure 11. Représentation du segment étudié de l'esker Saint-Mathieu-Berry avec localisation des ouvrages de captage et identification* des activités anthropiques sur l'esker

(Tracé de l'esker de [10] ; *sources des activités :* Ministères des ressources naturelles du Canada et MRC d'Abitibi).

* L'identification des activités sur cette carte se veut avant tout un exemple, et ne doit pas être considérée comme un inventaire exhaustif de tout ce que l'on retrouve sur le territoire.

Les travaux issus de ce projet ont apporté des connaissances essentielles pour la gestion de la ressource en eau souterraine. En effet, ces travaux ont permis de réaliser le modèle géologique 3D d'un segment de l'esker Saint-Mathieu-

Berry [19], la modélisation de la dynamique d'écoulement de l'eau souterraine dans le système aquifère de l'esker [13] et son bilan hydrologique [13]. Ce bilan indique que les débits actuels de pompage dans l'esker Saint-Mathieu-Berry permettent le développement durable de la ressource en eau souterraine dans ce segment, c'est-à-dire que la quantité d'eau pompée n'excède pas la recharge de l'aquifère. Toutefois, des travaux supplémentaires sont nécessaires afin de préciser la capacité d'augmentation pour le pompage de la ville d'Amos.

Les travaux sur l'esker Saint-Mathieu-Berry ont aussi permis de définir deux niveaux d'aires de protection qui devraient servir de base à un programme de gestion et de protection de la ressource en eau souterraine. Le premier niveau tient compte des aires d'alimentation des puits déterminées par modélisation hydrogéologique (aires d'alimentation de [13]). Ce sont les aires de protection prioritaires qui correspondent aux aires d'alimentation des puits de la ville d'Amos et de l'usine EVH. Une contamination dans les aires d'alimentation pourrait rejoindre les puits de captage compromettant ainsi la qualité de l'eau souterraine, à moins d'en arrêter la progression [13]. Le deuxième niveau est basé sur les contextes hydrogéologiques. L'aire de l'esker libre, non recouverte d'argile (identifiée comme esker [10] sur la figure 12), est une zone vulnérable à la contamination. L'aire de protection devrait inclure l'aire de l'esker libre afin de protéger l'aquifère de l'esker et pas seulement les puits de la ville d'Amos et de l'usine EVH [13]

L'étude réalisée sur l'esker Saint-Mathieu-Berry a aussi apporté des recommandations très importantes [13], incluant: (1) la nécessité de réaliser des caractérisations supplémentaires pour répondre à des questions prioritaires pour la gestion de la ressource, (2) l'importance de mettre en place un programme de suivi des débits, des niveaux d'eau et de la qualité de l'eau, et (3) la mise en place d'un programme de gestion et de protection de la ressource qui intègre les connaissances du système pour en arriver à une gestion active de l'esker.

Gestion et protection de la ressource en eau souterraine de l'esker

Les résultats des travaux sur l'esker Saint-Mathieu-Berry ont permis d'augmenter de façon significative les connaissances de l'aquifère de cet esker [13]. Les eskers de type semi-confiné comme l'esker Saint-Mathieu-Berry sont, de par leur nature, vulnérables à la contamination. La présence d'activités anthropiques dans les aires de protection de l'esker Saint-Mathieu-Berry (voir les figures 11 et 12) peut augmenter la vulnérabilité et le risque de contamination de l'aquifère de l'esker. Le programme de gestion des aires d'alimentation des principaux puits devrait inclure l'identification des sources potentielles de contamination dans les aires d'alimentation et l'implémentation de mesures préventives appropriées pour les activités à risque de contamination.

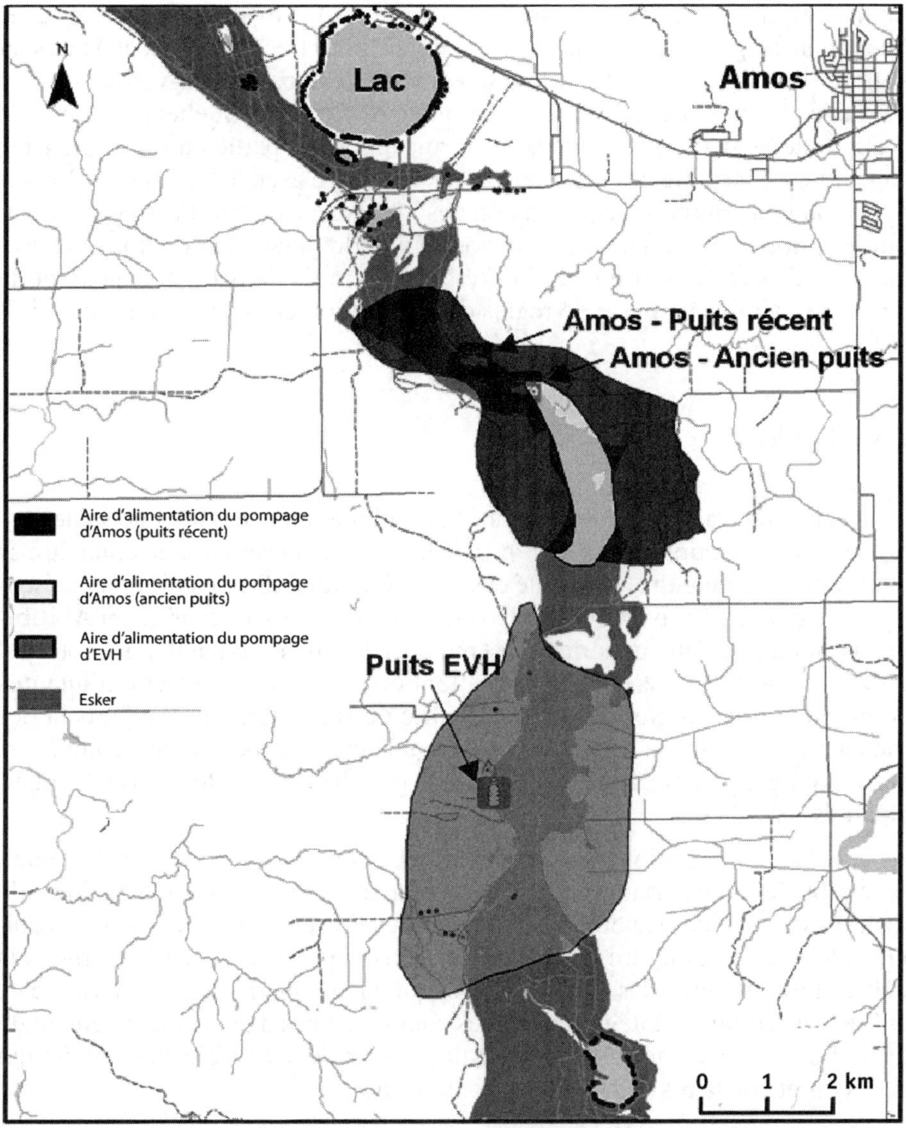

Figure 12. Les aires de protection de l'esker Saint-Mathieu-Berry

Suite à ces travaux, et considérant l'importance environnementale, sociale et économique de la ressource en eau souterraine pour la région, la Société de l'eau souterraine Abitibi-Témiscamingue (SESAT) entend relever le défi de développer un projet pilote de gestion intégrée et concertée de l'esker Saint-Mathieu-Berry. La SESAT est un organisme à but non lucratif ayant une représentativité régionale dont la mission est de soutenir l'acquisition et le transfert de connaissances en vue d'assurer une gestion responsable, concertée et proactive du potentiel hydrique de l'eau souterraine de l'Abitibi-Témiscamingue. Le modèle de gouvernance qui sera développé pour l'environnement de l'esker s'inspire des organismes de gestion intégrée de l'eau par bassin-versant mis sur pied dans le cadre de la Politique nationale de l'eau du Québec. Le mode de gestion adopté pour la gouvernance du projet pilote est participatif. L'organisme va inclure l'ensemble des intervenants ayant un lien avec le territoire de l'esker Saint-Mathieu-Berry. La concertation des intervenants devrait permettre d'établir les priorités régionales et les actions à prendre quant à la gestion et la protection de l'eau souterraine de l'esker, par exemple dans l'aménagement du territoire, la mise en place de règles d'exploitation et la gestion des activités polluantes.

Conclusion

L'eau souterraine est une ressource essentielle qui nécessite une saine gestion et une protection adéquate. Pour ce faire, il est nécessaire de connaître sa distribution, sa quantité, sa qualité et sa vulnérabilité [20]. Les résultats présentés démontrent l'importance de la ressource en eau souterraine en Abitibi-Témiscamingue. Cette importance est marquée tant dans les aquifères à potentiel élevé, que sont les eskers qui alimentent en eau potable des communautés comme la ville d'Amos et la municipalité de Barraute, des résidents et des industries, que dans la plaine argileuse, où l'unité de roc fracturé comble les besoins en eau potable d'une majorité de la population, d'industries et de municipalités.

L'Atlas hydrogéologique de la MRC d'Abitibi [12] est un outil rendant accessible les connaissances régionales sur le territoire, incluant la géologie du roc et des formations superficielles, la classification des eskers, les types d'aquifères, les contextes hydrogéologiques, les principales zones de recharge et la vulnérabilité relative des aquifères ainsi que la qualité de l'eau souterraine de la MRC d'Abitibi. L'intégration de ces connaissances dans l'aménagement du territoire peut servir de base à une gestion régionale et durable du territoire qui tient compte de la ressource en eau souterraine.

Le diagnostic sur l'état de la ressource est essentiel à l'application de la gestion et de la protection de l'eau souterraine. Toutefois, les mécanismes pour mettre en œuvre la gestion et la protection de l'eau souterraine sur les eskers restent à définir. Avec la présence en région du groupe de recherche sur l'eau souterraine de l'UQAT et de la SESAT, il y a une opportunité régionale pour développer un modèle de gouvernance et de gestion intégrée de l'eau souterraine visant à préserver à la fois la qualité et la pérennité de cette ressource naturelle. Ce projet représente un bel exemple de synergie, de collaboration et d'échanges entre les différents acteurs du milieu, afin d'assurer le développement durable de la ressource en eau souterraine par une gouvernance régionale.

Remerciements

Nous tenons à remercier nos partenaires et les organismes qui contribuent au financement des activités de recherche, incluant la Conférence régionale des élus de l'Abitibi-Témiscamingue, la MRC d'Abitibi, la ville d'Amos, la municipalité de Saint-Mathieu-d'Harricana, le ministère du développement économique, de l'innovation et de l'exportation, le ministère du développement durable, de l'environnement et des parcs, le ministère des ressources naturelles et de la faune, la corporation Forêt et recherche Harricana, la fondation de l'UQAT et le fonds institutionnel de la recherche de l'UQAT. Développement économique Canada a contribué financièrement à la réalisation de l'atlas hydrogéologique. L'équipe de recherche tient aussi à remercier ses collaborateurs scientifiques, notamment René Lefebvre et Marie-Noëlle Riverin (INRS-ETE), Serge Paradis et Andrée Bolduc (CGC) et ses partenaires de la SESAT. Enfin, nous remercions sincèrement ICI Environnement pour l'invitation à participer au Forum franco-québécois « Eau et Santé » Samuel-de-Champlain.

Bibliographie

[1] Environnement Canada, www.ec.gc.ca/water/fr/nature/grdwtr/f_sixmil.htm.

[2] Rivera A., Crown A., Kohut A., Rudolph D., Baker C., Pupek D., Shaheen N., Lewis M., Parks K., (2003), Cadre canadien de collaboration en matière d'eau souterraine, Ressources naturelles Canada, 60 p. (http://ess.nrcan.gc.ca/2002_2006/gwp/framework_f.php).

[3] BAPE (2000), L'eau, ressource à protéger, à partager et à mettre en valeur, Rapport de la Commission sur la gestion de l'eau au Québec, Bureau d'audiences publiques sur l'environnement, Québec, 142 (www.bape.gouv.qc.ca/sections/archives/eau/accueil.htm).

[4] Veillette J., Maqsoud A., de Corta H., Bois D., (2004), Hydrogéologie des eskers de la MRC d'Abitibi, Québec, Comptes rendus, 5e Conférence conjointe SCG/AIH-SNC sur l'eau souterraine, Octobre 2004, Québec, 6-13.

[5] MDDEP, www.mddep.gouv.qc.ca/regions/region_08/portrait.htm.

[6] Observatoire de l'Abitibi-Témiscamingue, www.observat.qc.ca/index.htm.

[7] MRC d'Abitibi, http://www.mrcabitibi.qc.ca/amos.htm.

[8] MDDEP, (2000), Portrait régional de l'eau : Abitibi-Témiscamingue, région administrative 8. Ministère du développement durable de l'environnement et des parcs, Québec (http://www.mddep.gouv.qc.ca/eau/regions/region08/index.htm).

[9] Berkeley Springs Int. Water Tasting, www.berkeleysprings.com/water/awards.htm.

[10] Veillette J.J., Paradis S.J., Thibaudeau P., (2003), Les cartes de formations en surface de l'Abitibi. Commission géologique du Canada, Dossier public 1523, 10 cartes, échelle 1 : 100 000.

[11] Veillette J.J., (2000), Un roc ancien rajeuni par les glaciers. Dans : Abitibi-Témiscamingue, de l'emprise des glaces à un foisonnement d'eau et de vie, 10 000 ans d'histoire, ed. F. Miron, Les Éditions Multimondes, pp.1-38.

[12] Cloutier V., Veillette J., Roy M., Bois D., Gagnon F., de Corta H. (en préparation). Atlas hydrogéologique de la MRC d'Abitibi – Phase I. Université du Québec en Abitibi-Témiscamingue, Québec, 24 p. (36 cartes).

[13] Riverin M.-N., (2006), Caractérisation et modélisation de la dynamique d'écoulement dans le système aquifère de l'esker Saint-Mathieu/Berry, Abitibi, Québec. Mémoire de maîtrise, Université du Québec, INRS-Eau, Terre et Environnement, Québec, 165 p.

[14] Veillette J.J., (1994), Evolution and paleohydrology of glacial lakes Barlow and Ojibway ; Quaternary Sciences Reviews, 13, 945-971.

[15] Cloutier V., Veillette J., Roy M., Gagnon F., Bois D., (2007), Regional hydrogeochemistry of groundwater in fractured Canadian Shield rock and glaciofluvial formations in Abitibi, Québec. Comptes rendus, 8e Conférence conjointe SCG/AIH-SNC sur l'eau souterraine, Octobre 2007, Ottawa, 355-362.

[16] Poissant L.-M., (1997), La contamination par l'arsenic des puits domestiques en Abitibi-Témiscamingue. Régie régionale de la santé et des services sociaux de l'Abitibi-Témiscamingue, Direction de la santé publique, Rouyn-Noranda, 17 janvier 1997.

[17] Santé Canada, (2007), Recommandations pour la qualité de l'eau potable au Canada – Tableau sommaire. Comité fédéral-provincial-territorial sur l'eau potable, mars 2007, 15 p.

[18] Veillette J., Cloutier V., de Corta V., H., Gagnon F., Roy M., Bois D., (2007), A complex recharge network, the Barraute esker, Abitibi, Quebec. Comptes rendus, 8e Conférence conjointe SCG/AIH-SNC sur l'eau souterraine, Octobre 2007, Ottawa, 347-354.

[19] Bolduc A.-M., Riverin M.-N., Lefebvre R., Paradis S.-J., Fallara F., (2004), Modélisation de l'architecture 3D du segment sud de l'esker Saint-Mathieu – Berry reliée à la circulation de l'eau souterraine, région d'Amos, Abitibi. Comptes rendus, 5e Conférence conjointe SCG/AIH-SNC sur l'eau souterraine, Octobre 2004, Québec, 14-21.

[20] Lefebvre R., Michaud Y., Martel R., Fagnan N., (1999), La cartographie hydrogéologique régionale : un outil essentiel à l'inventaire des ressources en eau souterraine, Mémoire du Centre géoscientifique de Québec présenté au Bureau d'audiences publiques sur l'Environnement dans le cadre de la consultation publique sur la Gestion de l'eau au Québec, 22 p.

Eau et développement durable : l'exemple d'Évian

Michael AIDAN

Si vous pensez que l'eau minérale, qu'il s'agisse d'Évian ou de Volvic, est de l'eau du robinet à laquelle on aurait ajouté une bouteille plastique et un camion pour la transporter alors il serait vain de parler de développement durable, et l'industrie serait une pure pollution. Il n'en est évidemment rien.

Des critères réglementaires très factuels définissent les différents types d'eau de façon très stricte. Là où l'eau du robinet provient de sources très variées et non protégées qui nécessitent un traitement chimique de potabilisation, l'eau minérale provient d'une source unique, obligatoirement protégée de la pollution puis protégée par la nature du fait de son origine souterraine, et ne peut faire l'objet d'aucun traitement chimique de potabilisation. Leur minéralité étant constante, contrairement à tous les autres types d'eaux, elles sont particulièrement adaptées à certains besoins physiologiques et sont pour cela reconnues favorables à la santé par l'Académie de Médecine.

Notre industrie gagnerait (et nous allons nous y attacher) à expliquer davantage ces différences pour éviter les amalgames et raccourcis un peu fréquents que l'on a vu apparaître ces derniers temps sur le thème du choix entre eau du robinet et eau en bouteille. Là où l'eau du robinet est un produit de commodité, dont la mission est d'être potable par traitement, l'eau minérale est un produit totalement naturel, l'équivalent d'un produit bio. Certaines eaux minérales comme Évian ou Volvic ont de surcroît la qualité d'être d'une minéralité faible et équilibrée, ce qui leur permet d'être bues par tous, y compris les bébés et organismes fragiles, tout le temps. Pour ces derniers, les recommandations de l'AFFSA sont claires : ne pas donner d'eau dont le taux de nitrates soit supérieur à 10 mg/L. La norme de l'eau du robinet est de 50 mg/L.

En somme, le choix entre l'eau du robinet et nos eaux existe, mais les deux produits ont bien leur raison d'être et d'être consommés.

Une fois cette différence établie, *il faut savoir que le développement durable est au cœur du métier de minéralier, tout simplement parce que la protection et la préservation d'une ressource naturelle nous incombent.* Nos hydrogéologues, en partenariat avec les parties prenantes locales (communes, agriculteurs), œuvrent au quotidien pour garantir que la quantité d'eau puisée aujourd'hui sera toujours présente dans 50 ans et ce, avec la même qualité et composition minérale. La notion de développement durable prend donc ici son sens le plus littéral.

Nous avons également pris des initiatives pour mettre ce savoir-faire dans la gestion et la protection d'une ressource au service des populations qui en ont besoin. Depuis 10 ans, Évian est le seul partenaire privé du traité intergouvernemental de Ramsar créé sous l'égide de l'UNESCO pour protéger les zones humides à travers le monde. Nous allons même plus loin en apportant maintenant une aide technique sur certaines de ces zones humides avec les écoles de protection de l'eau. De la même façon pour Volvic, nous travaillons avec l'UNICEF depuis plus de trois ans pour apporter et préserver l'eau potable aux populations du Sahel.

Mais notre engagement ne s'arrête pas à la protection de la ressource. *Nous travaillons également comme les autres industries à réduire notre impact écologique*, que ce soit en termes de production, de transport ou d'emballage. C'est une démarche de progrès engagée depuis plus de 35 ans. Notre usine d'Amphion est certifiée ISO14001, nos déchets sont triés et valorisés sur site à hauteur de 99,4 % ; en termes de transport, 70 % de nos produits sortant de l'usine sont acheminés par train (alors que la moyenne de l'industrie est à 70 % par route). Enfin, pour l'emballage, le polyéthylène téréphtalate (PET) qui est, on l'oublie souvent, la meilleure barrière de protection de la qualité de notre eau, est un matériau 100 % recyclable même s'il n'est actuellement recyclé qu'à 51 % en France. Nous avons réduit son poids dans nos bouteilles de plus de 20 % sur les 10 dernières années à Évian comme à Volvic et travaillons aujourd'hui à ce qu'aucun nouveau produit ne soit moins vertueux que celui qu'il remplace : l'éco-conception.

Nous avons effectué un bilan carbone de la bouteille PET d'1,5 L d'Évian qui laisse apparaître que nos deux axes de progrès principaux sont l'emballage et « la fin de vie », c'est-à-dire l'acte de recyclage une fois le produit consommé. Nous avons donc travaillé ces deux axes et apportons deux nouvelles solutions dès cette année : les premières bouteilles utilisant du PET recyclé ont vu le jour ce mois-ci sur la marque Évian et sur Volvic, réduisant l'impact total de la bouteille de plus de 10 %. Pour ce qui est de l'incitation au tri, nous allons utiliser nos étiquettes comme un média en lançant une grande campagne avec Éco-emballages et l'ensemble de la profession à partir de juillet. Plus largement, nous avons pris des engagements pour aller plus loin et améliorer notre empreinte carbone de 20 % dans les 3 prochaines années.

Qu'en est-il de la communication ? Après 35 ans de silence, parce que nous ne souhaitions pas parler de la façon dont nous faisions naturellement notre métier, il nous faut aujourd'hui rassurer et donner de l'information au public qui en demande. Pour autant, nous ne tomberons pas dans le « Greenwashing » et souhaitons bien séparer l'émotion des grandes campagnes de nos marques et la communication d'information objective sur notre relation à l'environnement.

Ce n'est qu'à cette condition que nos pratiques resteront et continueront à être perçues comme vertueuses. Ce n'est sans doute pas le fruit du hasard si un sondage indépendant paru en 2007 positionnait Évian en première position (et Volvic non loin derrière) de toutes les marques françaises en matière de respect de l'environnement.

La recherche au service du contrôle sanitaire des eaux

Fleur Chaumet, Estelle Baurès, Hélène Paulus, Barbara Lebot, Dominique Verrey, Michel Clément, Olivier Thomas

Introduction

Le contrôle sanitaire concerne le respect des normes et règlements relatifs à la santé ou l'hygiène. Il est exécuté conformément à la réglementation sous la responsabilité d'organismes publics tels que, en France, les directions départementales des affaires sanitaires et sociales (DDASS) pour le contrôle de la qualité des eaux. Parmi les outils du contrôle sanitaire appliqué à l'eau, de nombreux sont issus de la recherche. Le développement des méthodes d'analyses chimiques, dont les limites sont régulièrement repoussées en termes de nombre de substances analysées ou de limite de détection, en est une illustration. Les études toxicologiques de micropolluants aqueux, à partir desquelles sont fixées les valeurs des normes de qualité environnementales (NQE) ou de valeurs toxicologiques de référence (VTR) constituent un autre exemple de l'apport de la recherche.

Dans le premier cas, la recherche méthodologique améliore directement l'outil analytique, tandis que dans le deuxième, l'apport de la recherche est indirect, par le biais de l'approfondissement des connaissances qui est utilisé pour améliorer la réglementation. Dans ces exemples, les deux types de recherche qui relèvent de deux disciplines différentes, la chimie analytique et la toxicologie, sont mis en œuvre le plus souvent dans des laboratoires différents.

L'École des hautes études en santé publique (EHESP) comprend un laboratoire d'étude et de recherche en environnement et santé, le LERES, qui réalise outre de nombreuses analyses de l'eau et des milieux environnementaux, des projets de recherche en réponse aux besoins du contrôle sanitaire. Constitué d'environ 50 personnes, réparties en 4 unités (chimie, microbiologie, micropolluants et terrain), et mobilisées autour d'une plate-forme analytique performante, c'est le seul laboratoire public d'analyse accrédité et agréé, adossé à un établissement d'enseignement supérieur.

Contexte

Cadre réglementaire

En France, le contrôle sanitaire de la qualité des eaux destinées à la consommation humaine (EDCH) découle de l'application des dispositions définies par le code de la santé publique (articles L1321-1 à L1324-3). Il est défini par le décret n° 2001-1220 du 20 décembre 2001, par la loi sur l'eau et les milieux aquatiques du 30 décembre 2006 et par le décret n° 2007-49 relatif à la sécurité sanitaire des eaux destinées à la consommation humaine.

En particulier, le contrôle administratif réglementaire de la qualité des EDCH est placé sous la responsabilité du préfet qui s'appuie sur le service santé environnement (SSE) des DDASS pour assurer sa mise en œuvre. Ce contrôle vise à préserver et vérifier la qualité de l'eau tant dans son environnement qu'au cours de son traitement, ainsi que son éventuelle dégradation au cours de son transport. Il comprend :

– la caractérisation des ressources, des filières et du réseau de distribution (unités de gestion et unités de distribution) ;

– l'inspection des installations de production et de distribution d'eau ;

– le contrôle de la surveillance mise en place par la personne publique, ou privée, responsable de la production ou de la distribution de l'eau (PRPDE), et la réalisation des programmes d'analyses d'eau.

Une représentation des différents acteurs et actions est proposée dans la figure 1.

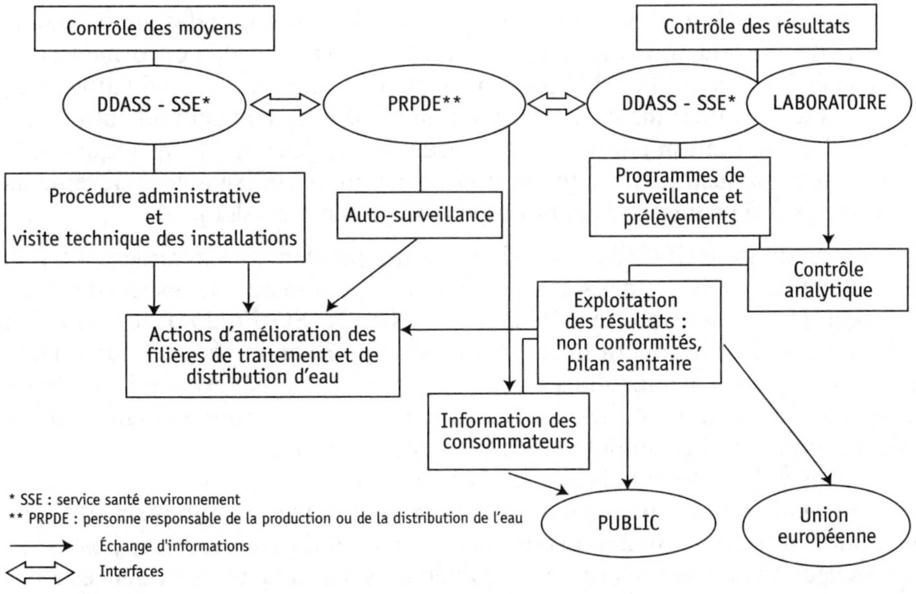

Figure 1. Le contrôle sanitaire des eaux : acteurs et actions (d'après [1])

Sur le terrain, le contrôle s'effectue à différents niveaux :
– sur la ressource (eau brute), généralement un captage d'eau souterraine (nappe aquifère) ou d'eau superficielle (rivière, réservoir) ;
– après le traitement, ou au départ du captage, vers la distribution en l'absence de traitement (production ou eau traitée) ;
– sur le réseau de distribution au robinet du consommateur (eau distribuée).

Le programme d'analyse, dont une partie est généralement déléguée à un laboratoire agréé, doit intégrer les différentes étapes suivantes :
– la réalisation de prélèvements d'échantillons d'eau et de mesures de terrain ;
– l'analyse en laboratoire de paramètres physico-chimiques et microbiologiques ;
– l'interprétation de chaque résultat par rapport aux limites réglementaires ;
– la définition, la mise en place et le suivi d'actions correctives ou préventives d'amélioration ;
– l'information sur la qualité de l'eau.

Ce contrôle s'effectue par l'intermédiaire de prélèvements d'eau aux différents points cités, aux fins d'analyses. Les fréquences de contrôle et les types d'analyses dépendent du point de prélèvement et sont généralement fonction du débit d'exploitation des ouvrages et du nombre d'habitants sur une zone définie par une qualité d'eau homogène et un même gestionnaire (unité de distribution-UDI).

De l'agrément à la recherche

L'agrément d'un laboratoire d'analyse, pour la réalisation des prélèvements et des analyses du contrôle sanitaire des eaux, est accordé conformément à l'arrêté du 24 janvier 2005. L'agrément est subordonné à une accréditation préalable par le Comité français d'accréditation (COFRAC) ou par tout autre organisme d'accréditation équivalent européen. Parmi les conditions requises, le laboratoire doit justifier de la réalisation d'un nombre suffisant de prélèvements et d'analyses de paramètres pour lesquels l'agrément est demandé.

L'accréditation COFRAC d'un laboratoire, préalable à l'agrément, permet également de se développer selon un référentiel garantissant le respect des bonnes pratiques de laboratoire et de la norme NF EN ISO 17025. Elle permet en effet d'optimiser le fonctionnement du laboratoire et de garantir aux clients publics ou privés des résultats fiables, de qualité affichée, répondant à leurs exigences, avec un suivi rigoureux de traçabilité. Le système Qualité qui en découle comprend généralement les éléments suivants :
– respect des référentiels normatifs et clients ;
– formation et évaluation des personnels techniques et administratifs dans un double objectif de maintien des compétences et d'évolutions des postes ;
– sélection de fournisseurs et d'équipements répondant aux exigences techniques ;

– évaluation des performances des méthodes d'analyses avant mise en routine ;
– contrôle de chaque série analytique ;
– traçabilité de chaque étape ;
– formalisation de chaque non-conformité et traitement rapide dans le but d'une amélioration continue des pratiques et des documents ;
– prise en compte des outils de mesure de satisfaction et non-satisfaction des clients ;
– respect des règles de sécurité et de l'environnement en intégrant ces notions dans l'achat des équipements et consommables, ainsi que dans la mise en œuvre des analyses.

La démarche Qualité est également l'occasion de valoriser le travail et la compétence de tout le personnel. Le dialogue et la formalisation qu'elle entraîne favorisent la remise en question et l'amélioration constante des pratiques, le personnel devant régulièrement consulter la documentation qualité et se conformer à ces prescriptions.

Le LERES est accrédité, d'une part, pour la réalisation de prélèvements d'eau et analyses sur site et, d'autre part, pour la réalisation des analyses physico-chimiques et microbiologiques des eaux selon les programmes 100.1 et 100.2 du COFRAC. Le niveau de flexibilité atteint par le laboratoire dans le cadre de l'accréditation COFRAC lui permet d'élargir les possibilités d'utilisation de son accréditation et d'être plus réactif par rapport aux demandes des clients. En effet, le laboratoire a la possibilité de réaliser, sous couvert de l'accréditation et sans évaluation préalable par le COFRAC, des analyses de micropolluants organiques et minéraux selon des méthodes normalisées ou consensuellement reconnues, qui reposent sur des compétences techniques démontrées (« portée flexible »).

La démarche qualité du laboratoire permet en outre d'améliorer les processus quotidiens de maîtrise documentaire, de capitalisation des savoirs et savoir-faire afin de garantir l'efficience de l'unité de recherche, complémentaire du volet production.

Une thématique de recherche circonstanciée

Le domaine principal de recherche du LERES est schématisé sur la figure 2 ci-après. Il concerne les ressources en eau (surface et souterraines), ainsi que l'eau traitée et ses usages prioritaires du point de vue de la santé publique (consommation et eaux de loisirs). La thématique générale est le développement d'outils pour la connaissance et la prise de décision, dans le cadre du contrôle sanitaire des eaux. Au niveau de la ressource, l'étude de la contamination doit prendre en compte les substances dangereuses, d'origine anthropique (micropolluants) ou naturelles (toxines algales). Pour les différents usages considérés, les études d'exposition complètent les données de contamination. À ce stade, l'impact potentiel des sous-produits de dégradation (de désinfection par exemple), doit être aussi pris en compte.

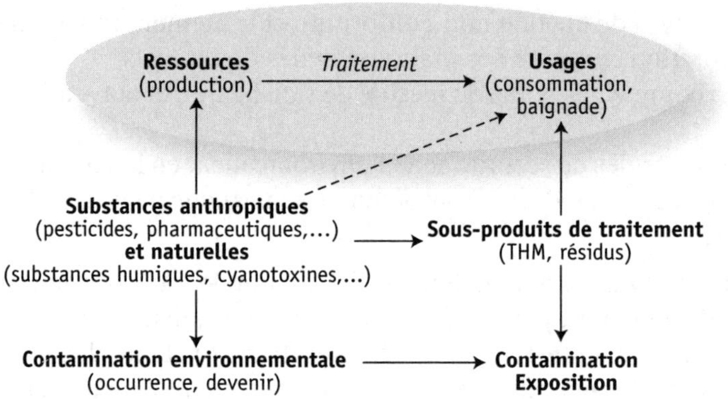

Figure 2. Champ de recherche du LERES dans le domaine de l'eau

Parmi les sujets de recherche associés, le LERES a choisi de privilégier le développement d'outils de base pour un meilleur suivi de la qualité des milieux (le diagnostic intégré et le développement analytique), ainsi que l'étude des sous-produits de désinfection.

Enfin, outre les risques liés à l'eau, le LERES s'intéresse également à l'exposition aux contaminants chimiques (plomb et autres substances organiques) liés aux poussières dans les habitats [1].

Vers un diagnostic intégré

Des progrès dans la démarche de contrôle...

L'ensemble des données collectées dans le cadre du contrôle sanitaire permet de constituer des bases de données sur les différents stades de la filière de production (ressource, production et distribution) et d'en dégager ainsi les axes d'améliorations tant au niveau de la ressource, que des stations de traitement ou du réseau de distribution.

Le code de la santé publique (article L1321 et suivants), modifié par l'arrêté du 21 novembre 2007 [2], précise les modalités selon lesquelles les analyses réalisées par le responsable de la distribution de l'eau peuvent se substituer aux analyses du contrôle sanitaire. Les conditions en sont notamment un examen régulier des installations, un programme de tests ou d'analyses en fonction de risques identifiés, la tenue d'un fichier sanitaire recueillant l'ensemble de ces informations. Pour être efficace, l'analyse des risques doit concerner l'ensemble du processus de production-distribution d'eau c'est-à-dire la ressource, le captage, la filière de traitement, la distribution en tenant compte du contexte local. Cette approche contribue à l'amélioration de la sécurité sanitaire des systèmes de production et distribution d'eau. Elle permet également à l'ensemble des parties concernées de mener une réflexion sur l'interprétation de l'ensemble des données issues du suivi sanitaire afin de mieux évaluer les risques réels liés aux eaux d'alimentation [3]. C'est dans cet esprit qu'a été introduite la démarche qualité du type HACCP dans l'analyse des risques et ainsi permettre l'évaluation et l'amélioration du processus de production des eaux autour d'un cadre formalisé et d'une démarche participative. Cependant, pour les petites communes rurales, le seul contrôle effectué est généralement le contrôle administratif réglementaire (problèmes financiers ou de personnel...).

En matière de qualité des données collectées, l'existence de nombreuses normes AFNOR, décrivant pour chaque paramètre les principes et méthodes d'analyses, constitue une garantie dans le cadre de l'accréditation. Les modalités de prélèvements font également l'objet d'une normalisation en plein développement (cf. groupe de travail AFNOR T91E). En complément de la normalisation et de l'accréditation, des réglementations du ministère de la santé ou de l'environnement préconisent l'application de ces méthodes normalisées et précisent les critères de performance attendus dans le cadre de réseaux de contrôle ou de surveillance nationaux [4].

Par ailleurs, la généralisation des démarches qualité du type HACCP dans l'analyse des risques a permis l'évaluation et l'amélioration du processus de production des eaux autour d'un cadre formalisé et d'une démarche participative. Enfin, outre le contrôle sanitaire, la surveillance de la qualité des masses d'eau est définie par la directive-cadre sur l'eau (2000/60/CE).

... mais une nécessaire évolution

Cependant, plusieurs contraintes peuvent rendre complexe la démarche de contrôle sanitaire :

– la variabilité spatio-temporelle de la qualité de la ressource notamment en lien avec l'efficacité des périmètres de protection mis en place ;

– l'intégration de données de terrain et de laboratoire ;

– la multiplicité des acteurs et les interfaces ;

– les systèmes d'échanges de données (« base laboratoire », « base Sise-Eaux »...) ;

– la validation et l'interprétation des paramètres par rapport aux situations observées sur le terrain.

Pour ces diverses raisons, le LERES a choisi de développer des procédures de diagnostic intégré en se basant sur les 4 principes suivants :

– l'intégration d'outils analytiques, pour les mesures de terrain ou de laboratoire, relevant de méthodes de références et de méthodes alternatives ;

– l'intégration de paramètres de natures différentes ou de techniques de principe différent (chimique, microbiologique, écologique, écotoxicologique...) ;

– l'intégration de procédures complémentaires utilisables sur le terrain comme le diagnostic visuel du milieu (eau et environnement) ;

– l'intégration et la valorisation de « l'information terrain » permettant de croiser le diagnostic terrain avec les résultats du contrôle sanitaire.

L'objectif général est de proposer une stratégie de diagnostic intégré d'un milieu aquatique ou de la qualité de l'eau prenant en compte les 4 principes décrits précédemment (figure 3).

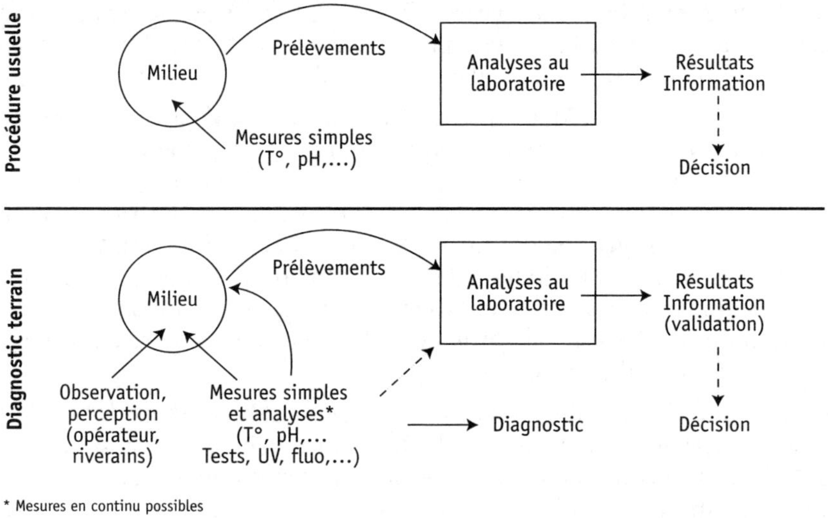

Figure 3. Méthodologie générale pour un diagnostic intégré de la qualité de l'eau

Les observations et mesures in situ

Les premiers éléments du diagnostic de la qualité des eaux sont ceux relevés sur le terrain par les observations et par les mesures *in situ*. La pratique actuelle consiste à faire un diagnostic visuel du milieu (aspect de l'eau, inventaire faunistique, indice IQBG...) et à mesurer des paramètres qui n'ont de signification que s'ils sont effectués sur le terrain, en particulier en raison de leur instabilité (exemples : pH, température, oxygène dissous, turbidité, transparence). Ces éléments ne sont que très peu souvent considérés au moment de la réalisation des analyses au laboratoire, alors qu'ils sont souvent intégrés aux résultats lors de l'enregistrement informatique des échantillons.

La première étape du diagnostic intégré doit donc se dérouler sur le site en prenant soin de :

– recenser les paramètres qualitatifs et quantitatifs envisageables (observés et/ou mesurés *in situ*) ;

– identifier les techniques et outils à employer ;

– classer ces paramètres en fonction de l'information qu'ils peuvent fournir par rapport à une hypothèse à vérifier le cas échéant (ex. : impact d'un rejet) ;

– proposer une procédure terrain détaillant les paramètres à observer/mesurer et leur grille d'interprétation.

La réalisation de ce pré-diagnostic consiste à relever des informations pertinentes sur le terrain constituant des indicateurs de l'état chimique et biologique de l'eau. Ainsi, en complément des mesures de terrain habituelles, il est possible de prendre en compte selon des outils et méthodes à préciser, d'autres critères permettant de supposer la présence de certaines substances ou familles de substances et de relever des traces de pression sur le milieu ou d'exposition des biosystèmes. Un exemple de ce type d'outil est les biomarqueurs qui peuvent renseigner sur les contaminants potentiellement critiques en complément des valeurs de concentrations en micropolluants. Leur avantage est notamment leur précocité et leur spécificité dans le cadre d'un diagnostic environnemental avant des investigations plus lourdes [5].

Tous les paramètres qu'ils soient de nature chimique, microbiologique, biologique, écotoxicologique ou visuelle peuvent être pertinents à retenir. Il est également aussi bien question de mesures *in situ* ponctuelles ou en continu afin de s'intéresser aux pollutions chroniques diffuses ou ponctuelles. Ces mesures permettent une disponibilité des informations qualitatives ou semi-quantitatives renseignant sur la variabilité et l'évolution de masses d'eau. Elles apportent des données complémentaires aux mesures en laboratoire avec des fréquences plus élevées.

Le prélèvement

Cette étape est reconnue comme critique et primordiale. Sa pratique est actuellement consolidée par des méthodes normalisées ou en cours [6, 7, 8]. L'objectif est de standardiser le prélèvement de façon à garantir des pratiques identiques pour tous les opérateurs, et à pouvoir exploiter les résultats d'analyses (interprétation, comparaison de différentes méthodes, suivi de la variabilité spatio-temporelle).

Parmi les éléments d'uniformisation, le géoréférencement et la caractérisation des stations de prélèvement (cartographie détaillée, coordonnées GPS, photos...) sont indispensables, même si leur choix reste une opération délicate [9]. Il dépend de l'objectif général de la campagne de prélèvement ou du réseau de surveillance, et plusieurs méthodes plus ou moins robustes permettent d'aboutir à sa sélection. Cependant, une fois déterminés, ces points fixes nécessitent une revue périodique car plusieurs variables hydrologiques, géologiques ou physiques liées aux contraintes et particularités du milieu aquatique peuvent conduire à en réviser la définition.

En matière d'eau destinée à la consommation humaine, le programme de contrôle sanitaire prévoit trois types de points de prélèvements :

– au niveau de la ressource (point de puisage avant traitement) ;

– au niveau du point de mise en distribution (selon le cas, après traitement et pompage, ou au point de puisage en l'absence de pompage) ;

– et aux robinets normalement utilisés pour la consommation chez l'usager.

La pratique est donc de constituer un prélèvement ponctuel d'eau qui sera soumis à l'analyse. Mais selon le point et l'heure d'échantillonnage, les paramètres peuvent varier de façon très significative et il est alors difficile de prendre en compte la variabilité du flux. Il peut être envisagé d'utiliser des échantillonneurs automatiques sur 24 h en fonction du temps ou du débit pour avoir une meilleure représentation qualitative ou quantitative de sa composition ou des conséquences en cas d'exposition. L'utilisation d'échantillonneurs passifs [10] permet l'intégration des flux de micropolluants présents à l'état de trace.

Le diagnostic intégré du milieu doit s'appuyer sur des prélèvements pertinents au regard des situations observées ou suspectées. La conduite de ces opérations constitue un véritable lien entre les observations *in situ* et les analyses en laboratoire.

Pour aboutir à de tels résultats il est nécessaire de :
– faire un bilan des méthodes de prélèvements (normalisées ou non) ;
– recenser les contraintes du milieu susceptibles d'avoir une influence sur la détermination de certains paramètres ;
– identifier les techniques, outils et supports de prélèvement existants ;
– proposer selon les objectifs et/ou hypothèses de départ des procédures terrain permettant de maîtriser les contraintes et de tenir compte de l'évolution des polluants, de leurs sous-produits ou de leur toxicité.

Une autre étape critique, et encore insuffisamment explorée, est celle de la conservation des échantillons pendant leur transport jusqu'au laboratoire (vieillissement). La norme AFNOR NF EN ISO 5667-3 [11] préconise en fonction des paramètres les flaconnages, agents conservateurs et conditions de conservation avant analyse. Cette norme est notamment fondée sur des études théoriques et pratiques [12], mais certaines procédures méritent d'être revisitées.

L'analyse en laboratoire

L'approche classique consiste à analyser les échantillons bruts ou stabilisés par l'ajout de composés chimiques sélectifs (conservateurs), selon les méthodes d'analyses normalisées. À partir de l'échantillon prélevé, un sous-échantillonnage permet de répartir l'eau en vue des différents dosages. Les conditions de ce sous-échantillonnage peuvent être dans certains cas sujettes à critique, car non optimisées ou insuffisamment documentées. Après une étape d'enregistrement informatique reprenant les données de terrain, l'échantillon suit les différentes étapes (en fonction des paramètres mesurés) : conditionnement, extraction, injection, analyse, interprétation, contrôle, saisie, validation. C'est bien souvent avec retard que des incohérences peuvent être constatées, et, dans ce cas, la stabilité des échantillons permet rarement de refaire l'analyse dans des conditions de reproductibilité satisfaisantes. D'autre part, les délais d'analyses sont pour beaucoup de paramètres de l'ordre de plusieurs heures en fonction de l'importance de la série analytique et du plan de contrôle. Cela les rend souvent incompatibles avec des situations de pollution accidentelle pour lesquelles des décisions rapides doivent être prises.

La démarche de diagnostic intégré pour l'amélioration de la qualité des mesures en laboratoire doit répondre aux points suivants :

– recenser les paramètres indicateurs sur le terrain ou en amont fournissant une information rapide et complémentaire aux analyses spécifiques ou sensibles de laboratoire ;

– détailler pour chacun d'eux l'information donnée, les critères d'interprétation de corrélation ou de validation, mais aussi leurs limites ;

– identifier les complémentarités entre paramètres indicateurs quelle que soit leur nature ;

– recenser les méthodes d'analyses de référence ou alternatives permettant de les mesurer ;

– analyser les avantages/inconvénients ou l'acceptabilité des méthodes alternatives par rapport aux méthodes de références dans des situations spécifiques et autres que réglementaires ;

– proposer des procédures de laboratoires intégrant les paramètres indicateurs ;

– proposer en termes d'information les modalités de validation du pré-diagnostic de terrain.

À titre d'exemple, l'usage de méthodes de *screening*, la mesure de la conductivité, l'acquisition d'un spectre UV, l'observation visuelle, la détection d'une odeur caractéristique (*smelling*) ou le contrôle de la cohérence des résultats suivant le type d'analyse, ajoutent des informations complémentaires pertinentes et généralement rapides, qui améliorent très souvent la qualité des résultats.

Des développements analytiques nécessaires

L'importance des techniques chromatographiques

Parmi les techniques analytiques disponibles, les techniques chromatographiques sont très utilisées. Elles ont été développées depuis les années 1960 pour identifier et quantifier la majeure partie des micropolluants organiques dans l'environnement (sol, air et eau) par séparation en phase gazeuse ou liquide, suivie d'une détection adaptée [13]. La méthode d'analyse qui en découle est fonction des propriétés physico-chimiques des substances. Elle est précédée de la réalisation d'une étape de prétraitement de l'échantillon comprenant selon les analyses, une phase de préconcentration et une extraction.

La recherche effectuée au sein du LERES depuis une trentaine d'années est le développement de méthodes chromatographiques d'analyse, principalement pour évaluer la contamination des milieux en composés xénobiotiques, dont les pesticides [14]. L'eau est le compartiment que le LERES a le plus exploité, car son « terrain de jeu » local, la Bretagne, est particulièrement exposée par son activité agricole intensive et les ressources en eau sont principalement issues d'eau de surface dans plus de 80 % des cas. D'autre part, la métrologie des produits phytosanitaires dans l'eau a permis de mener différentes études, particulièrement la recherche sur les transferts de pesticides entre le sol et l'eau [15], mais également des études pilotes de traitement de l'eau.

Le développement de méthodes d'analyse de micropolluants

Les développements analytiques concernent soit l'amélioration d'une méthode (d'un système d'analyse), soit la mise en place de nouveaux indicateurs ou paramètres de qualité, avec pour objectif d'améliorer la production de données et *in fine* la connaissance. Ils répondent généralement à plusieurs objectifs dans le contexte du contrôle sanitaire. Le premier est la gestion des dépassements en polluants dans les eaux destinées à l'alimentation, qui nécessite un meilleur suivi des contrôles et donc une meilleure réactivité vis-à-vis des délais de rendu de résultats d'analyse. Ceci entraîne le développement d'analyses dites « rapides » (1 à 2 jours), basées par exemple sur un couplage microextraction en ligne (ex. *in-tube* SPME) – chromatographie en phase gazeuse ou liquide, ou sur la mise en place de méthodes alternatives [16]. Le second objectif est l'amélioration des outils de gestion de crise lors d'une pollution accidentelle ou intentionnelle des eaux destinées à l'alimentation (eau naturelle ou eau traitée). Le développement de méthodes de *screening*, telle que l'analyse d'un échantillon d'eau en spectroscopie UV après concentration en ligne sur phase solide, est une piste prometteuse.

Cependant l'objectif le plus souvent considéré est l'amélioration des performances analytiques, comme la spécificité (diminuer le nombre de faux positifs), la sensibilité (abaisser les seuils de quantifications pour une meilleure connaissance des niveaux de contamination et diminuer les volumes de prélèvements d'échantillons), la justesse des résultats et la robustesse des filières d'analyses (meilleure répétabilité) ou encore améliorer la sécurité du personnel du laboratoire et préserver l'environnement (diminuer les quantités de solvants utilisés).

Dans ce contexte, le LERES a investi dans des techniques de couplages performants tels que la LC/MS, la LC/MS/MS, la GC/MS ou encore l'ICP/MS et l'ICP/OES pour l'analyse des micropolluants inorganiques. Actuellement l'unité « micropolluants » est structurée autour d'un plateau technique réparti en deux pôles, un pôle inorganique et un pôle organique. Le pôle organique est équipé de 3 systèmes GC/MS, dont un couplé à un thermodésorbeur, un second couplé à un analyseur d'espace de tête, un GC/FID et une GC/ECD. En chromatographie liquide, 3 couplages LC/DAD/Fluorescence, un couplage LC/MS et un couplage UPLC/MS/MS complètent l'équipement. En préparation d'échantillon organique, les principaux systèmes sont 2 robots d'extraction par SPE pour l'extraction des échantillons aqueux ainsi qu'un système d'extraction ASE pour le traitement des matrices solides.

La politique de développement des analyses de micropolluants au LERES répond à plusieurs critères :

– s'attaquer à des polluants difficiles à analyser compte tenu de leur propriété physico-chimique (exemple du glyphosate et des ammoniums quaternaires) [17], ou de leur présence dans des matrices complexes (sols, boues) ;

– augmenter la spécificité des analyseurs en utilisant des détecteurs plus performants tels que la détection par spectrométrie de masse (analyse du glyphosate et son métabolite AMPA par LC/MS, analyse des toxines algales par LC/MS ou UPLC/MS/MS) ;

– augmenter la productivité en essayant de proposer des analyses multirésidus (exemple d'analyse de 45 pesticides sur une seule prise d'essai et accréditée COFRAC depuis 2002, analyse d'une douzaine d'antibiotiques par UPLC/MS/MS) [18,19] ;

– diminuer l'utilisation de solvants dans un contexte de développement durable (préservation de l'environnement et sécurité du personnel) par le développement de l'extraction sur support solide au lieu d'extraction liquide-liquide ;

– miniaturiser les analyses pour diminuer les volumes d'échantillons prélevés (développement de l'analyse utilisant la microextraction : SPME couplée à la GC/MS ou la *in-tube* SPME couplée à la LC) ;

– développer des méthodes de *screening* rapide dans un contexte de pollution accidentelle (mise en place d'une banque de donnée en spectroscopie UV dans des conditions de chromatographie fixes pour l'analyse directe sans extraction d'échantillon d'eau).

Le développement de méthodes d'analyse physico-chimiques

L'amélioration des méthodes de dosages dans le domaine de la physicochimie de base est également effectuée avec pour principal objectif l'automatisation qui permet d'augmenter la productivité et la fiabilité des résultats. Ces méthodes concernent la plupart des indices physico-chimiques globaux parmi lesquels des indicateurs de pollution ou de toxicité. Certaines des méthodes alternatives développées sont normalisées tandis que d'autres sont des méthodes internes évaluées par rapport aux méthodes classiques de référence.

Parmi les méthodes concernées, les méthodes d'analyse en flux continu ont pour intérêt d'automatiser complètement des méthodes d'analyses manuelles qui comprennent plusieurs étapes indépendantes, en les combinant. Ces méthodes peuvent concerner des procédures normalisées comme le dosage des cyanures totaux (couplage digestion UV-distillation-colorimétrie) et l'indice phénol (couplage distillation-colorimétrie). Les méthodes d'analyse en flux continu développées au laboratoire peuvent conduire à des projets de normes ou des méthodes internes.

Ces méthodes nécessitent une comparaison par rapport à une méthode de référence normalisée, selon la norme XP T 90-210 par la réalisation d'une étude de la spécificité, de la fidélité et de la justesse de la méthode alternative par rapport à la méthode de référence. À titre d'exemple de méthode pré-normative développée on peut citer l'analyse des détergents anioniques (substances réagissant avec le bleu de méthylène). La méthode interne développée est une transposition en flux continu, de la méthode manuelle normalisée, avec l'étape délicate de l'extraction liquide-liquide et de la séparation entre les deux phases. Une méthode décrivant une simple extraction en milieu neutre a été normalisée mais elle n'est pas appliquée au laboratoire en raison d'interférences dues à la présence des chlorures et nitrates.

Un autre exemple concerne l'analyse de l'azote total. Elle comprend un couplage digestion UV-colorimétrie. Cette méthode pourrait être une alternative à celle de l'azote Kjeldahl pour la détermination de l'azote organique, à la condition d'utiliser des résines pour piéger les nitrates qui ont souvent une teneur importante dans les échantillons et rendent imprécis le calcul permettant la détermination de l'azote organique.

L'analyse de nouveaux paramètres

Micropolluants

Parmi les substances identifiées présentant un risque pour la santé humaine (classées dans la liste des carcinogènes par l'EPA) ou posant des problèmes importants pour l'environnement, on trouve les composés organiques perfluorés (PFC), dont les plus connus sont l'acide perflorooctanoïque (PFOA) et le perfluorooctane sulfonate (PFOS). Leur particularité est la liaison chimique carbone-fluor qui leur confère une stabilité chimique et thermique importante. Ces composés sont actuellement recherchés dans les différents compartiments de l'environnement, et c'est dans ce contexte que le LERES a développé l'analyse de ces composés dans l'eau par chromatographie en phase liquide couplée à la spectrométrie de masse [20]. En 2007, une intercalibration européenne a permis de valider notre développement en UPLC/MS/MS.

Dans un autre registre, les cyanotoxines sont synthétisées par les cyanobactéries qui contaminent les eaux douces et peuvent conduire à des intoxications de troupeaux et de la population humaine. L'homme peut être atteint directement via l'eau de boisson ou par hémodialye, ainsi que par des activités aquatiques. Les toxines les plus fréquentes sont les microcystines, hépatotoxiques. Citons également la saxitoxine qui peut entraîner la mort. Cette dernière est susceptible d'être utilisée comme arme chimique. Le contrôle sanitaire des eaux d'alimentation prévoit la recherche des mycrocystines dès l'observation d'un bloom algal dans les ressources en eau potable. Le LERES a été l'un des premiers laboratoires français à être accrédité COFRAC pour l'analyse des microcystines (LR, RR, YR) en 2004. Dans le cadre de ses astreintes pour la zone de défense Ouest, le laboratoire a également développé l'analyse de la saxitoxine par UPLCMS/MS.

Les ammoniums quaternaires constituent une famille importante de pesticides, avec le diquat et paraquat utilisés comme herbicides, ou le chlorméquat et le mépiquat utilisés comme régulateur de croissance des plantes. Leur caractère très hydrophile leur confère une grande mobilité. Ils peuvent être présents en tant que résidus dans les eaux de surface, et éventuellement dans les eaux de consommation. Des études ont montré leur toxicité et leur implication dans le cas d'empoisonnements. La difficulté analytique de cette famille de molécule est le caractère ionique qui rend difficile leur extraction et analyse en chromatographie. Depuis 2003, le LERES a développé l'extraction et l'analyse des ammoniums quaternaires par chromatographie de paire d'ions et détection par spectrométrie de masse (LC/MS) [21].

L'interdiction d'utilisation de l'atrazine en 2005, a modifié le comportement agricole et de nouveaux pesticides sont apparus. Des pesticides de substitution utilisés en très faible quantité par hectare ont donc été épandus. Pour le contrôle des ressources en eau potable, le LERES a développé l'analyse des familles de pesticides telles que les sulfonylurées ou les tricétones par extraction SPE et LCMS.

Le contrôle sanitaire des eaux d'alimentation est réglementé sur la contamination par les pesticides, mais également par leurs métabolites. Les développements analytiques des métabolites ont concerné les pesticides les plus utilisés tels que l'atrazine, le diuron, l'isoproturon ou le glyphosate. Les métabolites sont généralement plus polaires que les produits parents et peuvent entraîner de plus grandes difficultés analytiques. L'analyse par extraction SPE couplée à une analyse LC/MS est la filière développée par le LERES.

Physico-chimie

L'analyse de nouveaux paramètres est réalisée dans le but de répondre aux besoins de diagnostics de pollution accidentelle ou à la réglementation. Depuis 2007, le laboratoire privilégie le développement de méthodes simples et rapides basées sur la spectroscopie UV [22]. L'intérêt de cette technique réside dans le fait d'établir un diagnostic rapide et d'orienter ensuite les analyses vers les filières d'analyse les plus pertinentes. Elle repose sur deux approches : la mesure simple du spectre UV d'un échantillon et la mesure après prétraitement de l'échantillon.

L'acquisition du spectre UV d'un échantillon entre 200 et 350 nm permet d'obtenir des informations semi-quantitatives et qualitatives. En premier lieu, l'absorbance d'un échantillon peut être corrélée à des paramètres physico-chimiques tels que la teneur en carbone organique total (COT), la demande chimique en oxygène (DCO), les nitrates, les détergents, les matières en suspension (MES). Elle permet ainsi en quelques minutes de déterminer un ordre de grandeur de ces indices. Des informations qualitatives sur la présence de matières organiques d'origine anthropique peuvent être obtenues. Sont concernés les pesticides et autres micropolluants organiques qui absorbent dans le domaine UV en raison de leurs caractéristiques structurales (présence de cycles benzéniques, doubles liaisons...). Dans les cas où la pollution n'est pas suffisamment significative pour permettre une détection directe en UV, différents protocoles (généralement des prétraitements) sont envisageables pour permettre de concentrer la pollution tels que l'augmentation du trajet optique de la cuve du spectrophotomètre, la purification et/ou concentration liquide-liquide ou liquide-solide, la photo-dégradation ou la photo-oxydation. Ainsi, les matières organiques ou minérales d'un échantillon sont dégradées ou transformées sous un rayonnement UV. Des corrélations peuvent être établies entre le pourcentage de photo-oxydation d'un échantillon et le taux de matières organiques totales ou leur fraction biodégradable.

En outre, des développements analytiques ont été réalisés pour la détermination des chloramines dans les atmosphères de piscines par chromatographie ionique. Ces composés sont pompés, puis piégés dans un filtre. La présence d'oxyde d'arsenic en milieu basique permet de les décomposer en chlorures. Les anions sont ensuite dosés par chromatographie ionique. Cette même technique est utilisée depuis 2000 pour le dosage des chlorites et bromates. Ces anions sont des sous-produits issus de la désinfection des eaux destinées à la consommation humaine par le chlore.

De la contamination à l'exposition, exemple des sous-produits de désinfection

La contamination des milieux de vie, des ressources en eaux, des denrées alimentaires par des substances chimiques conduit à exposer l'humain à des agents potentiellement dangereux. Le croisement des informations relatives à ces composés, en termes de nature du danger et de relation dose-effet, avec l'intensité de l'exposition permet de déterminer le risque encouru par l'individu exposé, c'est-à-dire la probabilité de survenue d'un effet délétère. *A contrario*, le choix d'un risque socialement acceptable conduit selon cette même démarche à la détermination de doses journalières admissibles. Leur distribution entre les diverses voies d'exposition, au prorata de leur contribution présumée, permet de fixer des limites de qualité pour les milieux tels que l'eau et les denrées. Dans cette problématique, l'évaluation des expositions (niveaux et voies) des populations est un axe de recherche majeur du LERES, comme en témoignent entre autres, les thèses de doctorats soutenues sur cette thématique ces dernières années [23, 24, 25].

Obtenir une estimation de l'exposition, à l'échelle d'un groupe ou d'une population, impose une connaissance de la contamination des milieux (eau et air). Ceci n'est pas sans poser un certain nombre de problèmes méthodologiques et métrologiques. Comme vu précédemment, le LERES intervient à ce niveau par des développements métrologiques et par la production de données sous accréditation COFRAC pour alimenter des réseaux institutionnels de surveillance. Les réseaux de mesures, mis en place dans le cadre du contrôle sanitaire, et le stockage des données dans la base Sise-Eaux hébergée par le ministère en charge de la santé, sont des outils qui permettent d'appréhender les niveaux de contamination de l'eau par les substances à risque faisant l'objet d'une réglementation.

Ces actions peuvent être illustrées par exemple par le programme de recherche actuellement conduit sur l'exposition par inhalation aux sous-produits de désinfection. Ceux-ci, mis en évidence dès les années 1970, sont formés par réaction du chlore avec les substances organiques naturelles (substances humiques et fulviques). Parmi plus de 250 familles de molécules identifiées, les trihalométhanes (THM) sont majoritaires. Les THM regroupent quatre molécules : chloroforme, bromodichlorométhane, dibromochlorométhane et bromoforme.

Le risque sanitaire associé à l'exposition aux THM provient du caractère cancérogène du chloroforme, du bromodichlorométhane et du bromoforme (ils ont été classés dans le groupe 2B par le Centre international de recherche sur le cancer). Certaines études épidémiologiques, dans lesquelles les THM sont pris comme indicateur d'exposition, ont par exemple mis en évidence une association entre l'exposition à l'eau chlorée et la survenue de cancers (cancers colorectaux et cancers de la vessie notamment) [26]. En raison de ce risque cancérogène, il existe depuis 2003 une valeur limite de 150 µg/L à ne pas dépasser au robinet du consommateur, pour la somme des quatre THM. Cette valeur sera abaissée à 100 µg/L à partir du 25 décembre 2008. Les données ainsi collectées dans le cadre du contrôle sanitaire depuis 5 ans permettent d'apprécier l'état de la contamination de l'eau de boisson par les THM, en France.

Toutefois, évaluer le risque d'une exposition aux THM en ne considérant que l'ingestion serait erroné. En raison de leur caractère volatil, ces substances contaminent également l'air intérieur des logements. Cette contamination atmosphérique se produit par dégazage des THM aux divers points d'utilisation de l'eau. La douche serait l'activité la plus contaminante et la plus exposante [27, 28]. D'après ces travaux, au moins la moitié du chloroforme qui arrive dans la pomme de douche se volatilise dans l'air dans des conditions normales dans lesquelles se prend une douche. D'autres activités telles que la vaisselle, la lessive à la main, ou encore le fait de faire bouillir de l'eau provoquent également une volatilisation notable des THM [29]. Ainsi, pour des concentrations en chloroforme dans l'eau inférieure à 50 µg/L, la dose absorbée pendant une douche de 10 min (inhalation et contact cutané) serait supérieure ou égale à celle induite par l'ingestion de deux litres d'eau du robinet [30]. Les travaux de Haddad *et al.* [31] vont également dans ce sens puisqu'ils montrent que l'ingestion contribue pour moins de 50 % à la dose totale absorbée. Malgré la mise en évidence de l'inhalation comme une voie importante d'exposition de la population aux THM, les niveaux de contamination atmosphérique par ces substances dans l'habitat sont encore peu renseignés, particulièrement en France.

C'est pour pallier ce manque que le LERES s'est engagé dans un programme de recherche afin de déterminer les niveaux et les déterminants principaux de la contamination de l'air des habitats par les THM. L'étude se fait sur un échantillon de 60 logements choisi pour représenter la diversité des situations existant dans le parc français. Plusieurs campagnes de prélèvements seront réalisées dans les différentes pièces de l'habitat, afin de prendre en compte la diversité des activités et des pratiques des occupants à l'origine de la contamination de l'air. Dans un second temps, une évaluation de l'exposition de la population aux THM par inhalation dans l'habitat sera réalisée. Ce projet innovant, dans la mesure où il permet d'élargir les connaissances relatives à la contamination de l'air des logements, devrait ainsi permettre d'identifier les facteurs et les situations à risque liés à l'exposition aux THM dans l'habitat. Les retombées attendues sont la fourniture d'éléments pour l'élaboration de stratégies préventives (sur la conception des habitats, les habitudes de vie, les procédés de traitement de l'eau destinée à la consommation). Il sera par ailleurs possible d'évaluer les contributions relatives des différentes voies d'exposition aux THM dans les lieux d'habitation.

L'élargissement de l'approche d'évaluation du risque, en ne prenant pas seulement en compte les expositions à domicile, mais aussi celles lors des activités de loisirs (piscines), est un complément indispensable à ce travail dans lequel le LERES entend également s'engager.

Conclusion

Malgré la réglementation en pleine évolution, et l'usage des meilleures pratiques disponibles, les sujets de recherche pour améliorer les procédures de contrôle sanitaire sont nombreux. Ils correspondent à un vrai besoin d'innovation méthodologique et de connaissance, visant notamment à disposer d'outils pertinents, simples et peu coûteux en vue d'une prise de décision rapide et éclairée. Cette recherche appliquée nécessite la mobilisation de compétences complémentaires telles que la chimie, la microbiologie, la toxicologie, l'évaluation des risques, etc. Mais comme le montre le programme de recherche sur l'exposition aux sous-produits de désinfection, le contrôle sanitaire peut recouvrir une double réalité. Une réalité réglementaire avec le contrôle des THM dans les atmosphères de piscine, et une réalité scientifique avec l'étude en cours concernant les THM dans les habitations. Par ailleurs, outre le risque chimique, largement abordé dans ce chapitre, les risques bactériologiques font également l'objet de nombreux programmes de recherches.

Enfin, si la recherche proposée couvre une grande partie des besoins d'outils et de connaissances nouvelles, elle ne saurait être suffisante par rapport à l'évolution du contexte socio-politique de réforme de l'administration et de l'ouverture des marchés. Des programmes de recherche dans le domaine des sciences sociales (au sens large) compléteront utilement les efforts entrepris.

Bibliographie

[1] Besson D., (2004), Initialisation d'une démarche qualité dans la mise en œuvre du contrôle sanitaire de l'eau destinée à la consommation humaine : vers des modalités d'organisation mieux connues, Mémoire IES, EHESP.

[2] Glorennec P., Bemrahn N., Tarda A., Robin A., Le Bot B., Bard D., (2007), Environment International 33 : 937-945.

[3] Tricard D., Carmes J., Levillain A., Popoff G., (2002), Tech. Sci. Meth., 12 : 24-29.

[4] Ministère de la santé, Arrêté du 17 septembre 2003 relatif aux méthodes d'analyse des échantillons d'eau et à leurs caractéristiques de performance.

[5] Flammarion P., Charles S., Chaumot A., Pelte T., Pereira L., Péry A., Garric J., (2001), Apports des biomarqueurs et de la modélisation dans l'évaluation de l'impact des contaminants dans les écosystèmes aquatiques. Conférence Internationale « Scientifique et décideurs : agir ensemble pour une gestion durable des écosystèmes fluviaux ». Lyon 6-7-8 juin 2001.

[6] AFNOR, ISO 5667-5 : 2006, Water quality sampling Part 5 Guidance on sampling of drinking water from treatment works and piped distribution systems, Paris, 2006.

[7] AFNOR, FD T 90 520, Guide technique de prélèvements pour le suivi sanitaire des eaux en application du code de la santé publique, Paris, 2004.

[8] AFNOR FD T 90 523-1, Guide de prélèvement pour l'environnement - Partie 1, eaux continentales superficielles, Paris, 2008.

[9] Strobl R.O, Robillard P.D., (2008) Network design for water quality monitoring of surface freshwaters : a review, J. Environ. Manag. 87, 4, : 639-648.

[10] Greenwood R., Mills G.A., Roig B., (2007), Trends in Analytical Chemistry, 16 : 263-267. for waters samples. Nederlands Normalisaie Instituut (NEN), Delft, Pays-Bas (2001), (site web consulté : http://www2.nen.nl/getfile?docName=197837).

[13] Tranchant J. (1995), Manuel pratique de chromatographie en phase gazeuse, 4e édition, Masson, Paris.

[14] Le Bot B., Colliaux K., Pelle D., Briens C., Seux R., Clément M., (2002), Optimization and performance evaluation of the analysis of glyphosate and AMPA in water by HPLC with fluorescence detection. Chromatographia, 56, 8 : 161-164.

[15] Clément M., Arzel S., Le Bot B., Seux R., Millet M. (2000), Adsorption/thermal desorption/gas chromatography/mass spectroscopy for the analysis of pesticides in atmosphere. Chemosphere 40 : 49-56.

[16] Lord H.L. (2007), Strategies for interfacing solid-phase microextraction with liquid chromatography, Journal of Chromatography A, 1152 : 2-13.

[17] Le Bot B., Multi-residue analysis of pesticides in water by liquid phase chromatography coupled with mass spectrometry after solid phase extraction. Colloque international de l'IUPAC, CHEMRAWN XV (Chemical Research Applied to World Needs) du 21 au 23 juin 2004, Paris.

[18] Tamtam F., Mercier F., Le Bot B., Eurin J., Q. Tuc Dinh, Clément M., Chevreuil M. (2008), Occurrence and fate of antibiotics in the Seine River in various hydrological conditions. Science of Total Environnement 393 : 84-95.

[19] Tamtam F., Le Bot B., Eurin J., Mercier F., Tiphagne-Larcher K., Desportes A., Chevreuil M., (2007), Sources and fate of two antibiotics in the river Seine : oxolinic acid and sulfamethoxazole. European Journal of water quality 38, 2 : 75-82.

[20] Skutlarek D., Exner M., Färber H., (2006) Perfluorinated surfactants in surface and drinking waters. Environ. Sci. Pollut. Res. 13, 5 : 299-307

[21] Le Bot B., Gaborieau C., Rouillon C., Pelle D., Clément M., Seux R., Analyse des herbicides ammoniums quaternaires par LCMS, organisé par l'Association Européenne pour l'Eau et la Santé, les 7 et 8 novembre 2002, Rennes.

[22] Thomas O., Burgess C., (2007), UV-visible spectrophotometry for water and wastewater analysis, Elsevier, Amsterdam.

[23] Briand O., (2003), Influence des facteurs environnementaux et des pratiques agricoles sur les variations spatio-temporelles des niveaux de contamination de l'atmosphère par les pesticides, Doctorat de l'Université de Rennes 1, 296 p.

[24] Grimbuhler S., (2005), Contribution à l'évaluation de l'exposition aux produits phytosanitaires des professionnels par la voie respiratoire, Doctorat de l'Université de Rennes 1, 244 p.

[25] Hamel H., (2007), Étude de l'évolution du trichlorure d'azote et des trihalométhanes dans l'eau et l'air des piscines chlorées ; exploration des voies de réduction de cette contamination, Doctorat de l'Université de Rennes 1, 175 p.

[26] Villanueva C.M., Kantor K.P., Grimalt J.O., Malats N., Silverman D., Tardon A., Garcia-Closas R., Serra C., Carrato A., Castano-Vinyals G., Marcos R., Rothman N., Real F.X., Dosemeci M., Kogevinas M., (2007), Am. J. Epidemiol., 165, 148.

[27] Ergorov A.I., Tereschenko A.A., Altshul L.M., Vartiainen T., Samsonov D., LaBrecque B., Mäki-Paakkanen J., Drizhd N.L., Ford T.E., (2003), Int. J. Hyg. Environ. Health., 206, 539.

[28] Jo W.K., Kwon K.D., Dong J.I., Chung Y., (2005), Science of the Total Environ., 39, 143.

[29] Nuckols J.R., Ashley D.L., Lyu C., Gordon S.M., Hinckley A.F., Singer P., (2005), Environ. Health Perspectives, 113, 863.

[30] Weisel C.P., Jo W.K., (1996), Environ. Health Perspectives, 104, 48. S.

[31] Haddad G.C., Tardif R. Tardif J., (2006), J. Toxicol. Environ. Health A, 69, 2095.

L'autosurveillance efficace des effluents industriels : contribution pour la protection de l'environnement

Hans-Ulrich BUCHHOLZ

Introduction

Dans la fabrication des produits cosmétiques, l'eau est utilisée de diverses façons (figure 1). Chaque utilisation profite d'une certaine propriété de l'eau (exemple : la puissance de diluer des substances chimiques ou de stocker la chaleur ou le froid). Le résultat est toujours le même : l'utilisation de l'eau change la propriété physique ou chimique et l'eau ne peut plus être utilisée pour la même application. Par définition, l'eau est devenue un effluent. Par exemple, l'eau fait partie intégrante de la matière première des produits, elle est un moyen de refroidissement des cuves de fabrication, de lavage des outils de fabrication, des cuves et des tuyauteries. L'eau usée, résultant de la dernière application, représente la quantité majeure des effluents qui sortent de nos usines.

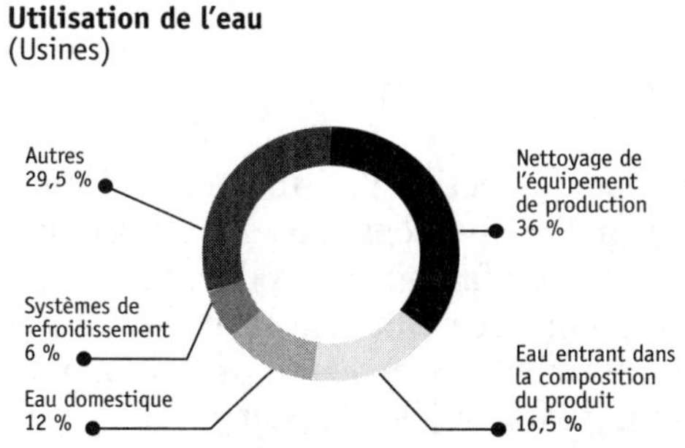

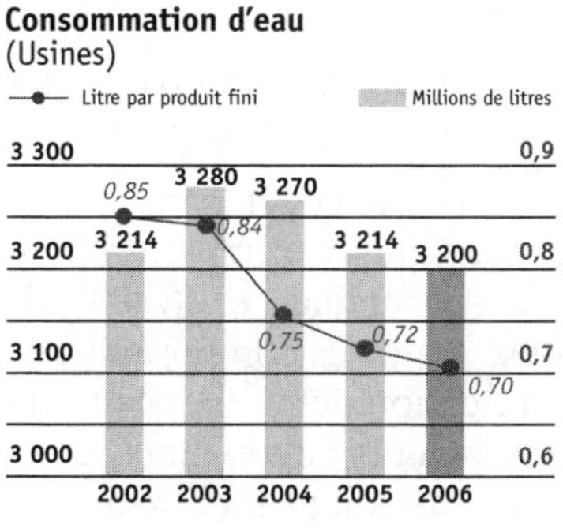

Figure 1. Utilisation et consommation de l'eau dans la production, moyenne usine (2006) [2]

Ces dernières années, la consommation d'eau des usines de L'Oréal a fortement baissé. Les actions internes, comme l'optimisation des lavages, nous ont amenés à une utilisation plus efficace de l'eau. Mais malgré nos efforts, l'eau reste aujourd'hui essentielle pour la production, comme garante de la qualité des produits. Après son utilisation, l'eau sort de la production et devient un effluent industriel qu'il faut traiter avant qu'il n'entre de nouveau dans le cycle de l'eau, par exemple par rejet dans une eau de surface.

Le contexte local, la chaîne de causalité

Pour chaque contexte local, la chaîne de causalité est différente et il est évident qu'il n'existe pas de solution globale à appliquer dans tous les contextes (figure 2). Les facteurs qui impactent la composition des effluents sont nombreux :

– le caractère des matières premières utilisées ;
– les conditions de production ;
– la gestion des effluents (traitement sur site et/ou dans une station urbaine) ;
– les changements dans la production avec le temps (par exemple, changement de la gamme de produits fabriqués) ;
–…

Figure 2. Chaîne de causalité, l'impact sur l'environnement

Le point de rejet est l'interface entre l'usine et l'environnement. Les résultats de la surveillance analytique de cette interface sont des données, des symptômes :

– montrant les impacts et tendances ;
– ayant des causes.

L'autosurveillance est donc un moyen de détection de l'impact sur l'environnement, mais en même temps un moyen d'analyse des causes et de la détection des tendances, un reflet de la production. Le fait que la production soit par lots, et que les composants des effluents soient directement liés aux produits de fabrication, leur composition peut varier fortement avec le temps. En fonction des facteurs contextuels, les effluents sont parfois rejetés vers un réseau public et le traitement est effectué par une station d'épuration urbaine avec d'autres eaux usées. Quelquefois, ils sont rejetés dans une station d'épuration industrielle intégrée et, après traitement, rejetés dans une autre station d'épuration urbaine. En général, les effluents industriels de l'industrie cosmétique sont bien biodégradables (rapport DCO/DBO5 entre 2-2,5), et donc très similaires aux effluents des eaux usées urbaines.

Toute perturbation des stations d'épuration a un impact sur la qualité des eaux sortant de la station. Du côté industriel, il faut donc prendre toutes les précautions pour éviter la perturbation d'une station d'épuration, afin que l'impact des effluents sur le cycle de l'eau, et sur l'environnement en général, soit minimisé. Il faut alors établir des moyens de protection des stations d'épuration et un moyen de contrôle efficace de la qualité des effluents.

Un système d'autosurveillance efficace

Que signifie le terme « efficace » dans ce contexte ? Un système de contrôle est efficace si les résultats sont représentatifs du déversement, et les conditions individuelles prises en compte.

C'est pourquoi, une démarche proactive préconise de mettre en place un système basé sur deux axes :
– la définition d'un référentiel pour détecter les anomalies des rejets. Le référentiel contient des valeurs limites des paramètres, en général plus strictes que les normes légales ;
– la mise en place d'un programme d'autosurveillance représentatif du déversement et adapté aux risques locaux.

Le point essentiel du programme d'autosurveillance est la représentativité des analyses par rapport au déversement. Néanmoins, des résultats représentatifs du déversement permettent de prouver la conformité des rejets et de mesurer les améliorations et la performance.

Les exigences

Le système efficace, applicable par toutes les usines du groupe, doit prendre en compte tous les éléments suivants :
– représentativité pour le déversement ;
– preuve de la conformité avec les exigences légales et contractuelles ;
– détection rapide des anomalies et du changement ;
– établissement de mesures préventives ;
– réalisation d'une base de données pour surveiller et optimiser la production ;
– conception dynamique, assez flexible pour être modifiable (production et environnement) ;
– outil de quantification de la performance (efficacité) ;
– intégration dans un système de communication et de management.

Si le système d'autosurveillance remplit toutes les exigences ci-dessous, il deviendra un véritable outil de contrôle de risque et de management.

Quelles sont les références dans la réglementation ?

L'autosurveillance des effluents est, dans la plupart des pays, une obligation légale ou contractuelle, définie par la loi et/ou une convention. En France, par exemple, la réglementation des installations classées pour la protection de l'environnement [3] impose aux exploitants un programme de mesures de certains paramètres dans les effluents avant leur rejet.

De plus, la directive relative à la prévention et à la réduction intégrées de la pollution (directive dite IPPC [1]) impose aux industriels l'application des meilleures pratiques. Le document de référence de la directive concernant le contrôle des effluents [4] nous donne les pistes pour développer un programme d'autosurveillance efficace. La clef est l'analyse de risques. En d'autres termes, il s'agit de quantifier la probabilité du dépassement d'un paramètre et la gravité des conséquences de celui-ci pour une station d'épuration et, au sens large du terme, pour l'environnement.

L'objectif n'est pas d'accumuler la plus grande quantité de résultats d'analyses qui ne vont probablement pas être évaluées. Par contre, l'objectif est de mesurer les paramètres qui nous donnent les meilleures informations et nous permettent d'avoir une vision claire pour la réduction des risques.

La démarche

Un programme d'autosurveillance désigne l'ensemble des mesures réalisées par l'exploitant. Sa crédibilité est subordonnée à la mise en place d'une chaîne de mesure robuste dans l'usine.

La mise en œuvre d'un dispositif d'autosurveillance représentatif du déversement passe par :
- la réalisation de prélèvements d'échantillons représentatifs selon les meilleures pratiques ;
- la définition des paramètres à mesurer :
  - la détermination des différents paramètres de pollution des effluents,
  - la définition d'un référentiel d'entreprise pour détecter les anomalies lors des rejets.
- la détermination de la fréquence des analyses pour chaque paramètre, basée sur une analyse de risques ;
- la révision périodique du programme par rapport aux changements.

Les piliers de l'autosurveillance

Le système d'autosurveillance proposé s'appuie sur trois piliers (figure 3) : les exigences légales ou les règles d'ordre contractuel, les règles internes définies par les normes de l'industriel et les exigences provenant de l'évaluation des risques individuels de chaque usine.

- *Les exigences légales et les règles d'ordre contractuel.* Elles sont généralement propres à une région ou un pays, ont un caractère légal et leur application est obligatoire. On peut citer les arrêtés préfectoraux et les arrêtés ministériels. Les règles d'ordre contractuel sont appliquées dans le cadre de relations entre deux parties. En général, on retrouve les conventions de rejet avec la station d'épuration municipale. Les paramètres à analyser, la manière de l'échantillonnage et la fréquence des analyses sont définis par paramètre.

- *Les règles internes, propres à l'entreprise.* Les paramètres à analyser, la manière de l'échantillonnage et la fréquence des analyses sont définis par rapport aux besoins de l'entreprise.
- *Les règles basées sur une évaluation des risques.* Les paramètres à mesurer, l'échantillonnage et la fréquence sont déterminés dans le cadre de l'évaluation d'un système d'autosurveillance efficace. Les prélèvements d'échantillons représentatifs doivent être effectués selon les meilleures pratiques.

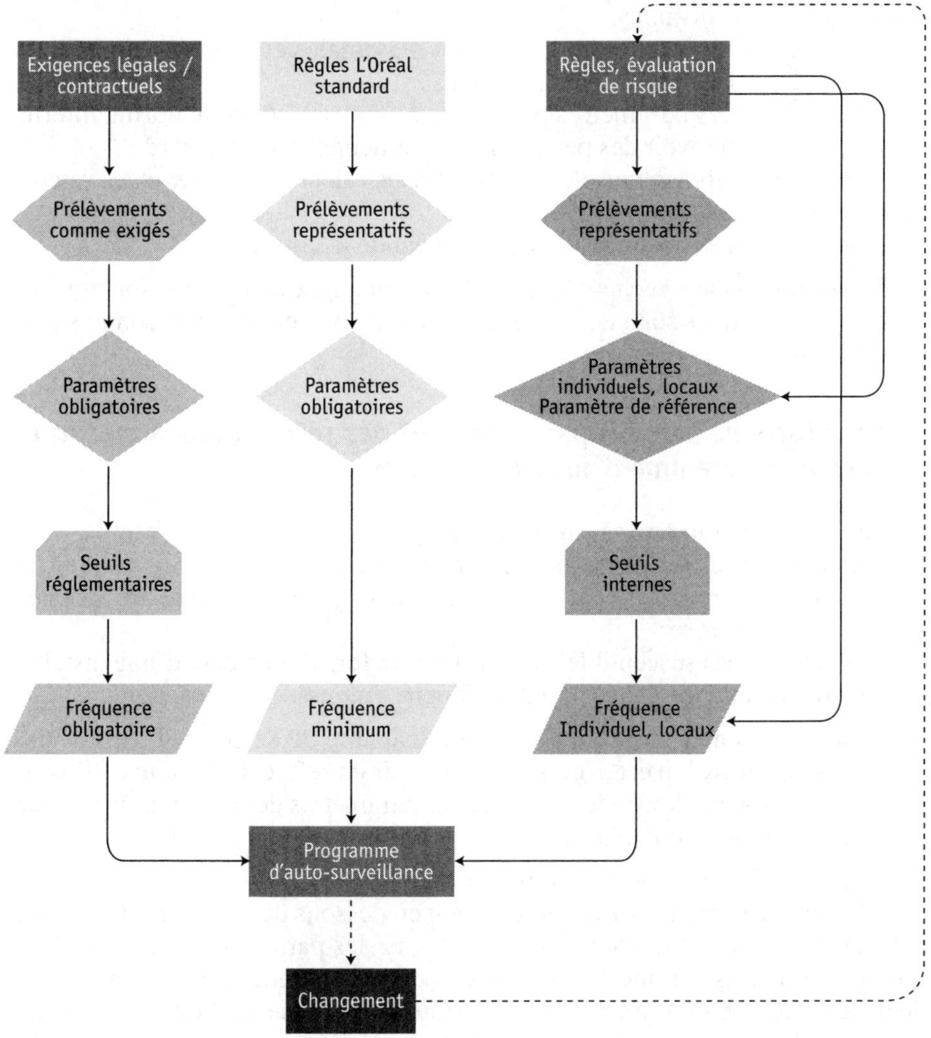

Figure 3. Les 3 piliers du programme d'autosurveillance

Démarche du développement du programme d'autosurveillance basé sur une évaluation des risques

La campagne de mesures

La base de l'évaluation des risques est une campagne de mesures dans des effluents à la sortie de la production. Tous les paramètres réglementés et les paramètres susceptibles d'avoir un impact sur le fonctionnement d'une station d'épuration (les paramètres pertinents) font l'objet de la campagne. La durée de la campagne est adaptée aux conditions de la production (2-3 semaines).

L'analyse des résultats de la campagne de mesures nous donne des réponses sur les questions suivantes.

– Quelle est la marge entre les valeurs maximales et la norme concernant des paramètres ou substances réglementés ?

– Quels sont les paramètres pertinents ? Quel seuil/Quelle norme interne faut-il définir pour avoir des paramètres réglementés et pertinents ?

– Quelle est la dynamique des écarts entre les valeurs moyennes et les valeurs maximales ?

– Quelle est la probabilité du dépassement de la norme ?

Toutes les données récupérées pendant la campagne de mesures sont traitées avec des algorithmes statistiques qui montrent la dynamique de la composition des effluents.

La détermination des paramètres et des référentiels à mesurer dans le programme d'autosurveillance

La liste des paramètres à surveiller inclut :

– les paramètres réglementés et contractuels ;

– les indicateurs des eaux usées recommandés pour le système de reporting interne de l'entreprise ;

– les substances susceptibles de perturber le fonctionnement d'une installation interne ou externe de gestion des effluents (mousse, matières flottantes...).

Pour documenter les tendances et être capable de détecter et prévoir des situations anormales, il est nécessaire de définir un référentiel. Celui de l'usine est donc l'ensemble des valeurs repères des paramètres des effluents à mesurer. Les valeurs repères sont déterminées pour anticiper les rejets à risques.

Ce référentiel englobe deux types de valeurs :

– les seuils de rejet internes : situés bien en dessous des seuils exigés par les autorités, ils sont définis par l'exploitant pour des paramètres réglementés et qui ont été définis comme pertinents. Le dépassement de la norme interne va déclencher des actions pour réduire le risque de dépassement des seuils réglementaires. Les seuils de rejet internes sont une partie essentielle de la démarche proactive de l'exploitant pour conserver une marge de sécurité des rejets.

Utilisées comme outil de détection de risques de dépassement, ces normes permettent de démarrer les actions correctives. Elles sont à définir par le site et sont généralement obtenues par une diminution des normes légales ;

– les valeurs de référence : calculées pour les paramètres qui n'ont pas de norme, ce sont les limites acceptables des concentrations des paramètres dans les conditions normales de production et de traitement des eaux. Elles sont à déterminer par l'usine. De fortes variations de la qualité des effluents peuvent être décelées.

Lorsqu'un dépassement du référentiel de l'usine est détecté, les raisons du dépassement sont à étudier et des actions sont à mettre en place pour veiller à conserver les marges de sécurité. Il est recommandé d'appliquer des seuils internes pour les valeurs de référence. Il est également fortement conseillé de définir des seuils internes et des valeurs de référence pour les effluents entrant dans une station d'épuration interne afin de protéger la station et de détecter des anomalies dans la production.

Risques de dépassement des référentiels de chaque paramètre

Cette étape consiste à évaluer la probabilité de dépassement des référentiels, ainsi que la gravité du dépassement :

– la probabilité de dépassement des référentiels de chaque paramètre, en considérant par exemple les marges entre les normes et les valeurs réelles mesurées, et le changement de ces marges avec le temps ;

– la gravité de dépassement des référentiels de chaque paramètre, en considérant par exemple l'impact sur l'environnement de la substance. La détermination de la gravité prend en compte les conséquences d'un dépassement : par exemple, la conséquence d'une pointe de la charge de la DCO pour un bassin d'aération dans le traitement biologique (augmentation de la consommation d'oxygène…)

En considérant la probabilité et la gravité de dépassement des référentiels, le risque peut être jugé et quantifié.

La détermination de la fréquence d'analyse pour chaque paramètre

La fréquence des analyses des paramètres est un élément essentiel de l'autosurveillance. Lorsqu'elle est judicieusement choisie, elle permet d'obtenir des résultats représentatifs du déversement. Elle est fonction non seulement du risque de dépassement de la norme, mais aussi de l'importance de celui-ci pour caractériser les effluents.

Pour la totalité des paramètres à surveiller, les fréquences des analyses seront déterminées à partir d'une analyse de risques des effluents. Cette analyse de risques permettra de fixer les fréquences d'analyses représentatives du déversement et adaptées aux risques. Les fréquences d'analyses minimales sont à respecter, indépendamment du résultat de l'analyse de risques. En général, on peut constater que la fréquence des analyses exigée par le logiciel est proportionnelle à la marge vers les seuils de référence et le danger du paramètre. En d'autres termes, si la concentration mesurée dans les effluents de ce paramètre est très proche de la concentration de la référence (la norme), la fréquence d'analyse recommandée est très élevée. Par contre, au cas où la concentration réelle du même paramètre est très faible par rapport à la norme, l'analyse peut être effectuée moins souvent. L'analyse de risques inclut également le danger pour l'environnement en cas de dépassement de la valeur de référence. La marge de la concentration vers les seuils de référence et la distribution statistique, ainsi que le danger du paramètre impactent finalement la détermination de la fréquence d'analyse.

Prendre en compte l'environnement, la situation locale

Quelles questions faut-il se poser pour prendre en compte la situation locale ? Deux aspects : le site et le récepteur.

• **Le site de production**

– la production est-elle stable ou change-t-elle très souvent ?

– quel type de système est établi sur site pour le stockage et l'homogénéisation des effluents ?

– quels sont les temps de séjour des effluents dans le système ?

– quels sont les temps de réaction en cas d'anomalie ? quelles sont les mesures mises en place ?

– quel est le temps de réaction pour des actions correctives ?

– les analyses sont-elles effectuées sur site ou dans un laboratoire externe ? (pour minimiser le temps de détection des anomalies, il est important d'avoir connaissance aussi vite que possible des résultats des analyses journalières dans le cadre de l'autosurveillance. Il est donc conseillé que certaines analyses [DCO, COT par exemple] soient effectuées sur le site).

• **Le récepteur**

– quelle est la charge absolue de la DCO ?

– quelle est la capacité de la station d'épuration urbaine ?

– quelle est la part de la DCO du site par rapport à la charge DCO totale de la station municipale ?

– quelles sont les technologies de traitement de la station d'épuration du site et de la station d'épuration urbaine ?

Toutes ces informations sont nécessaires pour juger (par points) l'impact du déversement dans le procès d'évaluation des risques (figure 4). Par exemple, l'information sur la capacité de la station d'épuration urbaine nous permet de quantifier la répartition de la charge de la DCO rejetée avec les effluents de l'usine vers cette station.

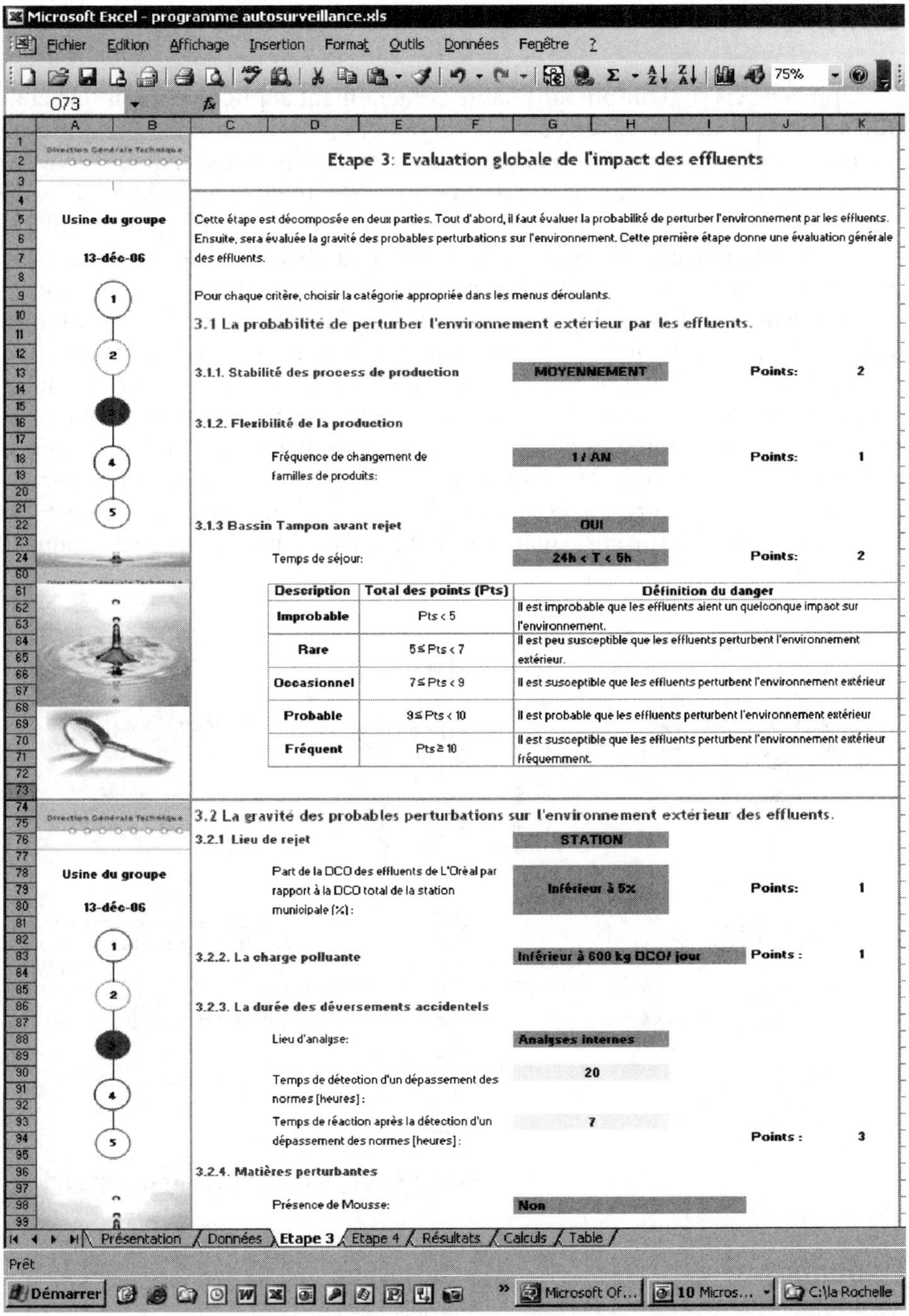

Figure 4. Masque du logiciel de saisie des informations nécessaires à l'évaluation de l'impact global

L'outil de calcul

L'objectif est d'avoir un outil fiable et facilement applicable, pour que chaque site de production soit capable de développer son propre programme d'autosurveillance complémentaire par rapport aux exigences légales et conventionnelles. Une fois la campagne de mesures effectuée, et les valeurs de référence définies, un logiciel évalue le danger et la probabilité de dépassement des valeurs de référence pour chaque paramètre. L'analyse de risques (probabilité et gravité/conséquences) pour l'impact global sur l'environnement et pour le dépassement des référentiels est calculée automatiquement avec des algorithmes statistiques standards (modification des incertitudes possibles, la configuration en détail des algorithmes ne fait pas partie de cet article). Le résultat des calculs sera le programme d'autosurveillance ; en d'autres termes, un tableau qui montre, pour chaque paramètre de référence, la recommandation de la fréquence d'analyse. Bien entendu, le minimum de la fréquence est déjà défini par les exigences réglementaires ou contractuelles, ainsi que les règles du groupe. Le logiciel est facile d'utilisation mais requiert la saisie d'un minimum de données (figure 5).

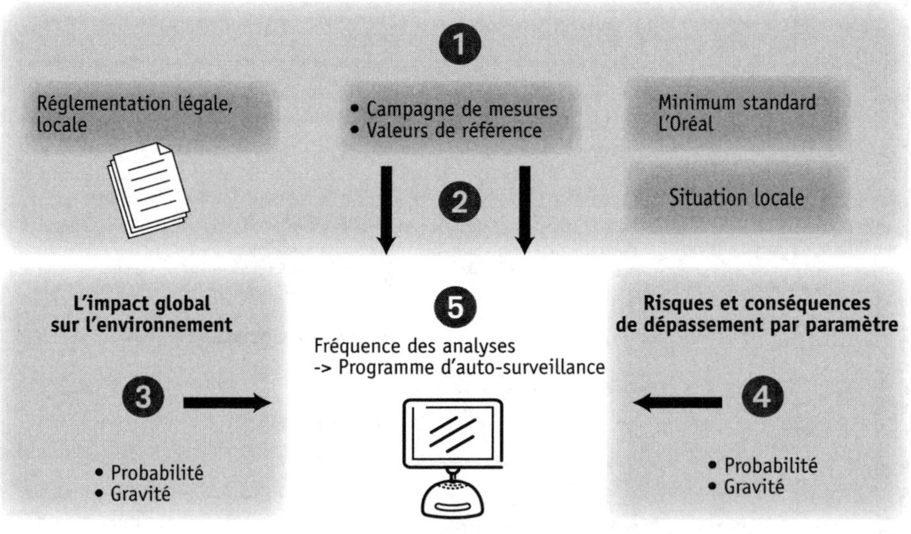

Figure 5. Organisation générale du logiciel

Conclusion

L'autosurveillance efficace des effluents industriels est un outil pour éviter, en cas d'anomalie, un impact perturbateur des effluents sur une station d'épuration et en conséquence pour minimiser l'impact sur l'environnement. Efficace, dans le sens où les résultats des analyses sont représentatifs et où le programme d'autosurveillance prend en compte le contexte local de la production et de l'environnement (du récepteur).

En raison de sa connaissance des conditions de production, l'industriel est prédestiné au développement de son programme complémentaire. L'autosurveillance efficace représente un outil de management qui permet de prouver la conformité, mesurer la performance et détecter les tendances à risques, pour mettre en place des actions correctives. En cas de changements majeurs dans la production ou dans l'environnement, le logiciel d'évaluation permet de développer facilement un nouveau programme d'autosurveillance, mieux adapté au nouveau contexte.

Bibliographie

[1] European Commission, (2005), Integrated Pollution Prevention and Control (IPPC), Guideline 91/271/EU, août.

[2] L'Oréal, (2006), Rapport du développement durable.

[3] Journal officiel du 3 mars 1998, Arrêté du 2 février 1998 relatif aux prélèvements et à la consommation d'eau ainsi qu'aux émissions de toute nature des installations classées pour la protection de l'environnement soumises à autorisation.

[4] European Commission, (2003), Reference document on the General Principles of Monitoring, Integrated Pollution Prevention and Control (IPPC), Guideline 91/271/ EU, juillet.

PARTIE 2

Eaux de loisirs, ports et eaux du littoral

Nouvelle approche pour le suivi de la qualité des eaux de baignade

Peggy Bergeron, Philippe Masse, Sophie Courtois

Introduction

Véritable enjeu de développement durable, la protection et la qualité des eaux de baignade est au cœur des préoccupations de chacun, du point de vue :

– *écologique*, la garantie de la qualité des eaux de baignade en milieu naturel est un moyen de s'engager pour la protection de cet environnement sensible, en restant en vigilance permanente et en prévenant les éventuels pics de pollution ;

– *sanitaire*, la qualité des eaux de baignade est un sujet de préoccupation pour les Français qui sont de plus en plus soucieux des effets de la pollution sur leur santé ;

– *de la qualité des eaux,* dont dépend l'attractivité touristique.

En cas de crise sanitaire, l'apport économique de cette activité touristique serait directement sanctionné par une fréquentation amoindrie. La gestion active des eaux de baignade est devenue la démarche incontournable pour répondre aux attentes de la population et des pouvoirs publics.

Le risque sanitaire lié aux eaux de baignade

Le terme eau de baignade désigne ici toute eau où la baignade est habituellement pratiquée par un nombre important de baigneurs. Ne sont pas considérés comme eau de baignade :

– les bassins de natation et de cure ;

– les eaux captives qui sont soumises à un traitement ou sont utilisées à des fins thérapeutiques ;

– les eaux captives artificielles séparées des eaux de surface et des eaux souterraines.

En termes sanitaires, si la baignade est recommandée à tous comme source de bienfaits, elle n'est cependant pas sans danger. Au-delà des risques difficilement maîtrisables type noyade, hydrocution, coups de soleil, traumatismes divers et autre contact avec des animaux venimeux (type méduses), les pouvoirs publics se focalisent sur les risques chimique et microbiologique dus à une mauvaise qualité de l'eau de la baignade ou du milieu environnant. Ces risques correspondent à des niveaux de gravité très différents. Dans tous les cas, leur maîtrise s'avère essentielle pour que le solde entre effets bénéfiques et effets négatifs soit toujours en faveur du baigneur. Parmi l'ensemble de ces risques, le plus occurrent est le risque microbiologique.

Le premier volume des directives pour la sécurité des eaux de baignade, intitulé « Eaux côtières et eaux douces », recense un certain nombre d'agents pathogènes autochtones et allochtones susceptibles d'être retrouvés dans les eaux de baignade [1]. L'ensemble des affections liées à des micro-organismes autochtones citées dans ce rapport de l'OMS sont graves mais restent rares. La quasi-totalité des micro-organismes pathogènes dans les eaux de baignade en milieu naturel est d'origine allochtone et le plus souvent fécale, humaine ou animale.

La contamination des eaux de baignade par des matières fécales provoque le plus souvent des maladies intestinales. Un lien de cause à effet a également été établi entre la pollution fécale ou la pollution par les baigneurs eux-mêmes et les infections respiratoires fébriles aiguës, qui sont plus graves que la gastro-entérite. Il peut y avoir dans certaines circonstances un risque de transmission d'agents pathogènes plus dangereux (responsables de l'hépatite infectieuse ou de la typhoïde par exemple). Les groupes de population les plus exposés sont les jeunes, les personnes âgées, les sujets immunodéprimés et les touristes vulnérables aux maladies endémiques. Enfin, il est évident qu'à un niveau de contamination constant, la quantité d'eau ingérée ou inhalée, autrement dit la quantité de pathogènes ingérée ou inhalée par le baigneur sera dépendant de son âge, de la durée et du type d'activité pratiquée. Rappelons que dans les études épidémiologiques considérées, la baignade est normalisée : 10 minutes avec 3 fois la tête sous l'eau.

Dans les milieux aquatiques pollués, la détection de tous les micro-organismes pathogènes est difficile et imprécise en raison de leur présence aléatoire, de leur faible nombre s'ils sont présents, et de l'absence de techniques qui permettent de rechercher simultanément l'ensemble des pathogènes potentiellement présents. Pour pallier les difficultés de fonder une surveillance de la qualité des eaux sur les germes pathogènes est né le concept de « micro-organismes indicateurs de contamination fécale ». En effet, la plupart des micro-organismes dangereux pour l'homme sont d'habitat fécal et sont en faibles proportions par rapport aux bactéries commensales du tube digestif qui sont excrétées de façon massive dans les matières fécales. Ces indicateurs sont spécifiques de la flore intestinale ; ils ne sont pas nécessairement pathogènes, mais leur présence en grand nombre dans un milieu aquatique indique l'existence d'une contamination fécale, et donc un risque épidémiologique potentiel. D'une manière générale, le risque sanitaire augmente avec le niveau de contamination de l'eau par ces témoins de contamination. L'inverse cependant n'est pas toujours vrai : l'absence de bactéries indicatrices n'étant pas une preuve de l'absence de risque sanitaire. Certains pathogènes, en particulier les virus, peuvent survivre plus longtemps que ces bactéries fécales dans les eaux littorales et les coquillages [2].

Réglementation et surveillance des eaux de baignade

La surveillance des eaux de baignade est une compétence du ministère chargé de la santé. Elle est placée sous l'autorité des préfets des départements et est exercée par les directions départementales des affaires sanitaires et sociales (DDASS).

La qualité des eaux de baignade relève de la responsabilité des maires comme le mentionne l'article 2213-23 du code général des collectivités territoriales : « le maire exerce la police des baignades et des activités nautiques... Le maire est tenu d'informer le public par une publicité appropriée, en mairie et sur les lieux où elles se pratiquent, des conditions dans lesquelles les baignades et les activités nautiques sont réglementées, ainsi que des résultats de contrôle de la qualité des eaux de ces baignades accompagnés des précisions nécessaires à leur interprétation ».

Afin d'assurer leur responsabilité, les maires se reposent actuellement sur le système de contrôle officiel de la qualité des eaux effectué par les DDASS.

La qualité des eaux de baignade naturelles est réglementée au niveau européen depuis 1976 par la directive 76/160/CEE [3] et transposée en droit français par décret en 1981 (décret 81-324 du 7 avril 1981). La base des critères utilisés dans la directive 76/160/CE consiste en l'évaluation du degré de contamination des eaux par les matières fécales. Cette évaluation est fonction d'un ensemble de paramètres, dont les plus importants sont les critères bactériologiques [4]. Des indicateurs de qualité physico-chimique sont également relevés (19 paramètres au total).

Les témoins de contamination fécale retenus dans la directive 76/160/CEE sont les coliformes totaux, les coliformes fécaux (dits thermotolérants) et les streptocoques fécaux. Des valeurs limites sont fixées pour chacun des critères bactériologiques recherchés (tableau 1). Un nombre guide caractérise une bonne qualité vers laquelle il faut tendre. Un nombre impératif constitue la limite supérieure au-delà de laquelle la baignade est considérée comme non-conforme, de qualité impropre à l'usage.

Une nouvelle directive européenne sur la gestion de la qualité des eaux de baignade 2006/7/CE [5], propose de nouveaux principes de gestion (profil de plage, plans de surveillance, plans d'urgence, communication et participation du public) qui permettront d'assurer une surveillance active et efficace de la qualité des eaux de baignade. Cette directive entrée en vigueur le 24 mars 2006 n'est pas encore transposée en droit français (décret d'application attendu en 2008). Dans cette directive européenne, les paramètres coliformes totaux et thermotolérants ont été remplacés par *Escherichia coli* (récemment décrit comme étant un meilleur témoin de contamination [6]), les streptocoques fécaux par les entérocoques intestinaux, et les valeurs limites de conformité ont été fortement abaissées par rapport à la réglementation de 1976 (tableau 2). Il n'y a plus de notion de valeur guide et de valeur impérative car la nouvelle directive ne prévoit pas d'interprétation instantanée du résultat, mais simplement un classement à l'échelle d'une saison. Les seuils de qualité microbiologique des eaux de baignade reposent sur une série d'essais contrôlés randomisés réalisés au Royaume-Uni qui servent d'études de référence [7].

Tableau 1. Critères microbiologiques de qualité des eaux de baignade et limites associées (fixés par le décret du 7 avril 1981 (modifié par le décret n° 91-980 du 20 septembre 1991) qui a repris les dispositions de la directive 76/160/CEE

Indicateur (/100 ml)	Valeur Guide	Valeur Impérative
Coliformes totaux	500	10 000
Coliformes thermotolérants	100	2 000
Streptocoques fécaux	100	–

Tableau 2. Critères microbiologiques de qualité des eaux de baignade retenues dans la directive 2006/7/CE

Qualité d'eau Indicateur (/100ml)	Excellente qualité	Bonne qualité	Qualité satisfaisante
Entérocoques intestinaux	100*	200*	185**
Escherichia coli	250*	500*	500**

* Valeurs seuils à comparer aux percentiles 95 des mesures microbiologiques.
** Valeurs seuils à comparer aux percentiles 90 des mesures microbiologiques.

Les DDASS effectuent annuellement 5 à 20 contrôles par point pendant la saison estivale (approximativement du 15 juin au 15 septembre). Selon les dispositions de la directive 76/160/CEE, leur exploitation des résultats analytiques se fait à deux échelles temporelles. Une première interprétation instantanée du résultat à partir de seuils qui déterminent la qualité de l'eau de baignade et une interprétation plus synthétique à l'échelle d'une saison pour déterminer le classement de la plage (A, B, C ou D) en année N sur la base des résultats de l'année N-1 (tableau 3).

Le classement de chaque site est effectué d'après les résultats du dénombrement des bactéries indicatrices contenues dans 100 ml d'échantillon d'eau. Le nombre minimal de prélèvements nécessaire pour le classement d'un site est compris entre 4 et 7 pour les eaux de mer. Les percentiles (80, 90 et 95 %) des mesures microbiologiques, associées aux prélèvements annuels effectués sur site, sont calculés, puis comparés aux seuils définis.

Tableau 3. Critères de classification annuelle des sites de baignade

A - Les eaux de bonne qualité	B - Les eaux de moyenne qualité
Pour ces eaux : - Au moins 80 % des résultats en coliformes totaux et coliformes fécaux sont inférieurs ou égaux aux *valeurs guides* (500 et 100/100 ml) ; - et au moins 95 % des résultats en coliformes totaux et coliformes fécaux sont inférieurs ou égaux aux valeurs impératives (10 000 et 2 000/100 ml) ; - et au moins 90 % des résultats en streptocoques fécaux sont inférieurs ou égaux à la valeur guide (100/100 ml).	L'eau est de qualité moyenne lorsque les nombres impératifs fixés par la directive pour les coliformes totaux et coliformes fécaux sont respectés dans au moins 95 % des prélèvements (10 000 et 2 000/100 ml), les conditions relatives aux valeurs guides n'étant pas, en tout ou en partie, vérifiées.
Les eaux classées en catégories A et B sont conformes aux normes européennes.	
C - Les eaux pouvant être polluées momentanément	**D - Les eaux de mauvaise qualité**
L'eau des points de surveillance pour lesquels la fréquence de dépassement des nombres impératifs est comprise entre 5 % et 33,3 % est considérée comme pouvant être momentanément polluée. Cette pollution peut faire l'objet de mesures immédiates ou à moyen terme permettant d'améliorer définitivement la qualité de l'eau. Il est important de noter que si au moins 20 prélèvements sont effectués pendant toute la saison sur un point, un seul dépassement des valeurs impératives sur un seul paramètre suffit pour entraîner le classement de la plage en catégorie C.	Lorsque, pour au moins un paramètre, les conditions relatives aux valeurs impératives sont dépassées au moins une fois sur trois, l'eau correspondante est considérée comme de mauvaise qualité. Toutes les zones classées en catégorie D durant deux analyses consécutives doivent être interdites à la baignade sauf si des améliorations significatives apparaissent.
Les eaux classées en catégories C et D ne sont pas conformes aux normes européennes.	

Le mode de calcul général proposé dans la directive européenne 2006/7/CE diffère de celui décrit dans la directive 76/160/CEE. Deux percentiles sont employés et calculés par une approche paramétrique, fondée sur l'hypothèse que les mesures de concentrations suivent une loi lognormale, et non plus une approche non-paramétrique comme dans la procédure actuelle. Le classement de l'année N est calculé sur les données des quatre dernières années (sauf dérogation pour les nouveaux sites ou les sites pour lesquels des modifications dans les infrastructures seraient intervenues).

Le profil de baignade comme base de la gestion active

Les acteurs locaux se voient conférer au travers de cette nouvelle directive un rôle actif dans la gestion de baignade. Outre l'identification des problèmes et l'information du public, les autorités locales devront réagir en cas d'événements de pollution exceptionnels et informer le public lorsque la baignade est déconseillée.

Pour ce faire, une des principales nouveautés apportées par la directive de 2006 consiste en la réalisation, pour chaque zone de baignade identifiée, d'un profil de baignade au plus tard le 24 mars 2011, profil réactualisable à des périodicités variables en fonction de la qualité intrinsèque des eaux de baignade (figure 1).

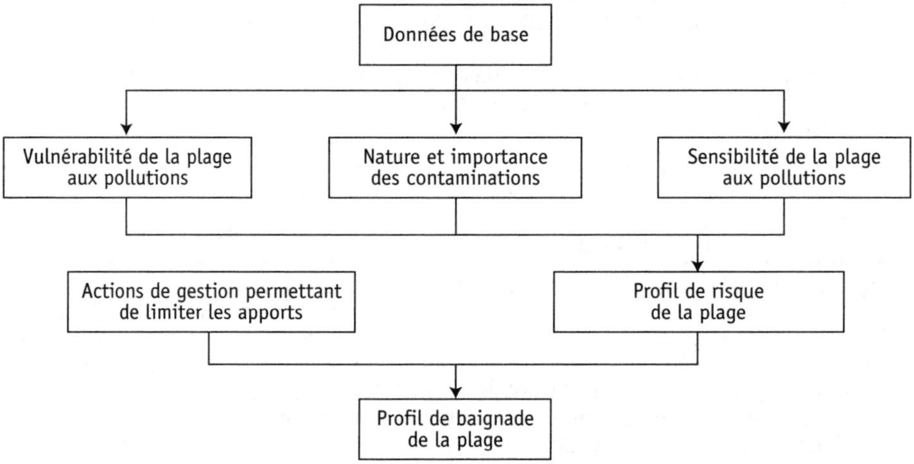

Figure 1. Constitution d'un profil de baignade d'une plage

Ce profil de baignade est présenté comme un outil au service de la gestion des baignades. La réalisation d'un diagnostic des sources de pollution qui peuvent affecter la qualité des eaux d'une plage, alliée aux conditions d'impact de ces pollutions sur les eaux de baignade, doit permettre une meilleure connaissance du système dans lequel s'inscrit une plage, et une définition efficace des actions correctives nécessaires permettant de garantir une bonne qualité des eaux de baignade aux usagers.

La directive 2006/7/CE incite également à faire de la gestion active en fermant la baignade par anticipation, notamment en cas d'orage entraînant un impact négatif sur la qualité de l'eau. Le nombre et la durée des fermetures sont encadrés précisément et limités à 15 % sur une année.

Les techniques d'analyse microbiologique à temps de réponse court comme outil de la gestion active des plages

Le moyen de maîtrise ultime pour garantir la sécurité sanitaire de l'eau de baignade aux usagers est une analyse de sa concentration en bactéries indicatrices de contamination fécale.

En France, les laboratoires agréés utilisent les méthodes d'analyse normalisées pour la quantification des *E. coli* (NF-EN-ISO 9308-3) et des entérocoques intestinaux (NF-EN-ISO 7899-1) qui sont des méthodes miniaturisées par microplaques. Ces méthodes sont celles retenues dans la directive 2006/7/CE. De manière générale, le milieu de culture et le substrat spécifique de la famille bactérienne cible sont déshydratés et fixés au fond des 96 puits de la microplaque. Le milieu est réhydraté par l'introduction de l'échantillon d'eau et de ses dilutions. Au cours de l'incubation, les enzymes cibles présentes dans l'échantillon hydrolysent le substrat libérant un composé, fluorescent sous UV (à 362 nm) : la 4-méthylumbelliférone. Les puits fluorescents sont dénombrés et le nombre de micro-organismes cibles en est déduit à l'aide d'une analyse statistique fondée sur la loi de Poisson. Le résultat analytique obtenu avec ces techniques est associé à un intervalle de confiance inhérent au calcul statistique. Pour la recherche et le dénombrement des *E. coli* selon la norme NF-EN-ISO 9308-3, le substrat est le MUG, l'activité enzymatique recherchée est la β-D-glucuronidase et le temps d'incubation est de 36 h minimum. Pour la recherche et le dénombrement des entérocoques intestinaux selon la norme NF-EN-ISO 7899-1, le substrat est le MUD, l'activité enzymatique recherchée est la β-D-glucosidase et le temps d'incubation est de 48 h minimum. Compte tenu de ces temps de réponse très longs (36 à 48 heures), ces méthodes normalisées ne peuvent pas convenir pour la surveillance active de la qualité de la baignade qui doit obligatoirement s'inscrire dans une démarche très réactive.

De ce fait, Lyonnaise des eaux et Suez Environnement ont développé deux nouvelles approches pour la détection rapide d'*E. coli* et *Enterococcus spp* dans les eaux douces et marines : la méthode MER® (méthode enzymatique rapide), basée sur la mesure fluorimétrique d'activités enzymatiques respectivement spécifiques à *E. coli* (la β-D-glucuronidase) et à Enterococcus (la β-D-glucosidase) et la méthode de biologie moléculaire GEN-SPOT® basée sur la quantification en temps réel par amplification génique de séquences d'ARNr spécifiques aux espèces bactériennes ciblées après une étape de « *reverse transcription* ». Grâce à ces deux approches, les temps d'analyses sont fortement diminués : dès réception au laboratoire, les échantillons peuvent être analysés en une heure par la méthode MER® (pour l'analyse de 1 à 6 échantillons) et en trois heures par la méthode GEN-SPOT® (pour l'analyse de 1 à 12 échantillons). La méthode MER® se distingue de plus par sa rapidité et sa facilité d'exécution, mais une calibration de la méthode selon le site de prélèvement est nécessaire.

Depuis 2005, le centre technique du littoral de Lyonnaise des eaux confronte les résultats de ces méthodes alternatives aux résultats obtenus par les méthodes de référence NF-EN-ISO 9308-3 et NF-EN-ISO 7899-1. En considérant les seuils de la nouvelle directive européenne 2006/7/CE, les résultats montrent une concordance dans respectivement 80,9 % et 86,9 % entre les méthodes MER® et GEN-SPOT® par rapport à la méthode de référence pour des échantillons d'eau marine. Cependant, malgré des coefficients de corrélation proches, l'analyse MER® ne semble pas aussi répétable que GEN-SPOT® : les valeurs des coefficients de variation calculés sur au moins 4 répétitions d'analyse MER® d'un même échantillon varient en fonction des lieux de prélèvement. De plus, une absence de corrélation entre l'analyse MER® et la méthode normalisée est observée pour certaines plages qui ont la particularité d'être localisées dans des zones de rejet d'importants ruisseaux ou fleuves. De même, la salinité du milieu (mélange eau douce/eau salée généré par ces rejets), ainsi que la présence de chlorophylle, de microalgues ou d'ions métalliques (fer, manganèse, etc.) dans les eaux de baignade peuvent interférer dans les mesures enzymatiques par fluorescence. La qualité de l'eau analysée peut alors influencer le résultat de la technique MER®.

D'une manière générale, les concentrations en bactéries indicatrices de contamination fécale mesurées par ces deux méthodes alternatives sont en général plus élevées que celles mesurées par la méthode normalisée basée sur la culture. Rappelons que l'une des principales limites des méthodes standards actuelles basées sur la culture est leur incapacité à détecter les bactéries viables mais non cultivables (VNC) suite à un changement de leurs conditions environnementales induisant un stress métabolique. L'étude de ces formes VNC est un domaine actif de la recherche en microbiologie, afin de montrer notamment la reviviscence possible de ces bactéries VNC et leur pouvoir pathogène potentiel. *A contrario*, les méthodes alternatives proposées permettent d'évaluer l'ensemble des bactéries métaboliquement actives mais pas obligatoirement capables de se multiplier. Cette « discordance » se révèle tout particulièrement sur des échantillons prélevés lors d'événements pluvieux ou 2 à 5 h après un déversement du réseau d'assainissement dans le milieu naturel. Les méthodes alternatives révèlent alors des niveaux de pollution supérieurs aux valeurs limites fixées par la réglementation qui ne sont pas mis en évidence par la méthode de référence. On peut alors s'interroger sur l'impact sanitaire de tels échantillons d'eaux de baignade qui sont analysés comme conformes par la méthode de référence. L'application de ces méthodes alternatives conduirait ainsi à une prise de décision en faveur du principe de précaution vis-à-vis de la santé des baigneurs.

En conséquence, une corrélation « parfaite » entre les méthodes alternatives et les méthodes de référence ne peut être obtenue. Les outils d'analyse à temps de réponse court sont utilisés uniquement pour la mise en place d'alertes, leur utilisation doit être couplée à l'application d'une méthodologie de surveillance active, basée sur la compréhension des phénomènes de pollution et de vulnérabilité du site. Il est par ailleurs important de souligner que le risque de maintenir l'ouverture d'une zone de baignade par l'utilisation d'une méthode rapide, alors qu'une contamination pourrait être détectée par la méthode normalisée est faible (0,9 % pour l'approche GEN-SPOT® et 5,7 % pour MER®, au regard de la future réglementation).

Conclusion

La qualité des eaux de baignade devient plus sensible dans les choix touristiques des Européens et même si le risque se limite généralement pour le baigneur à une otite, des irritations cutanées ou des troubles intestinaux, la qualité de l'eau participe désormais à la réputation, à la promotion et à la notoriété des stations balnéaires.

Grâce à un dispositif global de mesures comprenant le diagnostic des sources de pollution, les plans d'amélioration des infrastructures d'assainissement (...), les analyses des eaux « en temps réel » et un système d'aide à la décision (fermeture et réouverture d'une plage), l'attention accordée à nos eaux de baignade est passée de simples prélèvements et analyses à une véritable gestion intégrée de la qualité.

Bibliographie

[1] OMS, (2004), Directives pour la sécurité des eaux de baignade. Volume 1 - Eaux côtières et eaux douces. 15 pages.

[2] Gantzer C., Dubois E., Crance J.-M., Billaudel S., Kopecka H., Schwartzbrod L., Pommepuy M., Le Guyader F., (1998), Devenir des virus entériques en mer et influence des facteurs environnementaux. Oceanologica acta, 21 : 983-992.

[3] Conseil Européen (08/12/1975), Directive du conseil européen concernant la qualité des eaux de baignade. Journal officiel n° L031 du 05/02/1976.

[4] Barrell R.A., Hunter P.R., (2000), Microbiological standards for water and their relationship to health risk. Communicable Disease and Public Health, 3 : 8-13.

[5] Parlement Européen (15/02/2006), Directive du Parlement européen et du Conseil concernant la gestion de la qualité des eaux de baignade et abrogeant la directive 76/160/CEE.

[6] Edberg S.C., Rice E.W., Karlin R.J., Allen M.K., (2000), *Escherichia coli* : the best biological drinking water indicator for public health protection. Journal of Applied Microbiology, 88 : 106S-116S.

[7] Kay D., Fleisher J.-M., Salmon R.L., Wyer M.D., Godfree A.F., Zelenauch-Jacquotte Z., Shore R., (1994), Predicting likelihood of gastroenteritis from sea bathing ; results from randomized exposure. Lancet, 344 : 905-909.

Le thermalisme : des contraintes réglementaires... à l'élaboration d'un guide de bonnes pratiques

Anne-Estelle De Boisseson, Céline Ohayon-Courtès

Le thermalisme français revêt quelques particularités liées à son cadre juridique, qui le place clairement dans les activités de soins, ce qui induit de fortes contraintes de sécurité sanitaire. Les principaux textes législatifs et réglementaires sont regroupés dans les codes de la santé publique et de la sécurité sociale.

En quelques chiffres

Le thermalisme français concerne près de cent villes thermales, qui exploitent plus de 1 000 sources d'eaux minérales et traitent autour de 500 000 curistes pris en charge par l'assurance maladie chaque année. Cela représente 9 à 10 millions de journées de soins, soit environ 0,3 % du budget de l'assurance maladie. Cette activité génère 13 800 emplois directs, dont 600 médecins thermaux et 6 000 personnels soignants. La répartition géographique du thermalisme est inégale sur la France car elle est regroupée sous une diagonale nord-est sud-ouest. De plus, la fréquentation consacre quatre régions principales : Aquitaine, Languedoc-Roussillon, Rhône-Alpes et Midi-Pyrénées (figure 1).

L'assurance maladie reconnaît le thermalisme pour différentes pathologies relevant de 12 orientations thérapeutiques (figure 1), chaque établissement thermal pouvant en revendiquer deux ou trois. Cependant, aujourd'hui la grande majorité des curistes (73 %) fréquentent les établissements thermaux pour diverses indications en rhumatologie et séquelles ostéo-articulaires. Viennent en second lieu, les indications des voies respiratoires (11 %) et des maladies métaboliques urinaires ou digestives (4,5 %).

Autre fait marquant, la population de curistes est le plus souvent âgée de plus de 60 ans, comme le montre une enquête Sofres réalisée sur 110 000 curistes en 2006 (68 %). Il s'agit donc principalement de personnes retraitées (77 %). La part de femmes est de l'ordre de 65 %.

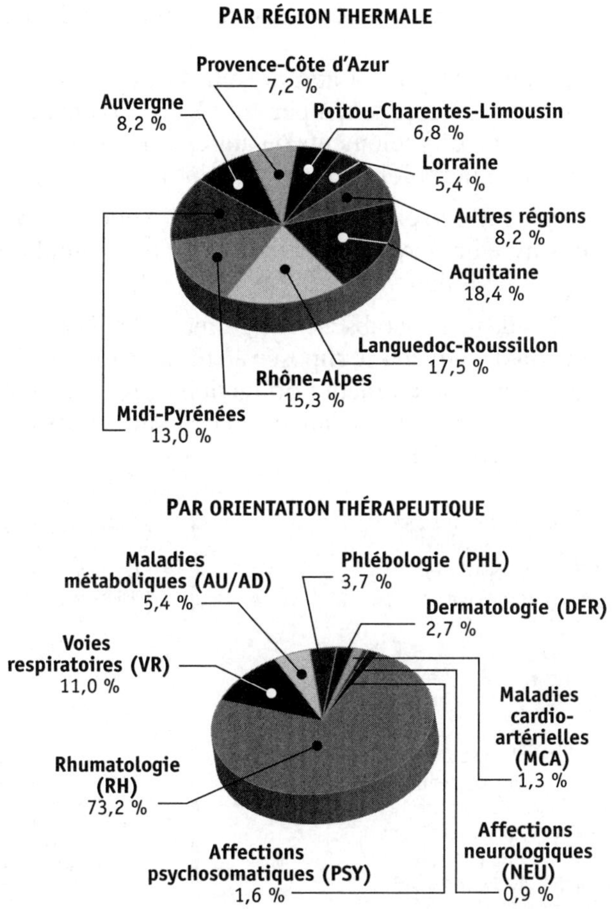

Figure 1. Fréquentation des curistes, année 2007

Le cadre juridique

Le code de la santé publique définit le thermalisme comme l'utilisation à des fins thérapeutiques, dans un établissement thermal, d'une eau minérale naturelle et de ses produits dérivés. Il établit de ce fait un cadre législatif et réglementaire pour l'eau minérale, matière première essentielle et assimilable à un médicament. L'établissement thermal est donc considéré comme un établissement de santé, nécessitant ainsi la mise en place d'une sécurité sanitaire.

Cette sécurité sanitaire est confortée par le principe de base inscrit dans l'article L1322-2 du code de la santé publique : « Toute personne qui offre au public de l'eau minérale, à titre onéreux ou à titre gratuit et sous quelque forme que ce soit, est tenue de s'assurer que cette eau est propre à l'usage qui en est fait ».

On entend par eau minérale naturelle, une eau possédant des caractéristiques particulières :
- origine souterraine et tenue à l'abri de toute pollution ;
- stabilité de composition et de température à l'émergence ;
- teneur en minéraux, oligoéléments ou autres constituants ;
- pureté originelle (microbiologiquement saine).

La reconnaissance d'une eau minérale naturelle et donc son autorisation d'utilisation doit suivre un déroulé réglementaire précis, impliquant des obligations de suivi pour le titulaire de cette eau (figure 2).

Outre l'obligation de résultat (absence de germe pathogène - arrêté du 19 juin 2000), une obligation de moyen est imposée au titulaire (art. R1322-29 du code de la santé publique) avec notamment l'obligation de mettre en œuvre des procédures permanentes d'analyse des dangers et de maîtrise des points critiques, basées sur la méthode HACCP.

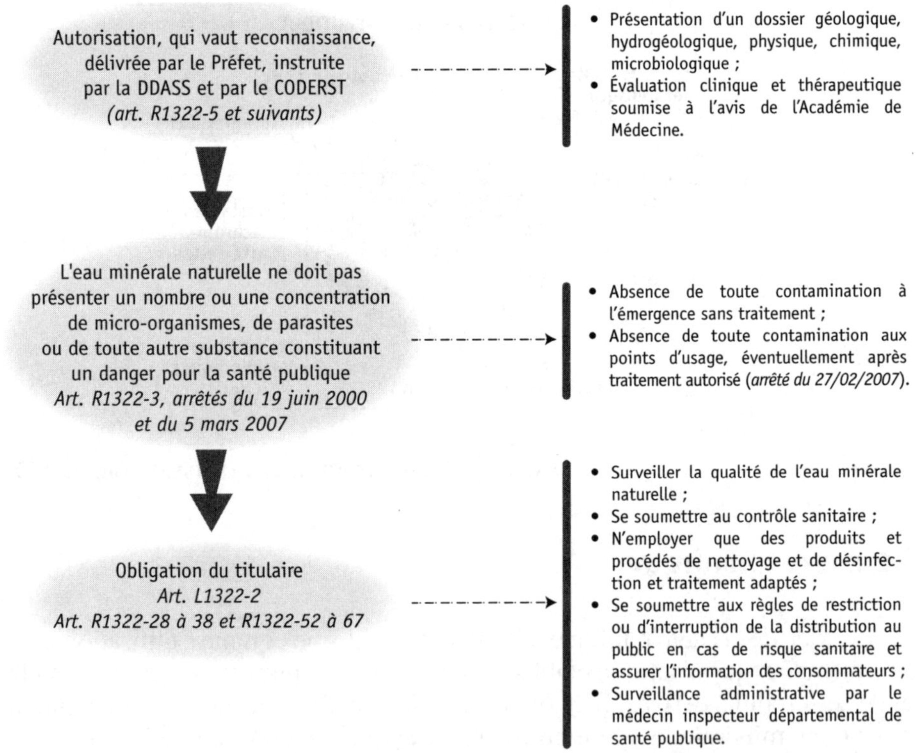

Figure 2. Procédure réglementaire relative aux eaux minérales

Le code de la santé publique impose, par ailleurs, le déploiement d'une surveillance « responsable » qui doit :
- comporter une partie principale fixée par arrêté et une partie complémentaire définie par l'exploitant ;

– être réalisée par un laboratoire interne (possédant un système d'assurance qualité) ou externe agréé ou accrédité ;
– mener à des résultats qui seront transmis au préfet.

Si cette surveillance met en exergue des non-conformités, il appartient à l'exploitant de dérouler différentes étapes :
– informer immédiatement le Préfet et les consommateurs ;
– mettre en œuvre sans délai toute mesure nécessaire pour faire cesser le risque, en allant jusqu'à la fermeture de l'établissement ;
– effectuer une recherche des causes et en informer le préfet ;
– ne remettre à la disposition du public qu'après le retour à la normale.

À cette surveillance est associé un contrôle sanitaire :
– un programme d'analyse fixé par arrêté ministériel (en cours de révision) aux points de prélèvement fixés par le préfet ;
– un programme complémentaire imposé par le Préfet en cas de risque sanitaire identifié.

Il est réalisé par un laboratoire régional agréé par le ministère de la santé, principalement sur les critères de qualité microbiologique. La mise en application est de la compétence des DDASS. L'ensemble de ces mesures implique la nécessité de déployer un système de management de l'assurance de la qualité.

Une démarche avant-gardiste

Dans le cadre de la dernière convention nationale thermale, la nécessité d'une démarche qualité au sein de chaque établissement est apparue dès 2006. Le Conseil national des établissements thermaux (CNETh), représentant de la profession, a voulu une démarche collective et spécifique au métier thermal. Pour cela, un comité de pilotage pluridisciplinaire de 21 personnes a été constitué, regroupant des :
– institutionnels : la DGS, la Haute autorité de santé ;
– associations professionnelles : association scientifique européenne pour l'eau et la santé (ASEES), association française des techniques hydrothermales (AFTH), société française d'hygiène hospitalière (SFHH) ;
– représentants des différents établissements thermaux ;
– spécialistes du thermalisme...

Des groupes de travail ont également permis d'aborder la diversité des eaux minérales naturelles, des établissements thermaux et des dérivés employés dans les thermes (boues thermales, gaz thermaux, vapeurs thermales). Pour exemple, le comportement d'une eau ferrugineuse ne sera pas identique à celle d'une eau sulfurée.

Cette anticipation de la nouvelle législation, parue depuis, a donc mené à l'élaboration d'un guide de bonnes pratiques professionnelles, le *Guide des bonnes pratiques thermales* (GBPTh). Ce guide s'applique à la production, à l'exploitation et la distribution de l'EMN et des dérivés thermaux au sein des établissements thermaux depuis le captage, la zone d'extraction ou l'achat jusqu'aux points d'usage.

À l'exception des soins, certains éléments complémentaires sont aussi pris en compte dans le guide :
– les règles d'hygiène concernant le personnel et les curistes ;
– les locaux et les postes de soins ;
– les risques environnementaux.

Ce guide a été élaboré sous le couvert d'un système qualité à partir d'une adaptation de la méthodologie HACCP (Hazard Analysis Critical Control Point). La méthode HACCP est essentiellement utilisée pour la maîtrise de la qualité de la production et de la distribution dans l'industrie alimentaire.

Elle permet :
– d'identifier et d'analyser les dangers spécifiques susceptibles d'affecter la qualité, de l'EMN, des boues, gaz et vapeurs thermales aux différents stades (production, transport, stockage…) ;
– de définir les moyens nécessaires à leur maîtrise ;
– de s'assurer que ces moyens sont mis en œuvre de façon effective et efficace.

Elle a été choisie, parmi d'autres méthodes, pour sa pertinence dans le cas du thermalisme.

La détermination de points critiques ou CCP (Critical Control Point) a permis de définir des étapes sensibles. Ces étapes sont celles pour lesquelles une action de maîtrise peut être appliquée et est essentielle pour prévenir ou éliminer un danger. Un CCP doit être mesurable (valeurs cible, seuil, limite…), si possible en temps réel et de façon continue (ISO 22000), des actions correctives doivent être prévues et pouvoir être mises en œuvre immédiatement en cas de dépassement de ces valeurs. Pour cela, une analyse de risque a été réalisée sur une quinzaine d'établissements thermaux. Elle a permis d'analyser et de visualiser les rapports pouvant exister entre un problème (effet), ses causes possibles et les mesures préventives mises en place.

Le nouveau guide des bonnes pratiques (GBPTh)

Ce GBPTh, outil pour la gestion du risque sanitaire, permet aux établissements thermaux :
– d'identifier les points réellement critiques en fonction des dangers identifiés ;
– de mettre en place des indicateurs « en temps réel » prédictifs de dérives ;
– de définir des actions correctives lors des dépassements de ces indicateurs ;
– et ainsi de gagner en réactivité.

En effet, les établissements thermaux travaillant en flux continu, il leur est impossible de retirer « un lot » à réception des résultats bactériologiques de surveillance.

Dans sa première partie, ce guide aborde donc l'ensemble des prérequis techniques et fonctionnels nécessaires à la bonne tenue d'un réseau d'eau thermale et des infrastructures nécessaires à la dispense des soins. Sa seconde partie, basée sur une approche de type HACCP, fournit un outil de mise en œuvre et de structuration d'un système qualité propre au fonctionnement d'un établissement thermal, quelles que soient la nature de ses eaux ou ses orientations thérapeutiques.

Au sein de ce chapitre figure un ensemble de « process types », applicables à chaque établissement (process de production d'eau thermale ou de boue thermale…). Il revient à l'établissement de retracer son « process type ». Certaines étapes de ces process sont définies comme « étapes critiques », étapes dont la maîtrise est nécessaire pour éviter la dérive du produit voire sa non-conformité. Pour exemple, le « process type » Eau minérale naturelle (EMN) est représenté sur la figure 3.

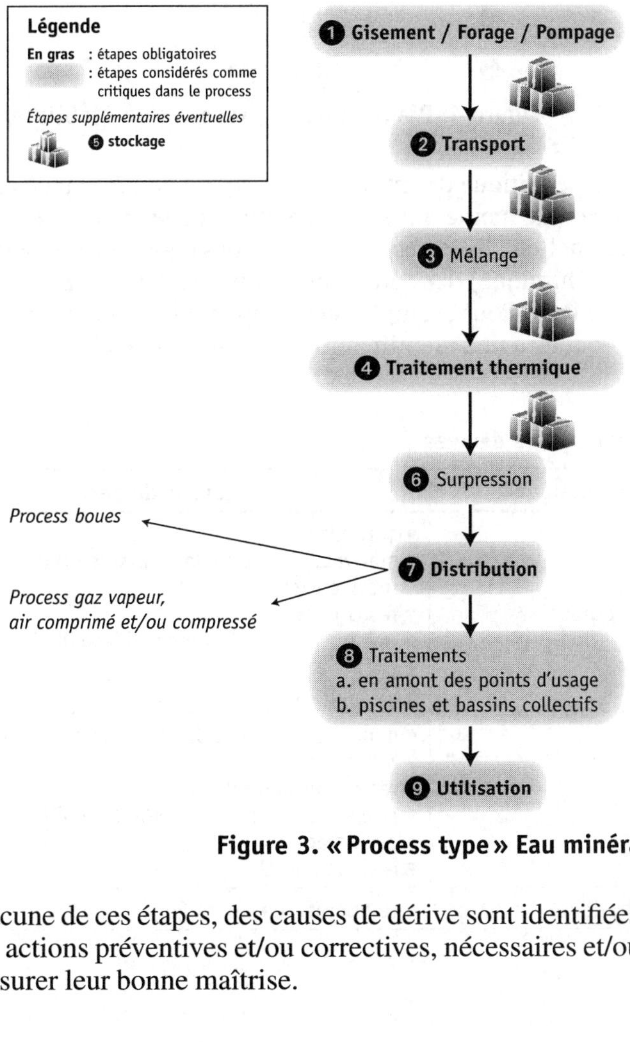

Figure 3. « Process type » Eau minérale naturelle

Pour chacune de ces étapes, des causes de dérive sont identifiées, et le guide propose des actions préventives et/ou correctives, nécessaires et/ou envisageables pour assurer leur bonne maîtrise.

Exemple

Après avoir constitué une équipe HACCP et fait une description complète de son produit EMN, un établissement élabore le diagramme de son process (figure 4).

❶ Gisement / Forage / Pompage
↓
❷ Transport
↓
❺ Stockage
↓
❻ Surpression
↓
❹ Traitement thermique
↓
❼ Distribution
↓
❾ Utilisation

Figure 4. Diagramme de process d'un établissement thermal

À chaque étape critique des process correspond un tableau de recommandations. Elles portent le même numéro permettant de les retrouver. Dans la grille d'auto-évaluation, l'établissement fait le bilan des dangers (biologique, physico-chimique et/ou chimique) des causes probables de dérive à partir des tableaux de recommandations. Pour exemple, sur l'étape critique de l'utilisation au poste de soins, on procède à une identification des dangers et à l'analyse des dérives (tableau 1).

Tableau 1. Analyse des dérives

Types de dangers	Causes de dérives
Biologique	• stagnation • mauvaise hygiène des curistes et/ou contamination inter-curiste • rétro-contamination • présence de particules solides (ORL) • entartrage • stagnation
Physico-chimique	• mauvaise hygiène des curistes et/ou contamination inter-curiste • rétro-contamination • présence de particules solides (ORL) • entartrage • résidus de ND
Physique	• température inadaptée

L'étape suivante consiste à vérifier si tous les prérequis sont respectés et les actions préventives (en terme de conception, d'exploitation et de surveillance) en place, en se reportant au tableau des recommandations correspondant. Concernant la dérive potentielle de contamination intercuriste, un des prérequis de fonctionnement consiste dans la mise en place d'un nettoyage et d'une désinfection entre chaque curiste et en fin de journée. Il est proposé en action préventive de mettre en place un carquois rempli de désinfectant pour placer la lance entre deux utilisations. Une procédure de nettoyage et désinfection associée sera écrite et évaluée. Une mini-formation sera programmée pour expliquer l'intérêt de cette amélioration et en favoriser l'observance. Puis, l'établissement déterminera une limite critique, qui sera validée dans le temps par une qualification analytique ainsi que le plan de surveillance et les actions correctives envisageables en cas de dérive.

La dernière étape consiste à développer le système de surveillance qui permettra de valider l'efficience de l'action : absence de germes pathogènes au point d'usage, bonne réalisation de l'action par les agents thermaux. Si cette surveillance montre une déficience, l'action corrective préétablie sera lancée. Ces différentes actions feront l'objet d'un enregistrement. L'analyse des différents enregistrements permettra lors de révisions régulières d'améliorer le système en place.

Conclusion

L'application « pas à pas » de ce guide doit permettre à l'établissement de mettre en place un système qualité efficient pour organiser son activité (architecture documentaire), d'évaluer et de mesurer ses performances (indicateurs de mesures), d'améliorer en continu son fonctionnement (passage d'une maintenance corrective à une maintenance préventive).

Près de deux années d'efforts conjoints ont permis la rédaction de ce guide (CNETh, HAS, DGS, usagers...). Un accompagnement financier et technique est proposé par le CNETh aux établissements pour leur permettre l'appropriation de cet outil de référence dans les meilleures conditions.

Alliant expertise thermale (sanitaire et technique) et standards qualité (HACCP), la profession thermale se dote aujourd'hui d'un véritable référentiel métier, qui pourrait la conduire à terme à une forme de labellisation ou certification, offrant ainsi :

- aux curistes :
  - des soins avec un environnement sanitaire plus sécurisé,
  - une transparence totale sur la gestion des matières premières,
- à l'établissement :
  - un renforcement de la confiance auprès de l'autorité de tutelle (ministère de la santé).

Le lac Baïkal ou les réalités d'un mythe

Brigitte De Peufeilhoux

Introduction

Le lac Baïkal est situé dans l'oblast (région) d'Irkoutsk en Fédération de Russie. De part sa superficie de 768 000 km^2, soit 4,6 % de la superficie totale de la Russie, et sa proximité avec la Chine, c'est une région hautement stratégique.

Il y a 25 millions d'années, à l'ère tertiaire, une faille tectonique s'est produite dans cette région extrême, région toujours aussi sismique. Le lac Baïkal était né, avec une particularité dominante, le gigantisme. Ce lac, – 258 fois le lac Léman en volume, l'équivalent de la Belgique en superficie, et de la France pour son bassin versant –, est exceptionnel à plus d'un titre, mais c'est d'abord une légende :

> « Baïkal est un vieil homme, – dit la légende – et ce vieil homme n'avait qu'une fille, prénommée Angara. Elle était gâtée par son père et tous deux vivaient paisiblement. Mais un jour, la belle Angara se laissa séduire par le terrible et vilain Iénisséï qui court vers le Nord, jusqu'à la mer de Kara (à droite de la mer de Barents) aux minces banquises. Un soir où le vieux Baïkal dormait, elle s'enfuit en traversant le lac. Son père tenta de lui barrer la route avec un énorme rocher, mais la belle le contourna facilement et se fraya un chemin pour rejoindre l'Iéniseï et gagner avec lui l'Océan Arctique. »

Le « Rocher du Chaman » est toujours au milieu du fleuve et l'Angara est toujours la seule rivière qui ait réussi à quitter le lac. C'est, depuis ce jour, que le Baïkal est devenu un vieillard colérique, dont les tempêtes – les fameuses « bargouzines » – peuvent être très impressionnantes.

Le lac Baïkal mérite également l'intérêt que nous devons lui porter, pour 5 principales observations que nous allons développer plus en avant.

Une formation géologique spécifique

Comme indiqué précédemment, la formation du lac Baïkal remonte à l'ère tertiaire, il y a vingt-cinq millions d'années. Il est donc considéré comme le plus ancien lac du monde. Habituellement, le destin géologique d'un lac est de disparaître par « colmatage ». Le lac Baïkal a échappé à ce sort parce qu'il est d'une profondeur exceptionnelle. Il s'agit en fait de « graben » (fossés d'effondrement tectonique) entourés de hauts sommets. Dans son état actuel, la profondeur moyenne du lac est de 731 mètres et se présente comme une succession de trois fossés d'effondrement. Le premier (– 1 473 mètres), au Sud, se termine à l'embouchure de la Selenga, le second (– 1 741 mètres) s'étend jusqu'à une ligne jalonnée par le Nord de l'île d'Olkhon, les îles d'Oushkany et le Cap Baloukan, où les fonds remontent à 400 mètres. Enfin, le troisième (– 983 mètres) correspond à la partie la plus large du lac, au Nord. Il s'agit donc du lac le plus profond du monde. Les Monts Baïkal et les Monts Iablonovyi qui entourent le Baïkal, font plus de 2 500 mètres. C'est pourquoi ses rives sont très abruptes. La longueur du lac Baïkal est de près de 640 km, et sa largeur de 80 km. L'étendue de la ligne côtière est de 2 000 km. Il est alimenté par 544 affluents, mais n'a cependant qu'un seul exutoire : l'Angara. L'annexe 1 présente les caractéristiques du lac.

Une autre particularité du lac Baïkal est qu'il est possible de se baigner dans diverses sources chaudes (35) dans la partie Nord-Est et Nord-Ouest du lac, qui servent à l'alimentation de stations thermales. L'eau soufrée sort du sol entre 40 et 50 degrés avec un débit de 70 à 80 litres/secondes.

Une faune et une flore riches

Les eaux du lac Baïkal sont l'habitat naturel de nombreuses plantes et espèces animales. Elles constituent un écosystème unique. On compte actuellement 3 500 espèces et sous-espèces baïkaliènes dont 2 491 animales et 1 085 végétales. De plus 60 à 90 % des espèces sont endémiques. Par comparaison, le lac Titicaca compte 200 espèces animales et le Tanganyika reconnu comme d'une remarquable richesse, en abrite près de 1 250 au total.

La faune est abondante et riche. L'origine de près de 1 200 espèces, remonterait en partie au tertiaire : trigle-lyres, cottidés, corégones, esturgeons, crustacés amphipodes, aselles et surtout le golomyanka, qui est un poisson original, sans écaille et transparent, vivant dans les profondeurs du lac entre – 500 m et – 1 000 m et qui est presque uniquement constitué de graisse ! Si, par mégarde le golomyanka est amené en surface, à la pression atmosphérique, il éclate en laissant à sa place une petite tâche d'huile.

Une seule espèce animale à sang chaud vit dans le lac Baïkal, le nerpa ou phoque d'eau douce. Comment ces phoques sont arrivés là, en eau douce ?

Quelques hypothèses ont été émises, dont celle-ci : de vaillants phoques de l'océan glacial arctique auraient migré par les fleuves Ienisseï et Angara avant d'atteindre les eaux douces du lac Baïkal, quelle expédition ! Leurs particularités anatomiques sont des griffes plus longues afin de mieux s'agripper à la glace du lac, plus dure que celle de la banquise arctique, et leurs dents différentes, plus adaptées aux petits poissons locaux. L'animal pesant en moyenne une cinquantaine de kilos est vorace, et engloutit près d'une tonne de poissons par an. Par chance ce ne sont pas ceux qui intéressent les pêcheurs locaux. Le réchauffement climatique fait que depuis quelques années, des bébés nerpas tombent dans l'eau et se noient, après la mise bas entre deux plaques de glace, le lac Baïkal n'étant plus gelé en permanence d'octobre à mars.

Le poisson le plus apprécié et donc le plus pêché est l'omoul car il est effectivement délicieux sous toutes ses formes, cru, en barbecue, etc.

Une qualité d'eau exceptionnelle

On remarque que la composition de l'eau du lac Baïkal est très pure car faiblement minéralisée. Le volume du lac est estimé à plus de 23 000 km^3 et représente environ 20 % des réserves en eau douce du monde et l'équivalent de 40 ans de la consommation mondiale d'eau domestique. Sa transparence est très grande, avec dans les meilleures conditions, un disque métallique de 30 cm (de Secchi) visible à plus de 40 m de profondeur. Cette transparence exceptionnelle est généralement celle des lacs de montagne, sertis dans des roches à faible altération. Seule la mer des Sargasses, à l'Ouest des Bermudes, serait plus transparente (ce même disque reste visible à 66 m). Cette qualité rare s'explique de plusieurs façons :

– les rivages sont très rocheux et les pentes abruptes (peu de vases) ;
– la matière organique en suspension est vite décomposée à la suite de processus biochimiques complexes, ou se dépose à de grandes profondeurs ;
– les algues diatomées – ou unicellulaires – assimilent la silice en suspension et l'entraînent dans les sédiments profonds.

La couleur de l'eau du lac Baïkal est proche de celle de la mer : tantôt bleu profond, tantôt bleu-vert, émeraude ou grise, selon le temps et les saisons. En août, elle est le plus souvent verte car les algues prolifèrent. La couleur dominante est cependant le bleu vert, même près des rivages.

L'eau est utilisée pour les besoins domestiques des populations riveraines, mais aussi, depuis de nombreuses décennies, pour une usine de cellulose, ce qui pose de graves problèmes de pollution, notamment en aval de la rivière Angara, qui arrose la ville d'Irkoutsk.

Récemment, l'usine qui emploie 2 000 personnes, devait être fermée suite aux préconisations de l'UNESCO et de la Banque mondiale, mais ce projet a échoué car la Chine continue d'acheter les 200 000 tonnes de cellulose et les

12 000 tonnes de papier d'emballage. Une action en justice, à l'encontre de l'usine papetière vient d'être lancée pour « pollution des eaux ».

Pour la consommation directe, l'eau est généralement prélevée à 400 m de profondeur. Elle est utilisée telle quelle, toujours sans traitement, pour la fabrication de la Vodka. La réputation de pureté et de qualité de cette eau est un argument de vente attesté depuis longtemps, ce que le corps médical ne remet pas en cause à ce jour.

Comme nous l'avons écrit précédemment, l'énorme quantité d'eau douce disponible, sa qualité exceptionnelle, font que l'on peut justifier des projets d'exploitation industrielle, ciblés sur l'agroalimentaire (usine d'embouteillage pour l'eau de boisson) ou la biopharmacie dermato-cosmétique. La Chine convoite particulièrement l'eau du lac Baïkal étant donné ses importants besoins. Une usine d'embouteillage est actuellement à l'étude. La France a une grande expérience dans ce domaine et des contacts avec certaines entreprises spécialisées ont été pris.

La place du lac Baïkal dans l'histoire et la nature

Ce lac, fameux pour sa beauté, fut célébré par de nombreux poètes et écrivains, ainsi que par les chansons populaires. Elles se sont exprimées notamment en Paléosibérien ou Paléoasiatique : ces langues sans parenté connue, sont encore parlées dans le nord et l'est de la Sibérie (Tchouktche, Gilyak, Ioukajir...). Le lac Baïkal a été inscrit le 7 décembre 1996 sur la liste du patrimoine mondial naturel de l'UNESCO.

Le tourisme

Lors du 3e Forum économique du Baïkal qui s'est tenu à Irkoutsk du 12 au 14 septembre 2002, les autorités ont examiné les problèmes de développement du « tourisme écologique » sur un axe « Baïkal-Asie-Mongolie », incluant donc la Mongolie. Nous sommes un des partenaires depuis 5 ans, dans ce pays dont les problèmes d'eau sont dramatiques et risquent de poser de très sérieuses complications dans les années à venir, entre les 2 pays qui partagent un important fleuve : la Selenga. La Mongolie envisageait de le « dévier » !

Le domaine du « Tourisme » est en pleine expansion en Fédération de Russie. En 2006, un audit économique a été réalisé sur les 89 oblast. À l'issue de cet audit, un concours a été organisé et Irkoutsk a été classée numéro 1 par le gouvernement fédéral. L'axe de développement, décidé en 2007, s'est porté sur la mise en place d'une politique du tourisme international. À la demande de la vice-gouverneur chargée du tourisme, un expert français est resté trois semaines sur place pour réaliser un audit touristique de la région. Il manque d'une façon évidente des formations aux carrières du tourisme international et des accords de partenariats sont en cours de réalisation.

Par ailleurs, l'institut de limnologie d'Irkoutsk avait sollicité notre organisme (voir annexe 2) pour les aider à créer un aquarium sur les bords du lac Baïkal. Aujourd'hui, l'aquarium existe et attire de très nombreux visiteurs.

Des stations de balnéothérapie sont également en cours d'installation. Les spas rencontrent notamment un très grand succès qui vient en partie de l'utilisation des plantes et des fruits récoltés aux abords du Baïkal.

La Mongolie est un pays très en vogue touristiquement parlant. Il y a tout à organiser ou à réorganiser. Nos pourparlers avec les autorités compétentes sont en très bonnes voies.

Conclusion

Alors que tous les pays s'accordent à dire que l'eau est un enjeu mondial, les lacs d'une façon générale, sont souvent en « très mauvaise santé ». Où que ce soit, la déforestation est, année après année, plus importante et leur bassin versant est la source de déversement de polluants urbains et/ou industriels. Par ailleurs, les usines d'embouteillage représentent un prélèvement important. Enfin, le tourisme, quand il est « bien » organisé, peut être un facteur économique, mais quand il ne l'est pas devient un facteur lui aussi « polluant ». Tout ce qui est évoqué ci dessus est, hélas, ce que nous avons rencontré sur et autour du lac Baïkal.

Comment protéger ou faire protéger cette eau qui est pourvoyeuse de maladies et constitue une menace pour la santé publique, pour les espèces sauvages ainsi que pour l'économie, les sources de revenus, comme la pêche et le tourisme ?

« Éduquer pour mieux préserver » est l'objectif des universités, membres de la « Chaire de l'eau douce du Baïkal » (voir annexe 2), avec pour but de réaliser une base de données communes exhaustive, qui, en partant des expériences des lacs européens, pourraient favoriser la création, à Irkoutsk, d'une méthodologie pour aider à préserver cette grande réserve d'eau douce qu'est le lac Baïkal.

Enfin, nous travaillons à un projet important de création à Paris de la « Maison du Baïkal », sorte d'observatoire scientifique et office de tourisme des lacs. Le lac Baïkal est l'objet de projets éco-touristiques, aussi conviendrait-il de développer dès aujourd'hui des infrastructures raisonnées et cohérentes, en relation avec un développement durable, c'est-à-dire respectueuses d'un environnement préservant la pureté du lac.

Annexe 1

Principales données relatives au Baïkal

Bassin versant:	539 500 km² (la France: 551 602 km²)
Surface du plan d'eau:	31 685 km² (superficie de la Belgique)
Volume:	23 000 km³
Longueur:	636 km
Plus grande largeur:	79 km
Profondeur maximum:	1 741 m
Altitude:	445 m
Pente moyenne du plancher:	4 %
Nombre d'îles:	36
Nombre d'affluents:	544 dont 324 pour la rive Ouest et 220 pour la rive orientale
Transparence max:	42 m
Degré de minéralisation:	96,6 mg/L de sels dissous
Faune et flore:	plus de 500 espèces animales endémiques, dont 50 espèces de poissons, et 1 085 espèces végétales
Épaisseur des sédiments:	plus de 7 km, représentant un volume de 46 000 km³ (soit le double du volume du lac)
Nombre de sources chaudes:	environ 35

Profondeur des épicentres des séismes: 22 à 24 km

Épaisseur de la croûte terrestre au niveau du lac: 38 à 42 km

Annexe 2

L'association Europe-Baïkal est une ONG reconnue par l'UNESCO, fondée en 1993, avec comme objectifs de:

– coopérer à la sauvegarde du patrimoine architectural du XVIIIe siècle d'Irkoutsk-Sibérie orientale (Fédération de Russie);

– promouvoir le lac Baïkal et sa région aux plans scientifique, économique et touristique;

– développer les échanges de savoir-faire et les recherches entre professeurs et étudiants russes et européens;

– contribuer au développement des liens culturels et économiques entre la Russie et la France;

– assurer la mise en œuvre et le suivi de la « Chaire de l'eau douce du Baïkal » (programme UNESCO).

Ses principales réalisations sont les suivantes:

– Europe-Baïkal a été l'instigatrice du jumelage entre l'École d'architecture de Bordeaux (France) avec l'École d'architecture d'Irkoutsk, ce qui a permis de faire l'inventaire des bâtisses d'exception: sur un parc de 1 500 très belles maisons, 300 d'entre elles ont pu être sauvées;

– restauration entre 1994 et 1998 de la Maison Chastine (XVIIIe siècle), inaugurée le 24 septembre 1999 par l'ambassadeur de France de l'époque, M. Hubert Colin de Verdière; elle devient la première, et toujours seule à ce jour;

– création de la « Maison de l'Europe » en Fédération de Russie;

– aide à la constitution de très nombreuses équipes de haut niveau scientifique, tant en Europe qu'en Fédération de Russie et en Bouriatie, ainsi que d'une abondante documentation technique sur le lac Baïkal ;

– signatures de conventions de partenariat avec l'université de Bordeaux III – Michel de Montaigne, l'École centrale, le Pôle universitaire européen de Nancy-Metz, le CNRS Italien, l'École polytechnique de Lausanne, l'Académie royale de Belgique, l'université d'État de Silesia Sosnowiec en Pologne ;

– création dans le cadre des programmes UNITWIN/UNESCO, de la première « Chaire universitaire de l'eau douce » dite BACH (BA-CH) ;

– participation à plusieurs symposiums et conférences sur l'eau ;

– organisation de nombreuses missions économiques en France et en Fédération de Russie.

Gestion de l'eau dans les structures hôtelières

Sylvain GOUYER

Introduction

Spécialiste du séjour de vacances haut de gamme, multiculturel et convivial, le Groupe Club Méditerranée emploie 18 000 salariés de 90 nationalités, dans 26 pays sur tous les continents (avec 80 villages et le cinq-mâts de croisière Club Med 2).

Depuis ses origines, du fait de ses implantations pionnières et de la nécessaire autonomie que cela implique, les équipes d'exploitation ont développé une forte culture « environnementalement responsable ». En 2005, le groupe s'est doté d'une direction du développement durable, avec pour première mission de définir une politique environnementale structurée et de rassembler l'ensemble des équipes pour la mettre en œuvre autour d'objectifs communs, comme par exemple la gestion de l'eau.

Dans ce cadre, ce travail présente brièvement des retours d'expérience sur quelques améliorations dans la gestion de l'eau dans les structures hôtelières du Club Med avec des illustrations concrètes de réalisations (les résultats obtenus, et les freins rencontrés).

Structure traditionnelle d'un site

La figure 1 ci-après présente une structure traditionnelle d'un site Club Med avec son cycle de l'eau plus complet que dans l'hôtellerie classique : les sources (eau de surface ou eau souterraine qui sont traitées, conditionnées, distribuées en interne), les usages (pour les espaces verts, l'hébergement, la restauration et les activités sportives), et enfin l'assainissement et le recyclage (réutilisation de l'eau traitée pour les besoins en irrigation ou un rejet propre dans le milieu naturel).

Figure 1. Structure traditionnelle d'un site Club Med

Cette autonomie traditionnelle complète repose d'abord sur des hommes compétents, attentifs, et a engendré des comportements responsables : produire, distribuer et recycler son eau donne conscience du caractère précieux et fragile de cette ressource, au-delà des aspects purement économiques. L'obligation de résultat et le souci de sécurité de nos usagers ont conduit à la mise en place d'outils de suivi et d'aide à la gestion de l'eau, et une permanente recherche d'améliorations à mettre en œuvre, dans une démarche qui s'inscrit aujourd'hui pleinement dans celle du développement durable.

Outils de pilotage

Outre un suivi de terrain rigoureux, la déclinaison d'une stratégie de développement durable a été une opportunité pour déployer un outil de « reporting » environnemental baptisé « Tech Care » qui permet désormais de disposer aisément et régulièrement de données consolidées, fiables, contrôlables et pertinentes mais aussi d'indicateurs adaptés et homogènes, et ainsi de mesurer nos performances et les communiquer efficacement. Dans le domaine spécifique de l'eau, nous disposons de 2 niveaux de suivi :

– des outils de pilotage local :
  • le livre de bord « eau » qui regroupe les données techniques, autorisations administratives, analyses physico-chimiques et bactériologiques, protocoles et suivis de traitement, modification des réseaux, etc. ;
  • un module de la solution web « Tech Care » qui a été spécifiquement développé pour le suivi journalier des consommations directement à partir des index de comptage.

– des modules de pilotage global dans l'application « Tech Care » :
  • le suivi des consommations mensuelles ;
  • les analyses comparatives entre sites, par groupe de typologie équivalente ;
  • le pilotage de plans d'action ;
  • les indicateurs environnementaux, synthèses et rapports associés.

« Tech Care » traite aujourd'hui les données de l'ensemble des sites du Club Med, et est devenu indispensable dans le management durable des villages, pour répondre à la fois aux exigences réglementaires et opérationnelles tout en maîtrisant les risques. Il permet d'analyser, de piloter, et d'améliorer la performance du groupe en matière environnementale, tout en assurant la transparence et la fiabilité des informations collectées, et de sensibiliser les équipes d'exploitation et plus particulièrement les responsables techniques des villages aux problématiques environnementales (figure 2).

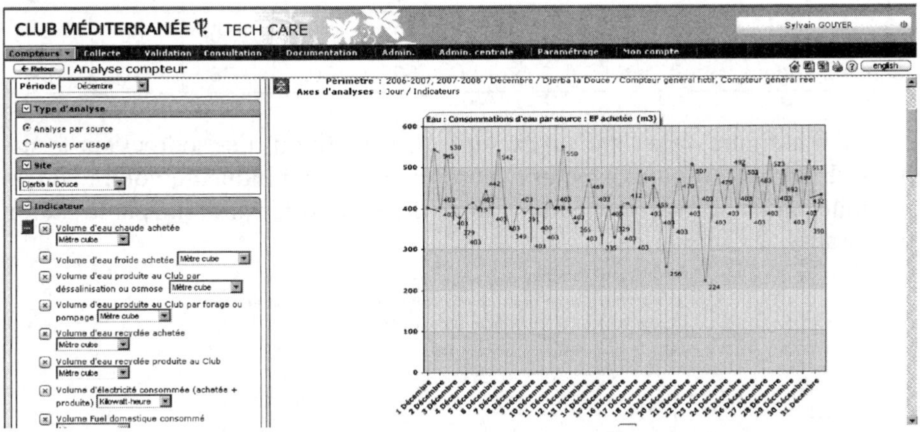

Figure 2. « Tech Care » (pilotage local) : exemple de consommation en eau avec une vision graphique des données

Un deuxième exemple de l'utilisation de « Tech Care » présenté dans le tableau 1 ci-après est le suivi de la pluviométrie comme indicateur environnemental dans différents villages Club Med très utile par exemple pour évaluer le besoin en arrosage des espaces verts, et vérifier la cohérence avec les consommations.

Tableau 1. Exemple de suivi pluviométrie

Contexte local : contraintes climatiques locales pluviométrie mensuelle (mm)	1032	1409	1509	1131	988
Agadir	37	29	0	22	18
Albion	30	80	100	80	150
Alpe d'Huez la Sarenne	–	–	–	–	0
Bora Bora	200	220	200	200	200
Chamonix Mont-Blanc	0	0	–	–	–
Cherating Beach	176	274	117	145	–
Colombus Isle	0	0	–	–	–
Deux-Alpes	10	10	10	10	10
Djerba la Douce	–	110	0	2	5
Kabira	95	87	45	64	288
Kani	187	181	143	40	66
Lindeman	25	110	620	450	150
Louxor	0	0	0	0	–
Metaponto	52	41	33	12	–
Otranto	104	48	41	19	40
Palmiye	0	–	12	17	12
Plagne 2100	60	200	150	60	–
Sant'Ambroggio	56	19	38	10	49

Enfin la figure 3 présente un exemple de répartitions des sources sur le site de Bodrum (en Turquie) avec une représentation graphique du volume d'eau produite par osmose inverse et du volume d'eau recyclée produite par la station d'épuration.

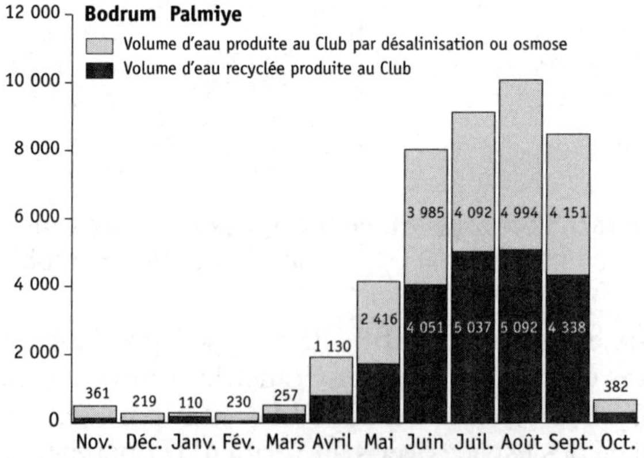

Figure 3. Exemple de l'évolution annuelle du volume d'eau produite, par source

Exemples d'actions d'amélioration

Comme exemples d'actions d'amélioration sont présentés :
– trois exemples sur les usages : la réduction de la consommation dans les hébergements, en cuisine et pour les espaces verts ;
– un exemple d'assainissement avec la station d'épuration à phragmites d'Albion.

Hébergements

La consommation d'eau dans les hébergements est importante sur un site hôtelier et d'autant plus coûteuse que cette eau est en grande partie chauffée. Dans le but de maîtriser cette consommation et de réduire les actions les plus efficaces à court terme et les plus simples ont été réalisées : la mise en place de régulateurs de débit sur les lavabos et les pommes de douches, mais aussi l'utilisation « d'Écoplaquettes » pour réduire la consommation d'eau dans les toilettes.

Le suivi des consommations montre parfois un temps de retour inférieur à 4 mois suite à ces deux actions, ce qui est particulièrement rapide. Il convient néanmoins de ne pas systématiser, car d'une part sur certaines installations cela peut révéler ou amplifier des perturbations qui nuisent au confort de l'usager (défauts d'équilibrage, variations importantes de pression, réseaux d'assainissement vétustes), et d'autre part, par exemple sur des sites équipés en stations d'épuration et dont le besoin en eau d'irrigation est important, le bon sens pousse à s'occuper d'abord de la mise en place de réseaux goutte à goutte pour réduire le besoin en eau avant de réduire indirectement la quantité d'eau disponible. L'étude au cas par cas reste un passage recommandé.

Le comportement des clients reste un paramètre difficilement contrôlable, qui a rendu indispensables des mesures telles que celles précédemment évoquées. Au-delà des simples recommandations sur les « bons gestes pour l'environnement », la clientèle devient cependant de plus en plus attentive aux mesures prises, et de plus en plus consciente du caractère précieux de l'eau.

Cuisines

Dans le domaine particulier des cuisines, l'introduction de nouvelles technologies a généré de grands progrès environnementaux et économiques, mais aussi provoqué des changements de comportement ou de perception de certains postes, tout en renforçant le niveau d'hygiène. La machine « Granuldisk » utilisée est un lave-batterie de cuisine, destiné au lavage des grosses casseroles, bacs et éléments de préparation, et de cuisson. Elle fonctionne sur le principe d'un sablage par projection de granules, d'eau chaude et d'une quantité réduite de détergent.

Les points forts de cette technologie de lavage sont :
– une diminution de la consommation d'eau : jusqu'à – 60 % (ce qui signifie que le poste de travail n'est plus une pataugeoire dans certains cas) ;
– une diminution de la consommation d'énergie : jusqu'à – 50 % (en particulier dans les sites de montagne ou l'eau froide est délivrée à une température de 2 °C à 4 °C) ;
– un gain important de productivité avec une rapidité de lavage (suppression du trempage et du récurage) ;
– une diminution dans la consommation de produits détergents : – 65 % (la tentation est toujours très forte lorsque l'on nettoie à la main un plat à gratin de rajouter une « petite » dose de produit « pour aider ») ;
– un gain de temps de travail (avec plus de confort) et de place (utilisation d'une surface réduite) ;
– plus d'hygiène avec des températures atteintes de 90 °C ;
– un respect de l'environnement et une amélioration du bien-être du personnel même si celui-ci présentait une méfiance importante au départ.

Un quart de nos sites sont aujourd'hui dotés de ce type d'équipements.

Espaces verts

Le souci de la maîtrise des consommations d'eau dans les espaces verts débute dès la conception d'un site, par l'évaluation de la ressource disponible et le choix de végétaux adaptés, ainsi que du système d'arrosage. Des réductions de consommation peuvent êtres obtenues ensuite par une estimation régulièrement actualisée des besoins réels en eau pour pouvoir optimiser la stratégie de programmation de l'arrosage. Dans la pratique l'utilisation des réseaux goutte à goutte (appelé aussi irrigation localisée) permet généralement une économie d'eau de l'ordre de 50 %. Dans tous les cas, un entretien soigneux et rigoureux des systèmes d'arrosage est indispensable pour ne pas voir dériver plus ou moins brusquement les consommations.

Enfin certaines expérimentations sont en cours sur des sites pilotes, comme par exemple :
– la réalisation d'un *putting green* expérimental (s'approchant du système constructif des toitures végétalisées), avec plusieurs variétés de gazons, divers modes d'arrosages, et différentes profondeurs de drainage, et dont les résultats sont attendus pour la fin de l'année 2008 ;
– des tests de gazons synthétiques de qualité comme revêtement des sols sportifs ;
– l'installation d'une petite station d'épuration (STEP) à phragmites réalisée en amont de notre STEP à boues activées du site de la Pointe aux canonniers pour prouver aux autorités locales mauriciennes l'efficacité de ce traitement avant la construction de notre installation de la plantation d'Albion.

Une des limites majeure dans le domaine des espaces verts est le frein administratif et réglementaire à la réutilisation des eaux épurées. Nous restons particulièrement attentifs aux évolutions dans ce domaine car contrairement aux réseaux d'assainissement publics qui peuvent être sujets à des déversements sauvages de peintures, huiles, graisses..., nous avons la chance de bénéficier d'une bonne qualité d'eaux usées traitées.

Station d'épuration à phragmites (la plantation d'Albion)

Les systèmes d'épuration des eaux usées par filtres plantés de roseaux (phragmites) sont (enfin) reconnus pour leur efficacité économique (optimisation financière de l'investissement, coûts d'exploitation très réduits) et par leur dimension environnementale (épuration naturelle, parfaite intégration paysagère, robustesse du procédé, pas d'utilisation de produits chimiques, pas ou peu de consommation énergétique). Le nouveau site Club Med de la plantation d'Albion (Île Maurice, Océan Indien) a été équipé dès sa construction d'une station d'épuration à phragmites composée de 4 bassins filtrants (3 920 m²). Elle est dimensionnée pour traiter 400 m^3/jour d'eaux usées avec un débit de pointe de 150 m^3/h.

Une filtration verticale est effectuée sur le premier étage et horizontale sur le second, sur des lits plantés d'espèces endémiques, soit 30 000 végétaux dont les oiseaux de paradis, cannes malgaches, *Arundo donnax*, *Typha dominengis*, *Cyperus papyrus*, *Vouns* (espèce locale de Typhas) et *Songes* (espèce locale de Taro). Ces plantes, comme les roseaux (*Phragmites australis*), résistent très bien à la sécheresse ainsi qu'aux précipitations cycloniques et apportent beaucoup d'oxygène au niveau de leurs racines (tiges creuses). Leurs racines puissantes percent en permanence la croûte arable qui se forme en surface permettant ainsi à l'eau de toujours bien pénétrer dans la masse de filtration.

Les filtres du premier étage, dont le massif filtrant actif est constitué de graviers fins, sont alimentés avec des eaux usées brutes, après un dégrillage classique. Les processus épuratoires sont assurés par des micro-organismes fixés, présents dans les massifs filtrants mais aussi dans la couche superficielle de boues retenues sur la plage d'infiltration. Les roseaux évitent le colmatage grâce aux tiges qu'ils émettent depuis les nœuds de leurs rhizomes (tiges souterraines) qui viennent percer les dépôts, ils créent également des conditions favorables à la minéralisation des matières organiques particulaires retenues.

Les filtres du deuxième étage, dont le massif filtrant est majoritairement à base de sable, complètent le traitement de la fraction carbonée de la matière organique, essentiellement dissoute, ainsi que l'oxydation des composés azotés.

Enfin, les objectifs de traitement visés correspondent aux standards de la réglementation Mauricienne (une équivalence peut être faite avec des eaux de qualité D4 – niveau de qualité « eaux de baignade » – selon la circulaire du 17 février 1997). Les eaux traitées sont rejetées, dans un bassin de stockage paysager de 1 400 m^3 et leur qualité permet ensuite une réutilisation pour l'irrigation, avec un taux global de recyclage de 80 %.

Les performances de la station d'Albion sont présentées dans le tableau 2. À noter que ces analyses complètes correspondent à la période de démarrage initial de l'installation, durant laquelle les plants sont continuellement maintenus irrigués afin de favoriser leur croissance rapide, et que cela entraînait un développement temporaire d'algues dans le second étage ainsi que le bassin de stockage, ce qui explique la légère augmentation de la DCO et des MES. Les rendements d'épuration présentés pour les différents paramètres et assurés par ce système de traitement sont excellents et s'améliorent encore actuellement avec l'installation de micro-organismes dans la couche de dépôts organiques à la surface des filtres. Ces résultats récompensent les efforts fournis pour convaincre tous les acteurs dans ce projet afin d'obtenir une autorisation de construction.

Tableau 2. Résultats d'analyses (Club Meb Albion)

Échantillon	**DCO**	**DBO**	**pH**	**Ammonium**	**Nitrate**	**Phosphate**	**Huile et graisse**	**MES**	**Coliformes fécaux**
Date	Mg/L	Mg/L		Mg/L	Mg/L	Mg/L	Mg/L	Mg/L	MPN/100 ml
Effluents bruts									
Valeurs théoriques	750		6,5/ 7,5	50/60		10		100-250	10^6-10^8
8/10/07	1 908	799	5,5	32,6	0,28	12,3	236	350	Non analysé
30/11/07	570	232	7	43	0,7	1,4	52	267	57 400
Sortie du bassin d'aération									
					Sortie des filtres verticaux				
8/10/07	-	-	7,3	-	0,59	0,04	-	2	-
8/10/07	24	8	7,0	-	0,07	0,61	2	10	-
30/11/07	65	27	7	9,8	0,3	0,4	12	3	300
30/11/07	31	14	7	6,5	2,2	0,5	6	8	70
Sortie des filtres horizontaux									
8/10/07	-	-	6,9	-	0,24	0,23	-	4	-
8/10/07	-	-	7,2	-	0,19	0,23	-	1	-
30/11/07	73	32	7	2	1,9	0,2	12	13	161
30/11/07	46	21	7	7,8	0,5	0,27	8	23	20
Bassins d'irrigation									
8/10/07	-	-	7,0	-	0,41	0,16	-	2	-
30/11/07	68	33	8,8	2,6	1,8	0,02	2	57	< 1
Efficacité (%)	- 88 %	- 86 %		- 94 %	157 %	- 99 %	- 96 %	- 79 %	- 100 %
Norme	60	-	-		20	3-7	-	20	< 20

Structure « contemporaine » et limites

La structure classique complètement autonome est de plus en plus rare pour de nouvelles implantations, avec la proximité des réseaux et des concessionnaires, la disparité des réglementations et parfois les objectifs perçus des collectivités ou autorités locales. Cela entraîne une complexité administrative, et parfois technique, en fonction des capacités de fourniture ou de traitement (qualité, quantité, stabilité). La multiplication des interlocuteurs induit très souvent une dilution des responsabilités et un ralentissement des prises de décisions qui sont parfois un frein à la mise en place de solutions efficaces sur les plans environnemental et économique. Une structure contemporaine idéale d'un site Club Med serait aujourd'hui de pouvoir participer en tant qu'utilisateur responsable à une politique ambitieuse de gestion intégrée de l'eau, de la production à la réutilisation en passant par la consommation et le traitement. Les actions qui en résultent doivent être menées en accord avec les collectivités locales et administrations, dans le respect des réglementations et l'environnement, et éventuellement en partenariat avec différents concessionnaires, professionnels de l'eau, et non pas en simple client consommateur dont les interfaces avec son environnement sont exclusivement des compteurs et des factures.

Pour arriver à cette gestion, un certain nombre de questions se posent encore, elles concernent tous ces acteurs et peuvent présenter des obstacles limitant l'avancement des différents projets (figure 8 ci-après), que ce soit d'un point de vue :

– politique et administratif :
  - la gestion de la ressource en eau, tout en respectant la réglementation, doit-elle se faire avec le Club Med, ou uniquement par les autorités locales ?
  - comment trouver les intérêts convergents communs aux différents acteurs dans un cadre de développement durable ?
  - dans le cas où l'eau est distribuée par un concessionnaire, et attendu que l'usager n'est pas autorisé à traiter une eau réputée potable, mais assume une obligation de résultat vis-à-vis de ses clients, alors que les critères de potabilité ne prennent pas en compte des agents « perturbants » potentiellement présents : qui est responsable du *statu quo* ?

– ou purement technique :
  - quels sont les traitements autorisés permettant là aussi de respecter les diverses réglementations ?
  - comment assurer une potabilité de l'eau si le Club Med décide d'en assurer une partie de la production, mais que la protection de la nappe n'est pas garantie par les activités environnantes ?
  - comment arriver à gérer et à faire accepter l'activité du Club Med en ayant les réponses, et surtout en mettant en application ces améliorations déjà éprouvées dans de nouvelles structures ?

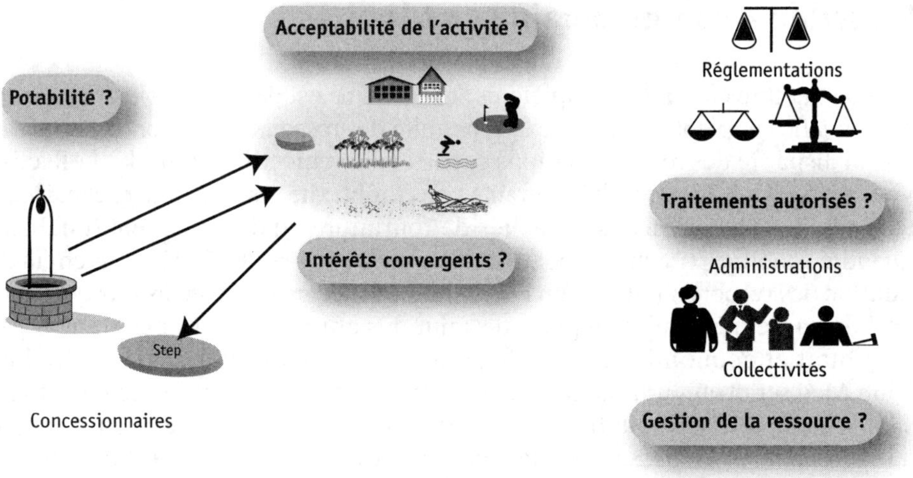

Figure 4. Structure « contemporaine » et limites

Conclusion

Même si des freins historiques majeurs existent encore (inertie réglementaire, frilosité administrative, volonté politique faible, intérêts de grands acteurs), ils sont aujourd'hui en recul. Une évolution indispensable est perceptible et engagée dans ces domaines, avec la pression notable d'usagers de plus en plus « responsables » et qui se sentent concernés.

Et de citer Gustave le Bon : « pour progresser il ne suffit pas de vouloir agir, il faut savoir d'abord dans quel sens agir »... ensuite, il faut agir...

Remerciements

Olivier Thomas pour l'intérêt qu'il a apporté à mon propos.

Estelle Baurès pour l'aide efficace et attentionnée pour la rédaction de cette contribution.

L'eau et la santé dans les ports

Alain-Michel CHAUVEL

Si l'eau est vitale pour l'Homme, il ne faut pas la gaspiller. Tanii Akio a depuis longtemps considéré que la mission d'une entreprise était de vaincre la pauvreté, de délivrer la société de la misère en produisant des biens de consommation à profusion, afin de les rendre aussi bon marché que l'eau du robinet.

Qu'en est-il aujourd'hui ?
– 1978 : Roxane (Orne) est fermée, taux élevé de nitrates ;
– 1979 : Calaris (Corse) est fermée, le taux de fluor dépasse dix fois la norme autorisée ;
– 1984 : un essai comparatif de l'Institut national de la consommation (INC) sur la qualité de 58 eaux de source fait apparaître que 20 eaux ne conviennent pas au coupage des biberons (taux de nitrates) et que 3 autres présentent un taux de fluor supérieur à celui autorisé.

Le secteur du transport maritime est encadré par de nombreux codes et conventions internationales dont le *Marine pollution* (MARPOL) couvrant la prévention des risques de pollution. Par exemple une décision de justice a infligé aux autorités portuaires de Milford Haven une amende record de près de 5 millions de livres suite à la pollution des côtes anglaises. Cette décision prouve que même les autorités publiques ne sont plus à l'abri d'une poursuite juridique.

À partir de ce constat, Bureau Veritas a développé un code, le code IPSEM – similaire au code ISM déjà utilisé dans la marine – couvrant la gestion de la sécurité du personnel et la protection de l'environnement.

Ce code, présenté en annexe, est un système de gestion qui comprend :
– le management du système ;
– le personnel ;
– les équipements ;
– la documentation nécessaire aux audits.

Le code IPSEM permet d'intégrer les codes suivants :
– le code ISO 9000 ;
– le code ISO 14000 ;
– le code OSHA 18000 ;
– le code ISPS pour la sûreté.

Tout est une question de définition au départ pour avoir un puzzle que l'on peut gérer et non une courte pointe.

En tant que système de gestion, il s'appuie sur une analyse des risques qui doit permettre sa mise en œuvre :

– politique de l'autorité portuaire et des entreprises concernées ;

– planification des actions à entreprendre via la communication ;

– mise en œuvre du projet et sa documentation ;

– vérification et actions correctives pour assurer la maintenance des actions engagées ;

– revues de direction pour donner un sens à l'action ;

– amélioration continue pour assurer la pérennité du projet.

L'objectif est de garantir la sécurité dans le port, la prévention des lésions corporelles, les pertes de vies humaines et d'empêcher toute atteinte à l'environnement par des actions de prévention et de maîtrise des risques.

Comme l'eau, l'homme est une ressource qu'il ne faut pas gaspiller.

CODE INTERNATIONAL DE GESTION POUR LA SÉCURITÉ ET LA PROTECTION DE L'ENVIRONNEMENT DANS LES PORTS
(CODE IPSEM)

TABLE DES MATIÈRES

PRÉAMBULE

1. L'objet du présent Code est d'établir une norme internationale de gestion pour la sécurité de l'exploitation des ports et pour la prévention de la pollution.
2. En ligne avec la résolution A.741 (18) dans laquelle est reconnue qu'il était nécessaire que la gestion soit structurée de manière satisfaisante pour que le personnel navigant puisse assurer et maintenir un niveau élevé de sécurité et de protection de l'environnement.
3. Étant donné qu'il n'existe pas deux ports identiques et exploités dans des conditions très diverses, le Code est fondé sur des **principes** et des **objectifs généraux**.
4. Le Code est formulé en **termes généraux** afin qu'il soit largement appliqué. Il est évident qu'aux différents niveaux de la gestion, des niveaux différents de connaissance des éléments décrits seront requis.
5. La pierre angulaire d'une bonne gestion de la sécurité est **l'engagement** au plus haut niveau de la direction. Lorsqu'il s'agit de sécurité et de prévention de la pollution, ce sont **l'engagement, la compétence, les attitudes et la motivation** des personnes individuelles à tous les niveaux qui déterminent le résultat final.

1. GÉNÉRALITÉS

1.1 Définitions

1.1.1 **« Code international de gestion de la sécurité dans les ports »** (IPSEM) désigne le Code international de gestion pour la sécurité et la prévention de la pollution.

1.1.2 **« Autorité portuaire »** l'organisme qui assume la responsabilité de l'exploitation du port et qui, en assumant cette responsabilité, s'acquitte des tâches et des obligations imposées par le Code.

1.1.3 **« Administration »** désigne le Gouvernement de l'État où le port est localisé.

1.2 Objectifs

1.2.1 Les objectifs du Code sont de garantir la sécurité dans le port et la prévention des lésions corporelles ou des pertes en vies humaines et d'empêcher les atteintes à l'environnement, en particulier l'environnement marin, ainsi que les dommages matériels.

1.2.2 Les objectifs de l'Autorité portuaire en matière de gestion de la sécurité devraient notamment être les suivants :

1. offrir des pratiques d'exploitation et un environnement de travail sans danger ;
2. établir des mesures de sécurité contre tous les risques identifiés ; et
3. améliorer constamment les compétences du personnel en matière de gestion de la sécurité, et notamment préparer ce personnel aux situations d'urgence, tant sur le plan de la sécurité que de la protection du milieu marin.

1.2.3 Le système de gestion de la sécurité devrait garantir :

1. que les règles et règlements obligatoires sont observés ; et
2. que les recueils de règles, codes, directives et normes applicables recommandés par l'Organisation, les Administrations et les organismes du secteur maritime sont pris en considération.

1.3 Application

Les prescriptions du présent Code peuvent être appliquées à tous les ports.

1.4 Modalités pratiques d'un système de gestion de la sécurité

Chaque Autorité portuaire devrait établir, mettre en œuvre et maintenir un système de gestion de la sécurité qui comporte les modalités pratiques suivantes :

1. une **politique** en matière de sécurité et de protection de l'environnement ;
2. des **instructions** et des **procédures** propres à garantir la sécurité de l'exploitation du port et la protection de l'environnement conformément à la réglementation internationale et à la législation de l'État où est localisé le port ;
3. une **hiérarchie** et des **moyens de communication** permettant aux membres du personnel de communiquer entre eux et avec les membres du personnel des compagnies en activité dans la zone portuaire ;
4. des **procédures** de notification des accidents et du non-respect des dispositions du présent Code ;
5. des **procédures** de préparation et d'intervention pour faire face aux situations d'urgence ; et
6. des **procédures** d'audit interne et de contrôle de la gestion.

2. POLITIQUE EN MATIÈRE DE SÉCURITÉ ET DE PROTECTION DE L'ENVIRONNEMENT

2.1 L'Autorité portuaire devrait établir une politique en matière de sécurité et de protection de l'environnement qui décrive comment les objectifs énoncés au paragraphe 1.2 seront réalisés.

2.2 L'Autorité portuaire devrait veiller à ce que cette politique soit appliquée à tous les niveaux de l'organisation.

3. RESPONSABILITÉS ET AUTORITÉ DE L'AUTORITÉ PORTUAIRE

3.1 L'Autorité portuaire devrait définir et établir par écrit les responsabilités, les pouvoirs et les relations réciproques de l'ensemble du personnel chargé de la gestion, de l'exécution et de la vérification des activités liées à la sécurité et à la prévention de la pollution ou ayant une incidence sur celles-ci.

3.2 L'Autorité portuaire doit veiller à ce que des **ressources adéquates** et un **soutien approprié** à terre soient fournis pour que la ou les personnes désignées puissent s'acquitter de leurs tâches.

4. PERSONNE DÉSIGNÉE

Pour garantir la sécurité de l'exploitation du port et pour assurer la liaison entre les services et les compagnies, chaque Autorité portuaire devrait, selon qu'il convient désigner une personne ayant directement accès au plus haut niveau de la direction. La responsabilité et les pouvoirs de la personne désignée devraient notamment consister à surveiller les aspects de l'exploitation du port liés à la sécurité et à la prévention de la pollution et veiller à ce que des **ressources adéquates** et un **soutien approprié** soit fournis, selon que de besoin.

5. RESPONSABILITÉS ET AUTORITÉ DU CAPITAINE DU PORT

5.1 L'Autorité portuaire devrait définir avec précision et établir par écrit les responsabilités du capitaine du port pour ce qui est de :

1. mettre en œuvre la politique de l'Autorité portuaire en matière de sécurité et de protection de l'environnement ;
2. encourager le personnel et les compagnies à appliquer cette politique ;
3. donner les ordres et les consignes appropriés d'une manière claire et simple ;
4. vérifier qu'il est satisfait aux spécifications ;
5. passer en revue le système de gestion de la sécurité et signaler les lacunes à l'autorité portuaire.

5.2 L'Autorité portuaire devrait veiller à ce que le système de gestion de la sécurité en vigueur mette expressément l'accent sur l'autorité du capitaine du port. L'Autorité portuaire devrait préciser, dans le système de gestion de la sécurité que l'autorité supérieure appartient au capitaine du port et qu'il a la responsabilité de prendre des décisions concernant la sécurité et la prévention de la pollution et de demander l'assistance de l'Autorité portuaire si cela s'avère nécessaire.

6. RESSOURCES ET PERSONNEL

6.1 L'Autorité portuaire devrait s'assurer que le capitaine du port :

1. a les **qualifications** requises ;
2. connaît parfaitement le système de gestion de la sécurité de l'Autorité portuaire ; et
3. bénéficie de tout l'appui nécessaire pour s'acquitter en toute sécurité de ses tâches.

6.2 L'Autorité portuaire devrait s'assurer que chaque service est doté d'un personnel **qualifié** et ayant l'aptitude physique requise conformément aux prescriptions nationales et internationales pertinentes.

6.3 L'Autorité portuaire devrait établir des **procédures** pour garantir que le nouveau personnel et le personnel affecté à de nouvelles fonctions liées à la sécurité et à la protection de l'environnement reçoivent la **formation** nécessaire à l'exécution de leurs tâches. Les consignes qu'il est essentiel de donner avant la prise de poste devraient être identifiées, établies par écrit et transmises.

6.4 L'Autorité portuaire devrait veiller à ce que l'ensemble du personnel intervenant dans le système de gestion de la sécurité de l'Autorité portuaire comprenne de manière satisfaisante les règles, règlements, recueils de règles, codes et directives pertinents.

6.5 L'Autorité portuaire devrait établir et maintenir des **procédures** permettant d'identifier la formation éventuellement nécessaire pour la mise en œuvre du système de gestion de la sécurité et veiller à ce qu'une telle **formation** soit dispensée à l'ensemble du personnel concerné.

6.6 L'Autorité portuaire devrait élaborer des **procédures** garantissant que le personnel reçoive les renseignements appropriés sur le système de gestion de la sécurité dans une ou plusieurs **langue(s) de travail** qu'il comprenne.

6.7 L'Autorité portuaire devrait veiller à ce que les membres du personnel soient capables de **communiquer** efficacement entre eux dans le cadre de leurs fonctions liées au système de gestion de la sécurité.

7. ÉTABLISSEMENT DE PLANS POUR LES OPÉRATIONS PORTUAIRES

L'Autorité portuaire devrait définir les procédures d'établissement de plans et de consignes pour les principales opérations concernant la sécurité et la prévention de la pollution. Les diverses tâches en jeu devraient être définies et assignées à un personnel **qualifié**.

8. PRÉPARATION AUX SITUATIONS D'URGENCE

8.1 L'Autorité portuaire devrait établir les procédures pour identifier et décrire les situations d'urgence susceptibles de survenir à bord ainsi que les mesures à prendre pour y faire face.

8.2 L'Autorité portuaire devrait mettre au point des programmes **d'exercices** préparant aux mesures à prendre en cas d'urgence.

8.3 Le système de gestion de la sécurité devrait prévoir des mesures propres à garantir que l'organisation de l'Autorité portuaire est à tout moment en mesure de faire face aux dangers, accidents et situations d'urgence pouvant mettre en cause ses ports.

9. NOTIFICATION ET ANALYSE DES IRRÉGULARITÉS, DES ACCIDENTS ET DES INCIDENTS POTENTIELLEMENT DANGEREUX

9.1 Le système de gestion de la sécurité devrait prévoir des **procédures** garantissant que les irrégularités, les accidents et les incidents potentiellement dangereux sont signalés à l'Autorité portuaire et qu'ils font l'objet d'une enquête et d'une analyse, l'objectif étant de renforcer la sécurité et la prévention de la pollution.

9.2 L'Autorité portuaire devrait établir des **procédures** pour l'application de **mesures correctives**.

10. MAINTIEN EN ÉTAT DES INSTALLATIONS PORTUAIRES ET DES ÉQUIPEMENTS

10.1 L'Autorité portuaire devrait mettre en place des procédures permettant de vérifier que les installations et équipements sont maintenus dans un état conforme aux dispositions des règles et des règlements pertinents ainsi qu'aux prescriptions supplémentaires qui pourraient être établies par l'Autorité portuaire.

10.2 Pour satisfaire à ces prescriptions, l'Autorité portuaire devrait veiller à ce que :
1. des **inspections** soient effectuées à des intervalles appropriés ;
2. toute irrégularité soit signalée, avec indication de la cause éventuelle, si celle-ci est connue ;
3. les **mesures correctives** appropriées soient prises ;
4. ces activités soient consignées dans un registre.

10.3 L'Autorité portuaire devrait établir dans le cadre du système de gestion de la sécurité des **procédures** permettant d'identifier le matériel et les systèmes techniques dont la panne soudaine pourrait entraîner des **situations dangereuses**. Le système de gestion de la sécurité devrait prévoir des mesures spécifiques pour renforcer la fiabilité de ce matériel et de ces systèmes. Ces mesures devraient inclure la mise à l'essai à intervalles réguliers des dispositifs et du matériel de secours ainsi que des systèmes techniques qui ne sont pas utilisés en permanence.

10.4 Les inspections mentionnées au paragraphe 10.2 ci-dessus ainsi que les mesures visées au paragraphe 10.3 devraient être intégrées dans le programme d'entretien courant.

11. DOCUMENTS

11.1 L'Autorité portuaire devrait élaborer et maintenir des **procédures** permettant de contrôler tous les documents et renseignements se rapportant au système de gestion de la sécurité.

11.2 L'Autorité portuaire devrait s'assurer que :
1. des documents en cours de validité sont disponibles à tous les endroits pertinents ;
2. les **modifications** apportées à ces documents sont examinées et **approuvées** par le personnel compétent ; et
3. les documents périmés sont rapidement retirés.

11.3 Les documents utilisés pour décrire et mettre en œuvre le système de gestion de la sécurité peuvent faire l'objet du « Manuel de gestion de la sécurité et de l'environnement ». Ces documents devraient être conservés sous la forme jugée la plus appropriée par l'Autorité portuaire. Chaque compagnie devrait avoir tous les documents la concernant.

12. VÉRIFICATION, EXAMEN ET ÉVALUATION EFFECTUES PAR L'AUTORITÉ PORTUAIRE

12.1 L'Autorité portuaire devrait effectuer des **audits internes** pour vérifier que les activités liées à la sécurité et à la prévention de la pollution sont conformes au système de gestion de la sécurité.

12.2 L'Autorité portuaire devrait **évaluer périodiquement** l'efficacité du système de gestion de la sécurité et, lorsque cela s'avère nécessaire, réviser le système conformément aux procédures qu'elle a établies.

12.3 Les audits ainsi que les éventuelles mesures correctives devraient être exécutés conformément aux **procédures** établies.

12.4 Le personnel qui procède aux audits ne devrait pas faire partie du secteur soumis à l'audit, à moins que cela soit impossible en raison de la taille et des caractéristiques du port.

12.5 Les résultats des audits et révisions devraient être portés à l'attention de l'ensemble du personnel ayant des responsabilités dans le secteur en cause.

12.6 Le personnel d'encadrement responsable du secteur concerné devrait prendre sans retard les **mesures correctives** nécessaires pour remédier aux défectuosités constatées.

13. CERTIFICATION, VÉRIFICATION ET CONTRÔLE

13.1 Le port devrait être exploité par une Autorité portuaire à laquelle a été délivrée une attestation de conformité le concernant.

13.2 Une attestation de conformité devrait être délivrée à toute Autorité portuaire qui satisfait aux prescriptions du Code IPSEM par l'Administration, par un organisme reconnu par l'Administration ou par le Gouvernement du pays, agissant au nom de l'Administration, dans lequel l'Autorité portuaire a choisi de mener ses activités. Cette attestation devrait être acceptée en tant que preuve que l'Autorité portuaire est capable de satisfaire aux prescriptions du Code.

13.3 L'Administration ou un organisme reconnu par l'Administration devrait **vérifier** à intervalles réguliers le bon fonctionnement du système de gestion de la sécurité, tel qu'approuvé.

Comment diminuer les pollutions des eaux dans les ports de plaisance ?

Coralie PERONNET

Introduction

L'activité des ports maritimes et fluviaux est à l'origine de pollutions d'origine domestique ou industrielle et d'une production de déchets toxiques importante. De plus, les ports sont souvent les exutoires de pollutions terrestres car ils sont généralement les points bas des bassins versants urbains. Enfin, les activités portuaires sont souvent situées à proximité d'activités touristiques et elles peuvent donc avoir un impact sur celles-ci (par exemple sur les plages situées à proximité).

Face à ce constat, différents comités de travail se sont créés en France avec pour objectifs principaux de réduire l'impact des activités portuaires sur l'environnement. Les pages qui suivent présentent les sources de pollution des eaux dans les ports de plaisance, les solutions préconisées et les démarches réalisées en France. Ces éléments ne sont pas exhaustifs.

Opérations françaises mises en œuvre

En 1999, la région Languedoc-Roussillon a élaboré une démarche, « Opération Ports Propres ». Cette démarche consiste à réaliser pour chaque port un diagnostic de la situation environnementale visant à équiper les ports pour lutter contre les pollutions chroniques et accidentelles et à maîtriser la gestion des déchets. Cette démarche comprend également des actions d'information, de communication et de formation.

Les ports engagés dans la démarche bénéficient d'une aide technique et financière assurée par la région, l'agence de l'environnement et de la maîtrise de l'énergie (ADEME), l'agence de l'eau et le syndicat mixte de l'aménagement touristique du Languedoc-Roussillon, structure coordinatrice de l'opération. Sur la façade méditerranéenne, la démarche a été reprise et développée par la région PACA (en association avec l'ADEME, l'agence de l'eau Rhône, Méditerranée et Corse [RMC], la direction régionale de l'environnement [DIREN] et les départements littoraux). D'autres démarches similaires ont été menées sur les autres façades maritimes françaises (Corse, Charente-Maritime, Vendée, Bretagne, Manche...). Ces opérations s'inscrivent dans le cadre des objectifs de la loi sur l'eau, notamment des schémas directeurs d'aménagement et de gestion des eaux (SDAGE), et de la réglementation sur les déchets. Elles prennent en compte de façon globale et à l'échelle d'une région la problématique de la gestion des déchets et des effluents issus de l'ensemble des ports.

Ces opérations se déclinent globalement en quatre volets :
– le diagnostic environnemental ;
– la lutte contre les pollutions chroniques (toxiques et domestiques) ;
– la prévention des pollutions accidentelles ;
– la sensibilisation des usagers et la formation du personnel portuaire à la préservation de l'environnement.

Certaines opérations ont intégré un volet « Qualité de l'accueil » et/ou « Maîtrise de l'énergie ».

Le diagnostic se déroule en trois phases :
– état des lieux et diagnostic de la situation environnementale du port ;
– hiérarchisation des sources de pollution et définition des objectifs de qualité ;
– établissement d'un programme d'actions pluriannuelles pour atteindre ces objectifs.

Identification des sources de pollution dans les ports de plaisance et solutions préconisées

Les sources de pollution des eaux d'un port peuvent être chroniques ou accidentelles. Elles sont multiples et d'origines différentes. On peut distinguer, d'une part, les sources de pollution liées à l'activité portuaire, d'autre part les sources de pollution qui ne sont pas liées à l'activité portuaire.

Les exemples de solutions suivantes sont usuellement préconisés dans le cadre des études diagnostiques. Il s'agit d'équipements ou d'actions qui doivent être adaptées au contexte et aux besoins de chaque port.

Les sources de pollution liées à l'activité portuaire

Les activités présentes sur les ports de plaisance sont à l'origine de multiples sources de pollution.

Eaux de ruissellement de l'aire de carénage et des zones techniques

La plupart des ports sont équipés d'une zone technique pour la réalisation des opérations d'entretien des bateaux (réparation, carénage...). Périodiquement, la coque d'un navire subit une opération de carénage incluant le nettoyage de la coque sous la ligne de flottaison, le décapage des restes de peinture antifouling, et la remise en peinture. La peinture antifouling contient une ou plusieurs molécules toxiques. Les composés les plus couramment utilisés dans les peintures actuelles sont à base d'oxyde de cuivre. Les eaux de lavage et les eaux de ruissellement des aires de carénage drainent cette pollution toxique contenant des particules de peintures, des métaux lourds, des hydrocarbures…

La pollution étant essentiellement liée aux matières en suspension, les aires de carénage doivent être équipées d'un système de collecte des eaux de ruissellement relié à un décanteur-séparateur à hydrocarbures. L'ouvrage de décantation doit être dimensionné pour traiter l'intégralité des eaux ruisselées et avec une vitesse de décantation adaptée pour obtenir un abattement suffisant des matières en suspension totales (MEST).

Eaux de ruissellement de la station d'avitaillement et opérations d'avitaillement à quai

Les opérations d'avitaillement en carburant génèrent une pollution toxique (apport d'hydrocarbures). Du carburant peut être rejeté dans le bassin portuaire au moment de la distribution (trop-plein, égouttures) ou lors du lessivage du quai par des eaux de pluie ou de lavage. La pollution étant essentiellement liée aux hydrocarbures, les aires d'avitaillement doivent être équipées d'un système de collecte des eaux de ruissellement relié à un séparateur à hydrocarbures. Pour les opérations d'avitaillement à quai, il est recommandé de sécuriser les opérations avec des équipements anti-pollution (boudins absorbants, plaques obturatrices…).

Rejets des eaux usées domestiques des bateaux

Les bateaux sont équipés de sanitaires (WC, douches, lavabos…) qui peuvent être dotés de cuves de rétention ou non (rejet direct). Les effluents rejetés dans le port (soit directement, soit en cas de vidange des cuves de rétention) génèrent une pollution bactériologique et organique.

Tout d'abord il est important de sensibiliser les plaisanciers à l'équipement de leur bateau d'une cuve de rétention lorsque cela est possible. Ensuite, il est nécessaire de mettre à disposition des plaisanciers un système de pompage des eaux usées qui peut être fixe ou mobile, voir un système de pompage à poste pour les grosses unités (système gravitaire ou sous-vide). Le système peut être choisi en fonction des caractéristiques des bateaux accueillis dans le port (nombre, taille, taux d'équipement) et de la configuration du port.

Une partie des bateaux de plaisance est équipée de WC chimique, cela implique de mettre à disposition des usagers un point de vidange dédié et adapté à cet équipement (éviter qu'ils ne soient vidangés n'importe où). Enfin, il peut être nécessaire de créer ou ajouter des sanitaires sur le port, notamment pour les bateaux non équipés ou équipés de WC marin à rejet direct. Les règlements sanitaires départementaux spécifient les mesures particulières visant les ports de plaisance. Ils précisent les dispositions relatives aux équipements à mettre en place en fonction notamment du nombre de bateaux accueillis dans le port.

Rejets des eaux de cale des bateaux

Les eaux de cale des bateaux sont souillées par des huiles de moteur. Le rejet de ces eaux de cales, automatique sur certains bateaux, voire couplé au moteur, constitue une pollution toxique générée par l'apport d'hydrocarbures.

Tout d'abord il est important de sensibiliser les plaisanciers à l'utilisation des pompes de cale. Il est également important de prévoir un système de pompage des eaux de cale fixe ou mobile, voir un système de pompage à poste pour les grosses unités (système gravitaire ou sous-vide) avec traitement des effluents (séparateur HC). Le système peut être choisi en fonction des caractéristiques des bateaux accueillis dans le port (nombre, taille, équipement) et de la configuration du port. Les bateaux peuvent également s'équiper de mini-kit absorbant pour hydrocarbures. Une fois hors d'usage, ces déchets doivent être gérés correctement (conteneurs pour déchets souillés).

Entretien et réparation des bateaux à quai

Les opérations d'entretien et de réparation des bateaux nécessitent l'utilisation de produits toxiques et polluants (solvants, peintures...) et génèrent des déchets dangereux et polluants. La mauvaise gestion de ces produits et des déchets induits peut générer des pollutions toxiques dans les eaux du port. Ces sources de pollution peuvent être réduites de manière notoire par la sensibilisation des plaisanciers à la bonne gestion des produits toxiques et des déchets générés.

Présence de bateaux dans le port

Les bateaux sont dotés « d'équipements » générant des pollutions toxiques dans le port. Les anodes sacrificielles permettent de protéger les parties métalliques d'un bateau (ex. : coque, safran...) contre la corrosion (protection cathodique). Généralement constituées de zinc (ou d'aluminium ou de magnésium), les anodes sacrificielles se dissolvent dans l'eau et constituent donc une source supplémentaire de pollution des eaux par les métaux.

L'antifouling est une peinture dite « anti-salissure » destinée à empêcher les organismes marins de se fixer sur la coque des navires. Elle contient une ou plusieurs molécules toxiques pour les organismes qui se fixent sur les coques des navires. Pour être efficaces, ces toxiques doivent peu à peu être largués par le liant qui constitue la base de la peinture antifouling. Actuellement, il n'y a pas de solution alternative fiable et technico-économiquement efficace pour remplacer les anodes sacrificielles et les peintures anti-salissure.

Fonctionnement des moteurs

Le fonctionnement des moteurs contribue aux rejets d'hydrocarbures dans les eaux des ports. En particulier, les moteurs deux-temps (vieux moteurs) sont à l'origine d'une pollution significative de l'eau et de l'air par les hydrocarbures. Vu la technique de ces moteurs (absence de soupapes d'admission et d'échappement) une forte proportion d'essence traverse le moteur sans participer à la combustion.

Tout d'abord il est important de sensibiliser les plaisanciers aux effets néfastes du fonctionnement prolongé des moteurs dans le port et communiquer sur les technologies de moteurs les plus propres. Par ailleurs, il est possible d'équiper les bateaux de plaisance de filtres à hydrocarbures sur les sorties d'eau de cale-moteur, afin de diminuer les rejets toxiques.

Pollutions liées à une mauvaise gestion des déchets

En l'absence d'installations de stockage appropriées, les multiples déchets produits sur un port (ménagers, toxiques, industriels...) peuvent générer une pollution visuelle, toxique et sanitaire.

Il est indispensable d'équiper les ports de plaisance de microdéchetteries pour les déchets toxiques. Cet équipement doit être dimensionné en fonction de la taille du port (pour les déchets d'entretien courant) mais surtout en fonction du niveau d'activités techniques sur le port (réparation, carénage...). Par ailleurs, les poubelles pour déchets classiques doivent être en nombre et capacité suffisants. Une sensibilisation accrue des plaisanciers et une signalétique efficaces doivent accompagner la mise en place de ces équipements.

Pollutions accidentelles

Enfin, le port peut également être victime d'une pollution accidentelle provenant du port ou de la mer (exemple : avarie d'un bateau avec déversement d'hydrocarbures...). Il est indispensable que le port soit doté d'équipements anti-pollution adaptés (barrage absorbant, barrage de confinement...).

Les sources de pollution non liées à l'activité portuaire

Le port est souvent le point bas d'un bassin versant urbain et il devient donc l'exutoire de pollutions terrestres, par exemple :

Eaux de ruissellement des quais et des voiries, lavage des terrasses

Le lessivage des quais et des voiries génère l'apport de macro-déchets et d'hydrocarbures dans le bassin portuaire, de plus le lavage des terrasses peut générer des rejets de détergents dans le port. Il est donc indispensable de sensibiliser les responsables des activités riveraines aux impacts de leur fonctionnement sur la qualité des eaux du port. En cas de pollution importante (par exemple voiries importantes et très fréquentées), un traitement des eaux peut être envisagé (séparateur à hydrocarbures).

Débordement de regards de réseaux d'assainissement et autres problèmes du réseau d'assainissement situé à proximité ou autour du port

Ces problématiques sont très spécifiques à chaque port et génèrent le cas échéant une pollution bactériologique. Dans tous les cas, il est nécessaire d'intégrer la problématique portuaire dans la réfection des équipements d'assainissement communaux.

Eaux pluviales débouchant dans le port

De nombreux ports sont l'exutoire des réseaux pluviaux communaux. Ces rejets constituent un apport de sédiments, voire de pollution bactériologique en cas d'interconnexions avec le réseau d'assainissement. Il est nécessaire d'intégrer la problématique portuaire dans la réfection des équipements communaux. Lorsque les volumes sont importants, un piégeage des sédiments ou des macro-déchets peut être envisagé pour réduire les apports et limiter les risques d'envasement du port.

Cours d'eau débouchant dans le port

Certains cours d'eaux débouchent directement dans le port ou à proximité. Ces rejets constituent un apport de sédiments, voire de pollution bactériologique en cas de rejets d'eaux usées dans le cours d'eau.

Il est nécessaire d'intégrer la problématique portuaire dans la gestion des cours d'eaux et du bassin versant par les collectivités. Lorsque les volumes sont importants, un piégeage des sédiments ou des macro-déchets peut être envisagé pour réduire les apports et limiter de plus les risques d'envasement du port.

Déchets charriés par la mer

Par ailleurs, les pollutions des eaux des ports peuvent également provenir de l'extérieur du port. Par exemple, les déchets charriés par la mer et entrant dans le bassin portuaire constituent une pollution, qui est essentiellement visuelle (végétaux, plastiques...). Il existe différents moyens pour récupérer ces déchets (manuels, bateaux spéciaux...). La sensibilisation des plaisanciers et plus largement des citoyens est essentielle.

Pollutions accidentelles

Enfin, le port peut également être victime d'une pollution accidentelle provenant du bassin versant (exemple : déversement d'huiles usagées dans les réseaux pluviaux débouchant dans le port). Il est indispensable que le port soit doté d'équipements anti-pollution adaptés (barrage absorbant, barrage de confinement...).

Conclusion

L'ADEME a réalisé en 2006 un bilan de l'opération « Ports propres » en Languedoc-Roussillon. Celui-ci a montré que 25 sur les 32 ports de plaisance du littoral languedocien se sont engagés dans la démarche, dont 14 ont mis en place des aménagements suite aux études diagnostiques environnementales. En termes de postes d'amarrage, l'opération « Ports Propres » couvre 87 % de la capacité d'accueil régionale pour la plaisance, dont 67 % sont dans des ports ayant mis en place des aménagements (phase travaux). Ce bilan a mis en évidence la nécessité d'un suivi rigoureux des ports engagés, d'une implication des gestionnaires de ports et d'une sensibilisation des usagers dans la durée. La prise en compte du bassin versant et de ses acteurs est également nécessaire, tandis qu'une approche doit être spécifique auprès des activités associées au port de plaisance (chantiers nautiques, pêche, commerçants...).

Activités de dragage et d'immersion au port autonome de La Rochelle : vers une démarche environnementale globale et pragmatique

Bernard PLISSON

Le port et ses activités

Présentation du port

Le port de la Rochelle est situé au cœur de la façade atlantique française. Créé en 1890, il a le statut de port autonome depuis le 1er janvier 2006, il s'agit d'un établissement public de l'État. À l'intérieur des limites de sa circonscription, il est chargé des travaux d'extension, d'amélioration, de renouvellement des infrastructures, ainsi que de l'exploitation de l'entretien et de la police du port et de ses dépendances et enfin, de la gestion du domaine immobilier qui lui est affecté. C'est le 8e port maritime français en termes de tonnage, avec 7,6 millions de tonnes de marchandises chargées ou déchargées en 2007.

C'est en particulier :

– le 1er port français pour l'importation de produits forestiers (bois et pâtes à papier) ;

– le 2e port français pour l'exportation de céréales.

L'activité portuaire génère actuellement 80 millions d'euros de chiffre d'affaires par an, 2 000 emplois directs et 6 000 emplois indirects.

Le port autonome de la Rochelle est relativement compact, au regard des dimensions des autres ports autonomes français, avec une emprise totale d'environ 543 ha, dont 223 ha de surface terrestre et 320 ha de surface maritime.

Des activités avec un impact sanitaire et environnemental potentiel sur les masses d'eau

Par essence, le port entretient un lien très étroit avec le milieu dans lequel il est implanté. Sa taille, celle des navires qui le visitent, l'intensité de l'activité qui y règne, constituent des sources d'impact potentiel non négligeable sur les masses d'eau qui l'entourent. Parmi la liste des activités caractéristiques, on peut notamment citer :

– l'accueil d'environ 1 300 navires de commerce par an, et tous les mouvements de navires portuaires liés, le remorquage, le pilotage... (prise en compte de la sécurité maritime, gestion des déchets des navires, des eaux de cale et de ballast...) ;

– le chargement et déchargement des 7,6 millions de tonnes de marchandises, ainsi que leur transport par camion ou par train (gestion des résidus de cargaison, des eaux de ruissellement...) ;

– la réparation et la construction d'environ 200 navires par an (navires de pêche, de servitude de grande plaisance), caractérisées par la production de déchets dangereux issus des interventions électrique, mécanique et de peinture ;

– le développement portuaire avec en particulier, le projet consistant à gagner des surfaces terrestres par poldérisation ;

– et enfin, les activités de maintenance des infrastructures et équipements portuaires avec en premier lieu l'entretien du plan d'eau par dragage et immersion d'environ 250 000 m^3 de sédiments par an. Cette dernière activité est indispensable à la sécurisation de l'accueil des navires, par l'établissement des côtes d'accès et de stationnement suffisantes.

Environnement et enjeux

Un contexte réglementaire et des dispositions de protection très « présents »

Depuis le milieu des années soixante-dix, la réglementation en matière d'environnement n'a cessé de se développer. Les ports et les navires n'échappent pas à cette évolution, si bien qu'aujourd'hui la quasi-totalité des activités portuaires sont encadrées. Ces textes de portée diverse ont, en particulier, trait aux déchets et à leur gestion, la prévention de la pollution dans les installations industrielles et à la réduction de leurs impacts mais aussi et surtout à l'eau. À titre d'exemple et sans chercher à être exhaustif on peut citer :

– les conventions à vocation internationale parmi lesquelles : la Convention internationale pour la prévention de la pollution par les navires, connue sous le nom de convention Marpol, adoptée en 1973, comporte des prescriptions applicables aux navires et aux ports au travers des dispositifs de collecte des déchets et des moyens de lutte contre la pollution ; ou encore la convention de Londres relative à la prévention de la pollution des mers résultant de l'immersion des déchets ;

– les règlements et directives européens dont par exemple la directive 92/43/CEE relative aux sites d'importance communautaire (réseau Natura 2 000) ;

– les textes nationaux largement intégrés au sein du code de l'environnement.

À souligner dans ce cadre réglementaire très fourni, de nombreux arrêtés préfectoraux qui viennent définir localement et de façon précise les contours des autorisations d'exploiter liés à de nombreuses activités. Autorisation de mener des projets de développement, pour l'exploitation de site de stockage de déchets inertes, pour les activités de dragages et d'immersion.

Ces différents textes ont tous un but de prévention des risques, ils sont justifiés par la taille des projets menés, la nature des activités réalisées, et la sensibilité du milieu aquatique bordant le port.

Un milieu à protéger, des usages à concilier...

L'environnement maritime immédiat du port de La Rochelle est le coureau de la Pallice, qui en constitue sa passe d'accès. Ce coureau est à la convergence du pertuis d'Antioche, du pertuis Breton et de la baie de La Rochelle.

Les dispositions de protection de la nature

Le port autonome de La Rochelle se situe au cœur du système des pertuis Charentais. Cette zone, extrêmement riche d'un point de vue biologique, avec par endroits un rôle de nourricerie et de nurserie pour de nombreuses espèces, et la présence d'espèces menacées comme la tortue Luth, le grand dauphin ou l'esturgeon d'Europe. Elle fait l'objet d'une protection spéciale par le biais du projet de site d'intérêt communautaire n° 74 (PSIC 74) dit des « pertuis charentais ». Ce site va être étendu prochainement à la fois géographiquement, et du point de vue des espèces concernées, puisqu'il devrait également être protégé au titre de la directive oiseaux.

Par ailleurs, l'agence des aires marines protégées, créée récemment, envisage d'instaurer une aire marine protégée englobant les pertuis, avec un objectif global de protection de la nature sur la zone, se caractérisant probablement par la création d'un parc naturel marin.

Les activités touristiques : nautisme, baignade

La baie de La Rochelle et les pertuis charentais vivent une activité touristique intense. Le département de Charente-Maritime étant l'un des premiers départements touristique français, avec en particulier une importante fréquentation des bords de mers et plans d'eau, dans le cadre des activités balnéaires et nautiques.

Implanté dans la baie de La Rochelle, le port des Minimes est, avec ses 3 800 anneaux, le plus grand port de plaisance de la façade atlantique, et son actuel projet d'extension en fera l'un des plus grands ports de plaisance d'Europe.

La filière nautique est historiquement très présente en Charente-Maritime et Vendée avec certains des plus importants constructeurs nationaux.

La pèche professionnelle

Les pertuis constituent également une zone de pêche historique, avec la présence de nombreux armements domiciliés dans les ports de pêche de la Rochelle et de la Cotinière. La richesse benthique des pertuis influe favorablement sur l'activité de pêche. Le pertuis est un lieu de frayères et de nourriceries de nombreux poisson mollusques et crustacés. La pêche côtière d'espèces à valeur ajoutée reste donc relativement active (seiche, bar, sole, merlu, coquille saint-jacques) y est pratiquée.

En 2006, 2 800 tonnes de poissons sont passées par la criée du port de pêche de La Rochelle.

La conchyliculture

Le nord du département de la Charente-Maritime, où est implanté le port autonome de La Rochelle est une zone de production conchylicole. On y trouve des implantations ostréicoles au nord du pont de l'île de Ré sur les communes d'Esnandes, Marsilly, Nieul et L'Houmeau, sur l'île de Ré dans le fier d'Ars et sur la commune de Rivedoux. Il existe également une activité mytilicole de réputation mondiale, en particulier dans la baie de l'Aiguillon ainsi que sur les secteurs d'Esnandes et Marsilly.

Les enjeux

La richesse du milieu marin qui borde le port, la multiplicité des usages qui le caractérise génère nécessairement des attentes, voire des intérêts parfois contradictoires de la part des différents acteurs. Un usage risquant d'en exclure un autre, c'est le conflit d'usage. L'enjeu pour chacune des parties prenantes semble donc bien d'imaginer le maintien ou le développement de son activité au sein d'un ensemble, sans que cela se fasse au détriment du milieu naturel ou d'un autre groupe d'intérêt. Ou comment aller du conflit d'usage à la gestion intégrée ?

Le port autonome souhaite aborder pragmatiquement cette problématique, pour chacune des activités qu'il développe susceptible d'avoir un impact environnemental et/ou sanitaire. Même si nous n'en sommes qu'au début de la mise en œuvre de ces principes, il m'a semblé intéressant d'en présenter une application à l'activité dragage.

La démarche du port face à cette problématique : cas des activités de dragage

La démarche menée par le port en matière de dragage s'articule en quatre étapes :

– la prise en compte des besoins et attentes des parties prenantes, au regard des besoins du port ;
– la définition d'objectifs compatibles avec ces attentes ;
– la mise en œuvre d'actions concrètes pour atteindre ces objectifs ;
– le bouclage, ou vérification de la portée et l'efficacité des actions menées.

Rechercher et prendre en compte des attentes des parties prenantes

Le premier point à prendre en compte est très probablement l'organisation de la veille réglementaire et scientifique sur le thème concerné. Cette action doit s'organiser autour de différents moyens : formation à la réglementation environnementale, recours à des bureaux d'études afin d'approfondir les problématiques sur un thème spécifique (exemple : impact sanitaire de l'immersion) ou au contraire aider à construire une vision globale. Réorganisation de la veille réglementaire en la sous-traitant et en auditant la conformité du port.

La seconde étape consiste à développer (renouer) le dialogue avec les services de l'État, les organismes de protection et les associations. Ces discussions ont en général eu lieu dans le cadre de l'étude d'un projet particulier : renouvellement de l'autorisation de dragage et d'immersion ou présentation d'un projet d'extension portuaire. Elles ont permis de mieux appréhender les attentes de chacun dont en particulier :

– la préservation du milieu (habitats, espèces) ;

– la garantie de l'innocuité des opérations de dragage et d'immersion (vis-à-vis de différentes pratiques : ostréiculture, pêches à pied, baignade...) ;

– le respect de la réglementation en vigueur (une évidence, mais il convient tout de même de l'écrire) ;

– une communication sincère sur nos propres intentions, en particulier pour les actions de développement et les changements de pratiques : indispensable à l'instauration d'une relation de confiance.

Définir et intégrer les besoins du port

Les besoins du port en matière de dragage sont de deux ordres. Tout d'abord la prévision des volumes à draguer sur le moyen terme, c'est-à-dire à l'échelle de l'évolution des outils, mais aussi, l'organisation de l'activité de dragage et le développement de filières adaptées de gestion des sédiments. Définir précisément ces besoins signifie avant tout maîtriser de nombreuses informations.

Il s'agit ici non seulement de bien connaître nos besoins actuels, mais également de poser la question de leur évolution : ceci passe par l'analyse des activités d'entretien, et surtout la répercussion sur le dragage des prévisions de développement. Il s'agit également, au travers des campagnes de prélèvement et d'analyses biologiques et physico-chimique de connaître la qualité des sédiments ; et enfin de prendre connaissance des techniques de dragage et des filières et de traitement adaptées à chaque type de situation au regard en particulier, de la quantité de sédiments à draguer, de leur qualité, de la conformation de la zone à draguer, et de la fragilité du milieu.

Définir des objectifs environnementaux pour l'activité de dragage

Les objectifs d'amélioration de l'activité de dragage sont tirés de la comparaison entre les attentes de parties prenantes d'une part et les besoins du port d'autre part. Dans les grandes lignes, et alors que ce travail est à l'heure actuelle encore en cours, il est clair que les objectifs environnementaux liés à l'activité, se déploieront autour des axes suivants :

- optimiser les quantités draguées ;
- optimiser les pratiques de dragage (méthodes, outils, suivi) ;
- réduire les apports de pollution ;
- traiter la pollution en place ;
- trouver les voies de valorisation/réemploi des sédiments ;
- informer sur nos pratiques, nos actions, nos bilans.

Actions concrètes

Une fois les objectifs définis, les atteindre nécessitera bien sûr la mise en œuvre d'actions concrètes d'amélioration. Pour ce qui est du volet information, l'une de nos premières actions a consisté à élaborer un schéma directeur du dragage. Il s'agit d'un dossier de présentation de notre approche globale en matière de dragage. Ce document est principalement destiné aux parties prenantes dont en premier lieu, les services de l'État. Il complète les dossiers d'autorisation montés classiquement par le port dans le cadre des textes réglementaires en vigueur en mettant en perspective l'activité de dragage, dans le temps, l'espace et en s'inscrivant dans une démarche d'amélioration. Il présente entre autres :

- un prévisionnel des besoins, sur une période de 10 ans ;
- la caractérisation qualitative détaillée des sédiments du port pour l'ensemble de ces zones ;
- la logique prévalant de façon constante pour l'établissement de solutions de dragage et de traitement, en fonction en particulier de la qualité des sédiments (présence ou absence de contaminants, et niveau de contamination).

En matière d'information, notre schéma directeur du dragage devra être complété chaque année par l'établissement et la communication d'un bilan annuel du dragage, plus exhaustif et à diffusion plus large, que le bilan réglementaire que nous pressentions annuellement aux services de l'État, ce document devra notamment faire le point sur les améliorations réellement apportées à nos pratiques.

Un second type d'action à développer, indispensable afin de crédibiliser notre démarche, consiste à réduire les sources connues de pollution des sédiments afin d'améliorer à moyen terme la qualité du milieu. Le port à déjà travaillé depuis quelques mois sur des actions de ce type. Nous avons en particulier mis en place une organisation intégrée pour la gestion de nos déchets dont l'objectif a été d'une part de traiter par source de production, les déchets issus des activités d'accueil des navires, de chargement et de déchargement des navires, de réparation navale, et également ceux produits par les activités de maintenance et de bureau du port lui-même. La généralisation du tri et la multiplication des solutions de traitement, en particulier pour les déchets dangereux, doivent logiquement limiter le risque de dépôt sauvage, à terre ou dans le port, de déchets sources potentielles de pollution de l'eau et des sédiments.

Nous avons aussi réalisé un important investissement sur notre pôle de construction et de réparation navale. Les activités déployées sur cette zone, telles que la mécanique, le sablage, la peinture constituent une importante source de pollution potentielle. Des interventions de ce type peuvent générer la dissémination de polluants (huiles minérales, hydrocarbures, résidus de peinture et de sablage) qui, s'ils ne font pas l'objet d'un traitement, se retrouvent systématiquement soit dans l'eau, soit dans les sédiments du port. Aujourd'hui, avec la mise en place de deux systèmes de traitement des eaux de ruissellement de la zone, un pour les formes radoub et le second pour l'aire de carénage, le port s'est donné les moyens de traiter la totalité des effluents de la zone avant rejet, par un système de bassins tampon débourbeur/déshuileur-filtration.

Le port travaille à l'amélioration des pratiques de ses clients en particulier pour ce qui touche à la réparation navale. Il s'agit, par la mise à jour des règlements internes (règlement d'exploitation) et par la surveillance exercée par les équipes d'exploitation ou la Capitainerie, d'empêcher des pratiques polluantes telles que le sablage sur des navires à flot ou l'abandon de déchets. Il a également entrepris une démarche de prévention des risques de pollution sur sa drague. Cette action vise notamment à sécuriser les opérations de maintenance et à prévoir les situations à risque et d'urgence.

Un troisième type d'action repose sur le renforcement de nos connaissances sur les impacts supposés de nos activités de dragages et d'immersion. Il s'agit notamment de mieux connaître l'état et l'évolution de la zone que nous utilisons pour immerger nos sédiments. Cette connaissance pourra être organisée en commun avec les autres utilisateurs de la zone dont, en premier lieu, le port de plaisance de Minimes. Au-delà, la mise en commun des nombreuses données et observations accumulées sur la baie de la Rochelle (états chimique et bactériologique des eaux et sédiments, peuplement des eaux et fond marins...), pourrait constituer un premier pas vers une gestion intégrée de la zone et des pertuis. Il s'agit également pour le port, en tenant compte du contexte spécifique des pertuis, avec le fort développement des activités conchylicoles, d'améliorer ses connaissances de l'évaluation des risques sanitaires des opérations de dragage et de rejet en mer de matériaux marins. Et ce en participant dans le cadre de groupe d'étude et d'observation sur le dragage et l'environnement (GEODE) à établissement d'un guide méthodologique sur le sujet. Il s'agit enfin d'améliorer en l'automatisant par le biais d'un logiciel de suivi, la traçabilité de chacune de nos opérations de dragage.

Évaluation des actions engagées

En l'état actuel du projet, cette phase n'est pas encore engagée. On peut toutefois envisager des pistes qui permettront d'évaluer l'efficacité et la portée des actions engagées.

En tout premier lieu vient la mesure de l'évolution de l'état environnemental des zones de dragage et d'immersion au travers des campagnes de suivi menées régulièrement sur la base de critères chimiques, microbiologiques ou biologiques.

On pourra également mesurer l'efficacité individuelle de chaque action engagée en évaluant par exemple le taux de valorisation des déchets et le nombre de dépôts sauvages pour les actions relatives au traitement des déchets ; ou encore en observant l'évolution de la charge chimique ou bactériologique des effluents à l'endroit des points de rejet. Il s'agira enfin d'évaluer la perception de la prise en compte des attentes des parties prenantes en les interrogeant sur leur appréciation des efforts du port en la matière.

Conclusion

La démarche proposée par le port ne revendique pas un caractère révolutionnaire. Elle se veut à la fois globale et pragmatique : globale, par sa volonté d'embrasser l'ensemble de la problématique générée par les activités de dragage et d'immersion en allant au-delà des seules préoccupations techniques ou réglementaires propres au port lui-même ; pragmatique car cette démarche n'a de sens que si elle aboutit concrètement à une amélioration observable des pratiques de dragage et d'immersion. C'est également dans cet esprit que le port s'apprête à déployer dans les prochains mois, sa démarche de certification environnementale ISO 14001.

PARTIE 3

Gestion, partenariat, information

L'eau, douce ou salée, enjeu du XXIe siècle

Jean-Louis Oliver

Les rivières, miroirs de leurs bassins versants

La pluie assure le débit des fleuves. Cette idée nous est familière. Pourtant, elle ne s'est imposée qu'après les observations d'Edme Mariotte et de Pierre Perrault (le frère du conteur), à la fin du XVIIe siècle, et les hydrologues ne l'ont démontrée de manière quantitative qu'au XXe siècle.

La conception du cycle externe de l'eau est devenue le paradigme central de l'hydrologie moderne, tout comme la notion de bassin versant. Le bassin versant d'un fleuve est le territoire que drainent ce fleuve et ses affluents. Puisque l'eau d'une rivière provient de la pluie qui ruisselle et s'infiltre à travers les sols sur toute l'étendue de son bassin versant, sa composition reflète les caractéristiques des terrains, moyennées sur l'espace et le temps : la nature des sols du bassin versant, sa végétation et les activités humaines, agricoles, domestiques ou industrielles qui s'y déroulent.

Le régime et la qualité de l'eau des rivières sont ainsi le miroir fidèle de leur bassin versant. À qui sait lire dans ce miroir, elle offre un point de vue privilégié sur le fonctionnement d'ensemble d'un territoire drainé. Ce point de vue confère aux sciences de l'eau un rôle nouveau et stratégique dans les débats environnementaux modernes. Les bassins versants fluviaux constituent donc le cadre le plus pertinent, non seulement pour comprendre, mais aussi pour gérer les territoires régionaux, mosaïques d'écosystèmes urbains, ruraux et industriels que l'homme a construits tout au long de son histoire.

Mais pas de ville sans campagne !

Utilisés comme voies de communication et comme ressources, les cours d'eau ont très tôt déterminé l'implantation des villes et conditionné la spécialisation des espaces agricoles. En effet, une ville est un regroupement de populations qui ne produisent pas elles-mêmes leurs moyens de subsistance alimentaire. Autrement dit, le développement des villes n'a historiquement été possible que parce que, autour d'elles, des territoires ruraux ont produit des aliments exportables en surplus de leurs besoins locaux. La demande alimentaire des villes a orienté l'agriculture de leurs arrière-pays vers la production d'un surplus commercialisable. Pendant des siècles, le territoire rural des bassins versants a ainsi assuré, au profit des villes qui y étaient implantées, une série de fonctions essentielles : production de nourriture, d'eau potable, d'énergie. Toutefois, dans les pays industrialisés, la révolution de l'agriculture (et des transports) du XXe siècle a rompu ces liens d'interdépendance entre monde rural et monde urbain dans ces espaces régionaux. Le potentiel d'exportation commerciale de produits agricoles du monde rural a été multiplié par 100, et la demande urbaine locale est devenue un débouché marginal de cette production qui s'est désormais soumise aux impératifs du marché mondial. La ville elle-même s'alimente désormais sur le marché mondial, sans souci des distances de transport.

Le seul lien qui subsiste entre la ville et son milieu rural est celui de l'eau : navigation, inondation, approvisionnement en eau... L'eau potable des villes, pompée dans les rivières ou les nappes souterraines, possède une qualité à l'image du bassin versant. À cause des polluants – nitrates et pesticides – qu'elle émet, l'agriculture intéressée de nombreux bassins versants des pays développés menace aujourd'hui gravement, tout comme la ville et l'industrie, la qualité de l'eau produite ; elle accentue également le ruissellement et l'érosion des sols.

Dans le paysage rural traditionnel, plusieurs milieux intermédiaires retenaient les eaux et les inévitables pertes d'éléments nutritifs engendrées par l'agriculture : étangs, zones humides riveraines des cours d'eau, précautionneusement gérés et maintenus selon la tradition, assuraient la fonction de zones tampons entre le bassin versant agricole et les cours d'eau, retenant par exemple jusqu'à 80 % des nitrates en provenance du lessivage des sols agricoles. Le calibrage des cours d'eau, le comblement des étangs, le drainage et l'« assainissement » des marais ou des prairies humides de fonds de vallées ont conduit à la perte d'une grande partie de ce pouvoir épurateur et, finalement, à une contamination accrue des cours d'eau, à une aggravation des inondations et à un appauvrissement des terres agricoles.

L'eau du robinet apparaît comme un ultime maillon qui unit encore les villes et leur arrière-pays rural. L'exigence citoyenne d'une alimentation en eau de bonne qualité reste un puissant levier pour inciter à mieux gérer les territoires !

La mer, pôle de compétitivité

Après avoir longtemps été ignorés par la recherche scientifique qui leur préférait l'amélioration de la connaissance terrestre et spatiale, les océans font désormais l'objet d'une attention accrue de la part des décideurs politiques et de l'opinion publique. Réchauffement climatique oblige ! Menacés par le changement global, les océans sont également une source de richesses potentielles du point de vue alimentaire, médical et énergétique incommensurable. La surface du globe est constituée à 70 % de mers et d'océans. Sur les littoraux du globe vivent plus d'un milliard d'individus, un nombre qui va grandissant. Du point de vue de l'acquisition de connaissances et de la valorisation de l'or bleu, beaucoup reste encore à faire...

« Jamais la maxime "on sait qu'on ne sait pas" ne s'est autant vérifiée que sur la question des océans », se plaisent à dire les experts du domaine, à la fois interloqués devant l'ampleur de la tâche et l'excitation qui anime les découvreurs. Savoir et innovation sont donc devenus naturellement des priorités dans le secteur maritime. C'est l'objet du pôle de compétitivité Mer mis en place à la fin de l'année 2005 et estampillé « pôle mondial », que de permettre l'émergence de projets. Sous sa houlette, 60 projets ont été labellisés. Les thématiques abordées sont très diversifiées. Cinq axes président au travail du pôle Mer : sécurité et sûreté maritime ; ingénierie, maintenances et services navals ; exploitation des ressources énergétiques marines ; exploitation et valorisation des ressources biologiques marines ; environnement et génie côtiers.

Parmi les projets labellisés, 17 ont trouvé un financement public d'un montant de 22 millions d'euros, pour un total de recherche et développement de 55 millions d'euros. Fidèles aux principes de la démarche des clusters, ces ensembles de coopération industries-établissements de formation-instituts de recherche, le pôle Mer rassemble ainsi efficacement la quasi-totalité des intervenants dans le monde maritime.

L'adaptation de la gestion de l'eau au changement climatique

Le réchauffement climatique est désormais une réalité incontestable, et les ressources en eau douce seront directement touchées par celui-ci dans les prochaines années, avec pour conséquences annoncées :

– l'accentuation de la fréquence et de la gravité des phénomènes hydrologiques extrêmes, tels que les sécheresses et les inondations, avec le risque de pertes humaines, de destructions et de dommages économiques catastrophiques ;

– la fonte des glaciers et la réduction de l'enneigement des zones de montagne, qui de ce fait ne joueront plus leur rôle irremplaçable de « châteaux d'eau de la planète » en assurant une régulation des débits des rivières et des grands fleuves qui y prennent leur source ;

– l'évolution de la faune et de la flore, avec une modification des espèces végétales et de la couverture des sols, qui se traduira par une érosion accrue ;

– la fonte des banquises de l'Arctique et de l'Antarctique entraînant une remontée du niveau des mers et des océans, qui risque de noyer non seulement les îles coralliennes de l'Océan Indien et du Pacifique, mais aussi les basses terres côtières, notamment les zones de polders, ainsi que les deltas, les estuaires et embouchures des fleuves dont l'écoulement sera modifié. Des zones de vie humaine et d'activité économique très étendues se trouveront gravement menacées ;

– une pénétration des eaux salées à l'intérieur des terres, comme du biseau salé dans les aquifères côtiers ;
– le développement des phénomènes d'eutrophisation ainsi que des maladies hydriques et parasitaires ;
– une augmentation de l'évaporation et de l'évapotranspiration ;
– une demande en eau accrue pour la consommation humaine, de la faune et de la flore ;
– un développement des surfaces irriguées ;
– des déplacements importants de populations.

Les conséquences démographiques, économiques, sociales et écologiques risquent d'être considérables. Or, l'eau est une ressource vitale pour la faune et la flore comme pour l'homme, ressource bon marché que toutes les activités économiques et sociales utilisent en quantité et qualité appropriées, sans substitution possible.

Il est donc indispensable de travailler dès à présent à l'adaptation des politiques de gestion des ressources en eau, en prenant en compte les éléments nouveaux du changement climatique en cours. Il faut notamment évaluer rapidement, selon divers scénarios, les conséquences hydrologiques prévisibles de ce changement.

À cet égard, c'est au niveau de chaque bassin versant, y compris son littoral maritime, en développant des programmes de recherche adaptés, que des mesures d'anticipation de ce changement doivent être étudiées et mises en œuvre dès à présent, dans le cadre notamment des plans de gestion ou des schémas directeurs d'aménagement et des programmes de mesures pour la réalisation concrète des objets voulus.

L'eau, le monde et nous, les citoyens...

Jeannette Prétot

Le problème de l'eau commence dans les mots. Des spécialistes hautement diplômés analysent des données, construisent des raisonnements, établissent des diagnostics, préconisent des solutions, et le public n'y comprend rien. La science a besoin d'un langage précis, elle a inventé des mots pour désigner chaque aspect de la réalité. Le Français le plus moyen utilise 90 mots par jour, j'entends des mots qui lui viennent spontanément et dont il peut donner la définition sans se tromper. La vulgarisation est donc un exercice indispensable. Si l'on veut sensibiliser, éduquer les citoyens, il faut savoir parler comme eux, et plus encore, penser comme eux.

L'Ambassade de l'eau est née de ce constat. Il s'agit d'une association loi de 1901 dont l'action s'articule autour de plusieurs pôles : sensibilisation, éducation, information, réalisation, etc. Cette action est dirigée vers tous les publics disponibles, avec une préférence pour les scolaires. Elle se base sur le droit à l'eau, actuellement défendu par la loi Oudin-Santini. Je rappelle que, selon cette loi, 1 % de l'argent de l'eau peut être alloué à des projets de solidarité dans les pays émergents. Chaque classe d'eau, en Europe, sera la correspondante d'une autre classe, dans un pays lointain où s'appliquera la 1 % Oudin. Cette aide s'appliquera, dans la majorité des cas, à un microprojet mis en œuvre par la communauté locale ; il s'accompagnera automatiquement d'une éducation à l'eau afin de former les enfants concernés à l'hygiène, la gestion, etc. Cette correspondance permettra de développer la notion de solidarité. En ce qui concerne les adultes, l'Ambassade de l'eau met son grain de sel dans les débats publics, dans la presse locale, dans toutes les manifestations qui font partie du quotidien des citoyens. Il faut que l'eau s'inscrive dans ce quotidien pour qu'on la prenne en considération. Quand une mère de famille la voit couler au robinet, elle n'y prête pas attention. Tout le travail de communication de l'Ambassade de l'eau est de lui faire comprendre qu'il s'agit d'un bien fragile et que sans cesse, il importe de tout mettre en œuvre pour la préserver. Ce faisant, elle agit comme interface entre le monde des experts avec leur langage particulier et celui du commun des mortels qui prend son information au journal de 20 heures.

Informer exige des mots du quotidien, mais aussi une grande prudence : une vérité trop brutalement assénée, neuf fois sur dix, engendre un réflexe de rejet. Ce que l'on ne veut pas voir n'existe pas… Voici un cas concret de sensibilisation ; il a pour cadre la Seine-et-Marne, où se trouve le siège de l'association. Il a fallu quelques années d'actions menées en partenariat avec, entre autres, l'Agence de bassin Seine-Normandie pour que la presse locale, en l'occurrence *Le Pays Briard, La Marne, Le Parisien libéré* en particulier s'intéressent au sujet. Depuis 2004, *Le Pays Briard* ouvre régulièrement ses pages à notre information.

Voici un petit article pour illustrer notre démarche :

> « Histoire venue d'ailleurs
>
> Jeannette Prétot
>
> Il était une fois une planète pas propre. D'ailleurs, la galaxie entière l'appelait Cradouille. Les habitants de cette planète pas propre, un beau matin, décidèrent que cela suffisait. Plus de rivières noires, plus de campagnes pourries, plus d'air puant, on en a assez !
>
> Des associations se formèrent, les informations circulèrent, les consciences évoluèrent. Les dirigeants de Cradouille furent bien obligés d'entendre leur peuple, d'autant plus que certains, parmi eux, détestaient la saleté. Il fut décidé de débaptiser la planète Cradouille pour l'appeler « Limpida ». Bien entendu, changer de nom impliquait un grand nettoyage.
>
> Vaste programme ! La saleté enrichit tous ceux qui ne dépensent pas leurs sous en nettoyage. Enlever une montagne de cochonneries au bord d'une rivière, ça coûte. Dépolluer un terrain industriel mal tenu, ça coûte. Les mauvais élus de Cradouille s'en mettaient plein les fouilles.
>
> Comme ils n'étaient pas bêtes, ils comprirent que s'ils ne pouvaient pas arrêter l'opération Grand nettoyage, au moins, ils pourraient la ralentir. Ce fut une ruée sur les derniers bénefs. Pour commencer, il fallait demander une étude préliminaire parce que personne ne songerait à transformer une planète aussi sale sans l'aide de la science. Cette simple demande leur prit cinq ans. Comme les études prennent toujours un temps fou, ils savaient bien qu'ils avaient encore quelques belles années devant eux. Et c'est ainsi que l'un vendit son jardin à un bâtisseur de zone N'importe-Comment : ainsi appelle-t-on les zones industrielles sur la planète Cradouille. Un autre construisit un joli village dont la saleté se dissimulait sous des jardinières fleuries, qu'il nomma « Le petit Limpida ». Avec l'argent gagné, il s'acheta une flotte de péniches touristiques qui crachaient leurs crottes dans les canaux et les rivières et tant pis pour les poissons et les enfants qui s'y baignaient. Un troisième se dépêcha d'installer une station d'épuration modèle années cinquante sur le terrain de son cousin pour que les sous de la redevance restent en famille. Il y en eut bien d'autres, dix-huit parutions du *Pays Briard* ne suffiraient pas à les raconter.
>
> Bien entendu, cette triste histoire se déroule sur la planète Cradouille. Sur la planète Brie, elle ne saurait exister. Et ceux qui imaginent que la mise en place de notre parc naturel régional de la Brie-des-Deux-Morin va déchaîner les mêmes appétits, se trompent. À la fin de juin, nos élus vont voter son étude préalable et tout ira pour le mieux dans le meilleur des mondes. »

Le but d'un tel article est de mener les lecteurs à se poser des questions : qui laisse ses cochonneries près de la rivière ? Le village aux jardinières fleuries, c'est lequel ? Ce jeu de pistes à la fois les amuse et les fait réfléchir. L'environnement, du coup, se glisse dans leur quotidien. Comme tout un chacun, ils n'avaient pas envie de voir la réalité, la voilà qui se faufile dans leur vision du monde. Quand survient un problème aigu, la première réaction d'un pouvoir local consiste à dire : « Pas de vagues ! » Le problème en question sera traité en toute discrétion. Il suffit alors d'un peu de mauvaise volonté, ou de lâcheté, pour que le citoyen n'en soit pas informé. Un silence qui, parfois, peut entraîner des conséquences graves. Le rôle d'une association comme l'Ambassade de l'eau est de monter au créneau sans tarder, pour défendre le citoyen en l'informant et le rendre responsable de sa propre défense. Quand survient un problème aigu, hormis les réunions et les conversations, la presse, une fois de plus, joue un rôle important. En septembre 2003, l'eau de 4 communes, dont celle où se trouve le siège de l'association, était polluée par du sélénium. Le préfet avait pris un arrêté interdisant de boire cette eau, les municipalités ont préféré étouffer l'affaire. Des femmes enceintes, des enfants, des personnes fragiles ont bu une eau dangereuse. Nous avons tenu notre rôle : réunions, informations, appels aux responsables, malheur à nous, par qui le scandale est arrivé ! Là s'est posé le problème des normes et de la vérité : la norme de l'OMS, adoptée par l'Europe est de 10 µg par litre, information confirmée par la DDASS. La préfecture avait autorisé 20 µg pendant six mois, le temps de trouver une solution. Les élus, furieux, avaient fait le siège de l'AFSSA, qui avait fini par pondre une étude vite faite bien faite, selon laquelle on pouvait tolérer jusqu'à 40 µg de sélénium par litre ! Encore plus fort : le président du Syndicat des eaux s'était fendu d'un article dans lequel il affirmait que le sélénium ne devient toxique qu'à partir de 700 µg par jour. Qui peut discerner le faux du vrai dans ce déluge d'informations brevetées et contradictoires ?

Voici l'un des mille et un articles que nous avons donnés au *Pays Briard* :

> « Sélénium ? Inconnu au bataillon.
>
> Jeannette Prétot
>
> Ce matin, j'ai trouvé dans ma boîte aux lettres le bulletin municipal de Mouroux, l'une des quelques communes touchées cet été par une pollution au sélénium. *Le Pays Briard* vous en a informés à de multiples reprises : 29 µg/litre au pire de l'alerte, alors que la norme européenne est de 10 µg. Informations reprises par TF1, France 2, *Le Nouvel Observateur* et *Le Parisien*. M. le Préfet avait autorisé jusqu'à 20 µg en attendant de trouver une solution. Toutes les études avaient prouvé qu'elle serait longue à venir : comment empêcher un oligo-élément de se concentrer sous terre ? Comment nettoyer une eau pompée dans le sol quand il n'existe aucun dispositif précis pour cela ?
>
> J'ai lu le bulletin municipal avec attention. Miracle : le sélénium a disparu. De la nappe phréatique, c'est impossible, mais du bulletin, oui. On n'en parle pas, il n'existe pas, on regarde ailleurs, le problème ne se pose pas. Mais pendant ce temps, nos robinets continuent de cracher une eau polluée. Pour éviter des problèmes de peau, des gingivites, etc., il nous faut continuer d'acheter de l'eau minérale.

> Le Syndicat des eaux de l'Aubetin a fait un geste : une toute petite réduction sur nos factures qui, selon lui, correspond à ce que nous dépensons en bouteilles pour notre boisson. Pendant une semaine, je le précise. La pollution a débuté en septembre : une semaine pour dix mois, bravo ! »

Parce que nous étions sur le terrain depuis des années, parce que nous avions toujours apporté une information fiable et vérifiable, les lecteurs nous ont suivis. Et donc nous avons pu faire avancer les choses : en concertation avec les élus de bonne volonté – il y a en plus qu'on ne croit – nous avons élaboré un plan local de l'eau qui permet, enfin, de protéger cette précieuse ressource. La conscience citoyenne a progressé : j'en tiens pour preuve les deux débats que nous avons organisés avec l'agence de Bassin à la suite de cette pollution : le public y a participé en nombre, a posé les bonnes questions. En 2005, cette même agence avait rédigé un questionnaire exigé par la directive-cadre européenne pour la consultation du public sur les enjeux de l'eau. À la fin de ces deux réunions, les participants l'ont tous rempli : ils avaient compris que leur opinion a du poids, qu'ils sont des acteurs responsables dans le domaine de l'eau.

La gouvernance de l'eau au Québec

Jean-Maurice LATULIPPE

Introduction

L'eau : la trouver, la conserver, la protéger. N'oublions pas qu'au paradis, tel que les peintres renaissants de l'Italie et des Flandres le racontent, il y a une fontaine, la Fontaine de Jouvence qui doit nous rendre à notre condition première. Nous ne l'avons pas trouvée ! Rassurez-vous. Mais nous souhaitons, par ailleurs, que si quelqu'un un jour la découvre, que son eau ne soit pas polluée, qu'elle coule encore et qu'elle coulera toujours. Nous présentons ici un examen de différents modes de gouvernance de l'eau en privilégiant bien sûr celui qui nous apparaît le plus complet. Nous prétendons qu'il faut appliquer une gouvernance très rigoureuse afin de protéger cette ressource et s'assurer que cette protection sera maintenue.

Sur la planète

L'eau, on le sait tous, est très inégalement répartie sur la planète. En effet, il n'existe que 2,5 % d'eau douce sur la surface de la planète. Or, près de 70 % de cette eau se retrouve sous forme de glace en Arctique et en Antarctique, dans le sol humide ou dans des endroits inaccessibles. En fait, il n'y a que moins de 1 % de toute cette eau qui est facilement accessible aux usages humains. Par ailleurs, on sait maintenant que 80 % de toutes les maladies affectant l'hémisphère sud sont causées par la consommation d'eau polluée et que quatre millions d'enfants en meurent chaque année (*Politique nationale de l'eau au Québec*, chapitre 1) [1].

Jean-Pierre Nozais et Marc Gentilini [2] écrivaient que l'eau constitue 90 % du poids d'un nouveau-né et 70 % de celui d'un adulte. Les pertes journalières en eau par la respiration, la transpiration et l'urine doivent être compensées par l'absorption d'une quantité équivalente d'eau (et de sel), sous peine de voir apparaître une déshydratation dont l'issue pourrait être, en quelques heures parfois, gravissime chez un jeune enfant. « Si l'homme vient de l'eau, elle s'impose toujours à lui. Elle est à la fois source d'inspiration et de connaissance. Lavoisier décompose l'eau et Monet peint ses reflets. »

Plusieurs maladies sont encore présentes aujourd'hui en raison d'une eau polluée : poliomyélite dans les pays défavorisés, fièvre typhoïde, choléra, ver de Guinée ou dracunculose, et même le paludisme engendré par les eaux stagnantes dont s'abreuvent les moustiques, pour ne mentionner que celles-là.

Les pénuries d'eau sont de causes multiples : pénurie en quantité lorsque la ressource est peu présente, en Tunisie par exemple, tout comme au Canada dans la province de l'Alberta ; pénurie conjoncturelle provoquée par la sécheresse ; pollution d'origines diverses, etc. Les humains sont confrontés à diverses problématiques reliées à l'eau et surtout à sa carence. En effet, un approvisionnement en eau se situe généralement autour de 1 700 m^3/an par personne, tous usages confondus ; à 1 000 m^3/an par personne, il y a de grandes difficultés, et à 500 m^3/an par personne, on se retrouve à l'intérieur d'une grave pénurie. L'Algérie, le Rwanda, la Somalie et la Tunisie seraient, selon certaines sources, sous le seuil des 1 000 m^3/an par personne. La France se retrouve assez nantie avec ses 2 000 à 10 000 m^3/an par habitant, tandis que le Canada apparaît très riche avec ses valeurs dépassant les 100 000 m^3/an par habitant.

Au Québec

Le Code civil du Québec, issu du Code Napoléon français, reconnaît l'eau, qu'elle soit de surface ou souterraine, comme « chose commune » sous réserve de certains droits quant à son utilisation ou son appropriation. Tous doivent y avoir accès. L'eau a toujours été intimement liée à la culture et à la vie des habitants du Québec. D'ailleurs, le mot Québec veut lui-même dire en amérindien « passage rétréci » en référence à la situation géographique de la ville de Québec sur le fleuve Saint-Laurent. Les autochtones ont donc apprivoisé très tôt les lacs et rivières qui constituaient le lien entre habitants. Le fleuve Saint-Laurent était pour ces peuples « le chemin qui marche ». Le Québec est immense, 1 667 000 km^2 contre 244 000 km^2 pour l'Angleterre et 550 000 km^2 pour la France. De ce vaste territoire, 10 % est constitué d'eau douce : plus de 4 500 rivières et 500 000 lacs dont 30 ont plus de 250 km^2. C'est donc 3 % des eaux douces renouvelables de la planète ! Les réserves québécoises d'eau souterraine sont évaluées à près de 2 000 km^3. L'eau se situe d'ailleurs au cœur de l'industrie québécoise (électricité, foresterie, sidérurgie, aluminerie). Pourtant, malgré cette abondance, la pollution, les conflits d'usage et l'exportation de l'eau en vrac demeurent des éléments de menace à l'intégrité du domaine hydrique québécois.

Pollution de l'eau

En juillet 2007, une soixantaine de municipalités québécoises avaient émis des avis d'ébullition ou de non-consommation d'eau provenant des aqueducs publics. Plus des deux tiers des avis sont en vigueur depuis plus d'un an et 17 cas sont privés de ce service essentiel depuis plus de cinq ans. Les coliformes fécaux expliquent souvent cette contamination. Plusieurs municipalités prennent leur eau brute à la surface, soit dans des ruisseaux, des lacs, des rivières ou le fleuve. Les problèmes liés à la protection des sources d'approvisionnement en eau potable sont multiples et la législation souvent peu protectrice. En effet, au moins 190 lacs sont des sources d'eau potable, et aucune mesure gouvernementale ne vient les protéger de façon complète. Dans certaines situations, il ne suffit pas de faire bouillir l'eau. Par exemple, les toxines produites par les algues bleues ne sont pas éliminées lorsqu'on fait bouillir l'eau. En effet, il n'y a actuellement aucune solution miracle à la prolifération de ce qu'on appelle les algues bleues ou cyanobactéries qui affectent plusieurs milieux aquatiques au Québec et mettent en état d'alerte la santé publique.

Phénomène encore inconnu au Québec il y a quelques années, les premières espèces identifiées de cyanobactéries étaient effectivement bleues, bien qu'on en retrouve de diverses couleurs allant du vert olive au rouge. Elles se forment dans les eaux peu profondes, tièdes et calmes. Elles sont composées de cellules qui peuvent contenir des poisons : les toxines cyanobactériennes. Une masse de cyanobactéries dans l'eau est appelée fleur d'eau ou parfois prolifération. L'étendue des proliférations cyanobactériennes au Canada est méconnue. Il est cependant établi qu'elles surviennent généralement pendant les mois chauds d'été.

Certaines cyanobactéries peuvent contenir et libérer différentes toxines : dermatoxines, hépatotoxines et neurotoxines dont les effets sur la santé apparaissent dans les 48 heures (irritation cutanée, allergie, rhume, fièvre, nausées, risques de cancer, affection de la transmission de l'influx nerveux). Il n'y a pas de normes au Québec. Ce sont des « critères » proposés par l'Institut national de santé publique. Donc, la gestion de ce problème est un peu laissée au bon vouloir des municipalités. Une harmonisation des interventions des différents ministères (santé, environnement, sécurité publique, affaires municipales) serait souhaitable. La solution envisagée par plusieurs serait un transfert d'approvisionnement de l'eau de surface à l'eau souterraine ce qui permettrait sans doute d'éviter un bon nombre de contaminants. Toutefois, le financement de ce transfert fait tristement défaut, tout comme un inventaire de la capacité de support des nappes phréatiques. En outre, un inventaire du bilan de phosphore serait requis afin d'évaluer la contribution des activités agricoles au phénomène.

La gestion de l'eau à l'échelle des bassins versants, telle que nous le proposons au chapitre suivant, apporterait, selon nous, une réponse structurée à cette problématique et à plusieurs autres. Soulignons qu'au Québec, 87 % des municipalités ont moins de 5 000 habitants et que seulement 21,5 % de celles-ci ont pu profiter des programmes d'infrastructures. C'est donc dire qu'une gouvernance de l'eau orchestrée dans un contexte qui s'impose, c'est-à-dire « judiciarisé », doit s'instaurer dans les meilleurs délais. En effet, et pour ne citer que cette problématique, le dossier agricole au Québec commence à tristement ressembler au dossier de nos cousins bretons aux prises avec une grave pollution reliée à la production porcine (pesticides et nitrates).

Exportation de l'eau

Autre élément d'inquiétude pour le Québec, c'est l'exportation d'eau en vrac. En effet, si on commençait à exporter massivement l'eau en vrac, il pourrait en résulter des changements irréversibles à la biodiversité sur les berges et les sols, sur la qualité générale des eaux et sur la capacité de notre écosystème à réagir à des perturbations inattendues comme les changements climatiques. Or, depuis sa signature en 1998, les premiers ministres canadiens avaient affirmé que l'entente sur l'Accord du libre-échange nord-américain (ALÉNA) ne couvrirait que l'eau embouteillée et non l'exportation d'eau en vrac. Mais, devant un tribunal commercial, les avocats des compagnies auront vite fait d'argumenter que ce que nous exportons, ce ne sont pas des bouteilles de plastique, mais bien de l'eau dans des contenants, qu'ils se nomment bouteilles, bateaux-citernes, pipelines ou autres, ils transportent de l'eau. Donc, nous aurions reconnu dans les faits que l'eau est une marchandise. Le pouvoir serait, selon certains juristes, entre les mains des politiciens. Rien de bien rassurant…

Ainsi, c'est en plein milieu des audiences de la commission sur l'eau au Québec que le Québec a institué par loi en 1999 un moratoire sur l'exportation d'eau en vrac. Cette loi limitait à des formats de 20 litres et moins l'exportation d'eau. Toutefois, plusieurs estiment que le danger ne serait pas écarté tant que l'ALÉNA ne serait pas formel à cet effet. Il faudrait donc le rouvrir ! Certains politiciens (dont un ancien ministre de l'environnement du Québec) avaient créé une onde de choc en suggérant que cette loi soit revue puisqu'il ne partageait pas les appréhensions des uns ! C'est pourtant une des pierres d'assise de la politique nationale de l'eau au Québec.

Sachons que l'industrie de l'embouteillage de l'eau au Québec est en plein essor ; elle emploie directement et indirectement 5 000 personnes et génère des ventes de 75 millions de dollars par année. Plusieurs éprouvent alors des craintes. En effet, l'absence de contrôle et de règlements sur l'utilisation des nappes souterraines pourrait inciter l'industrie de l'embouteillage à prélever plus que sa juste part, épuisant ainsi les réserves d'eau dont on a aussi besoin pour les utilisations ménagères, l'agriculture et d'autres activités. Alors, comment s'assurer que l'eau demeure « *res communis* », demeure une partie du patrimoine collectif au Québec ?

Notons que, malgré cette volonté d'empêcher l'exportation de l'eau en vrac, la dimension internationale demeure, à plusieurs autres titres, un élément important pour le Québec. Différentes activités internationales obligent le Québec à discuter des eaux limitrophes frontalières mais aussi de la problématique planétaire :

– gestion du bassin des Grands Lacs et du Saint-Laurent ;
– accord nord-américain de coopération dans le domaine de l'environnement (ANACDE) ;
– engagements internationaux en matière de développement durable ;
– changements climatiques affectant le niveau des cours et des plans d'eau ;
– forums d'échanges internationaux : réseau international des organismes de bassin (RIOB).

La gouvernance : une affaire de concertation mais aussi de législation

Depuis 1997, le gouvernement du Québec jonglait avec l'idée d'un encadrement global de l'eau au Québec. Comme nous l'avons souligné, l'eau est non seulement abondante au Québec, mais elle s'inscrit dans la culture du peuple québécois, dans toute sa vie organisée. Ainsi, à la suite du rapport de la Commission sur l'eau au Québec, présidée par M. André Beauchamp, c'est à l'automne 2002 que le Québec se dotait d'une réelle politique nationale de l'eau afin :

– d'assurer la protection de cette ressource unique ;
– de gérer l'eau dans une perspective de développement durable ;
– de s'assurer, ce faisant, de milieux protégeant la santé et celle des écosystèmes.

Cette vaste politique comporte cinq orientations :

1. Réformer la gouvernance de l'eau : un choix stratégique.
2. Implanter la gestion intégrée du Saint-Laurent : un défi de taille.
3. Protéger la qualité de l'eau et des écosystèmes aquatiques : une nécessité.
4. Poursuivre l'assainissement de l'eau et améliorer la gestion des services de l'eau : la récupération des usages.
5. Favoriser les activités récréotouristiques liées à l'eau : le plaisir de l'eau.

La municipalité responsable de la gestion de l'eau

Nous aborderons ici seulement la première orientation, à savoir celle sur la gouvernance. Nous estimons que cette orientation n'a pas été suffisamment mise en œuvre pour constituer auprès de tous les gestionnaires et usagers de l'eau un élément d'application puissant pour protéger réellement la ressource. Les éléments de réflexion mis en œuvre actuellement en vertu de la politique nationale de l'eau au Québec, au plan écologique tout du moins, sont sans contredit fort intéressants. Il existe en effet plusieurs dizaines de comités de bassin qui voient une certaine forme de protection du bassin versant. Mais leur plan directeur de l'eau n'a aucune force coercitive et ne peut s'imposer aux réels décideurs que sont les élus municipaux. Il faut, selon plusieurs, encadrer juridiquement ces mesures élaborées de bonne foi si l'on veut qu'elles servent de guide à une protection de l'eau au Québec. La réglementation découlant de la loi sur la qualité de l'environnement (L.R.Q., c. Q-2) s'impose et permet à l'ensemble des citoyens d'obtenir cette stabilité et cette sécurité que procure l'État de droit. Pourquoi ne pas pousser un cran plus loin et concrétiser dans un élément juridique le Plan directeur de l'eau (PDE). La loi sur les compétences municipales au Québec (L.R.Q. 2005, c.50) est venue apporter aux municipalités locales une plus large capacité de réglementer en environnement. En effet, le législateur constate que le rôle des municipalités en matière de protection de l'environnement est sans cesse croissant. La Cour suprême du Canada a même reconnu que les municipalités avaient un pouvoir général d'intervention en matière environnementale fondé sur le principe de précaution. Ce principe est l'une des assises fondamentales du développement durable.

La MRC responsable de la gouvernance de l'eau

La loi confirme ainsi le pouvoir réglementaire général et le pouvoir d'intervention des municipalités dites « locales » en matière d'environnement. Cependant, la loi sur les compétences municipales au Québec ne confère pas aux municipalités régionales de comté ces pouvoirs généraux. Les municipalités régionales de comté (MRC), créées à partir de 1979 pour remplacer les comtés, sont des municipalités régionales offrant des services aux municipalités locales. Elles regroupent toutes les municipalités d'une même région et sont au nombre de 88. Certaines villes ou villes avec agglomération possèdent les compétences des MRC. Le conseil d'une MRC est généralement composé des maires des municipalités membres de cette MRC, ainsi que d'un préfet. La MRC doit principalement gérer l'aménagement du territoire par l'élaboration d'un schéma d'aménagement et de développement (SAD). Elle établit également un plan de gestion des matières résiduelles pour l'ensemble de son territoire, tout comme un schéma de couverture de risques (incendies) et un schéma de sécurité civile (police). C'est donc dire que la MRC voit à coordonner, pour l'ensemble de son territoire, les grands paramètres de la planification régionale auxquels doivent se conformer les municipalités locales comprises dans son environnement géographique. Chaque MRC compte une vingtaine de municipalités locales. Le maire de ces municipalités locales est d'office membre de la MRC, formant ainsi un conseil d'administration parmi lequel ils s'élisent un chef, le préfet. La gestion de l'eau potable, l'assainissement de l'eau et le captage des eaux souterraines relèvent toutefois de la municipalité locale. Par contre, la politique québécoise de protection des rives, du littoral et des plaines inondables est appliquée par la MRC *via* son schéma et s'impose aux municipalités locales. Somme toute, les grands éléments de planification et de gouvernance du territoire relèvent logiquement de la MRC et donc du SAD.

Compétences MRC *vs* municipalités locales

Sous les principes de subsidiarité et d'imputabilité, il en revient aux élus locaux, plus proches du citoyen, de recevoir une délégation de compétence. Au Québec, plus de 750 municipalités (sur environ 1 100) ont une population moindre de 2 000 habitants. C'est donc dire qu'elles n'ont pas la masse critique pour recevoir et administrer certaines compétences. La gouvernance de l'eau doit, selon nous, respecter ces deux principes, mais également respecter l'aspect démocratique instauré par la loi, c'est-à-dire que le décideur public municipal est l'élu dans son conseil municipal, et que son élection constitue le jugement ultime par ses citoyens de sa bonne gestion. Il faudra donc tenir compte du gestionnaire qu'est la municipalité locale, de la gouvernance que doit assumer la MRC et de l'élaboration du plan directeur de l'eau que peut assumer un comité de bassin.

D'autres organismes

D'autres organismes sont actuellement visés par la gouvernance de l'eau, notamment les conférences régionales des élus (les CRÉ) et les regroupements des organisations de bassin versant du Québec (ROBVQ).

Les conférences régionales des élus (CRÉ)

Rappelons que les CRÉ ont pour mandat de planifier le développement sur une base quinquennale et de gérer les budgets alloués au développement régional par le gouvernement du Québec pour leur région respective. Elles ont été créées par la loi n° 34, adoptée par l'Assemblée nationale en décembre 2003. Au printemps 2004, elles ont remplacé les conseils régionaux de développement (CRD) qui exerçaient jusque-là une fonction similaire. Les CRÉ ont cependant une particularité : elles accordent une place centrale aux élus (minimum de 2/3 des sièges). Toutefois, la CRÉ n'est pas imputable comme regroupement d'élus au même titre que la municipalité. En effet, le maire qui y siège n'est pas mandataire de sa municipalité. Ainsi, il ne peut juridiquement engager son conseil municipal. Il est important de le souligner, car le gouvernement entend créer un lien d'autorité entre la CRÉ et une nouvelle entité soit la « commission sur les ressources naturelles et le territoire ». Ce qui nous intéresse ici, c'est que le gouvernement donnerait le mandat suivant, à cette commission de non-élus, elle-même sous l'égide de la non moins non élue CRÉ : « en ce qui relève de la gouvernance, la commission doit gérer les ressources naturelles et le territoire en partenariat avec le ministère des ressources naturelles et de la Faune et... d'autres acteurs » ! « (...) la commission rapprochera les pouvoirs décisionnels de la réalité régionale et visera l'appropriation progressive des ressources naturelles et une responsabilisation accrue des organismes et des intervenants liés à ces ressources. » (Conférence régionale des élus Gaspésie-Iles-de-la-Madeleine).

Donc, l'eau serait gérée par des non-élus en collaboration avec le ministère ! Il faut rejeter cette forme de gouvernance qui éloigne le citoyen et le décideur local de ce qui se passe sur leur territoire.

Le regroupement des organisations de bassin versant du Québec (ROBVQ)

Le ROBVQ est un organisme à but non lucratif créé en novembre 2001 et reconnu par le ministère du développement durable, de l'environnement et des parcs du Québec (MDDEP) comme étant son interlocuteur privilégié pour la mise en place de la gestion intégrée de l'eau par bassin versant au Québec. Cet organisme « s'est donné » comme mandat, entre autres, de « promouvoir les grands principes de la gouvernance et de la gestion intégrée et concertée de l'eau, des écosystèmes aquatiques et des autres ressources du bassin versant ». Le Québec compte 430 bassins versants majeurs, dont 100 ont une superficie de drainage supérieure à 4 000 km^2. Il compte également 13 régions hydrographiques regroupant chacune plusieurs bassins versants. Ces divisions tiennent compte des réalités hydrologiques et écologiques du territoire plutôt que des limites administratives.

Le ROBVQ a axé son intervention sur la gouvernance dite participative. Ainsi, il prétend intégrer l'ensemble des acteurs locaux dans son processus de planification, c'est-à-dire les élus municipaux, les acteurs économiques et les intervenants communautaires tout en visant la concertation. Dans ses caractéristiques, le ROBVQ vise à inclure toutes les facettes de la société présentées par les différents intervenants du milieu. Ce qui au demeurant est une méthode fort louable de consensus et de concertation, elle souffre toutefois du manque total d'impact que pourraient apporter les éléments juridiques (règlements, lois, politiques, orientations gouvernementales, SAD, règles de conformité au SAD, etc.) que le gouvernement impose aux élus municipaux. L'eau est un des paramètres fondamentaux de ce schéma de la MRC. Ainsi, comment peut-on penser qu'un simple consensus, aussi louable soit-il, puisse conditionner la loi applicable sur un territoire quand, à l'autre bout du spectre, les élus sont redevables devant la population des sommes qu'implique la mise en œuvre d'un plan directeur de l'eau ? Il y a là une dichotomie qui écorche la démocratie. Bravo pour l'approche de concertation, bravo pour la recherche d'un équilibre entre les intérêts et les besoins des intervenants, mais n'est-ce pas là l'essence même du devoir politique municipal ?

Il faut donc trouver à la fois le bon vouloir de personnes vouées à la sauvegarde du bassin versant, la recherche d'une concertation entre usagers et gestionnaires de l'eau, mais aussi l'application légale des mesures réglementaires assurant la stabilité et la sécurité juridiques qu'apporte à un consensus le corpus législatif. Car, il peut y avoir des contestations, des délinquants, et là, seule la loi pourra encadrer l'intervention de la gouvernance « participative ».

> « L'eau n'est pas un élément neutre. Qu'il y ait manque ou excès, il est rare que la ressource s'ajuste aux besoins, où il faut et quand il faut. De là toute une série de concurrences. Concurrence sectorielle entre usagers dans un espace donné, ou concurrence entre espaces distincts, mais amenés à se partager une même ressource. À la limite, la concurrence peut se transformer en conflit. Bien entendu, ce dernier peut être considéré comme une étape nécessaire à la résolution d'un problème de concurrence. Il amène les parties à se prononcer sur leurs besoins et à définir leurs droits, puis à confronter leurs positions en vue de dégager une solution, règlement sur l'eau ou aménagement qui permettra de satisfaire les uns et les autres ou d'établir des priorités. Cela n'implique pas que les arbitrages soient toujours satisfaisants, et il arrive que le conflit d'intérêts dégénère en conflit ouvert, et ce, d'autant plus facilement que, de tout temps, des hommes se sont servis de l'eau comme d'une arme : tous les usages de l'eau ne sont pas égaux [2]. »

Le plan directeur de l'eau doit donc faire l'objet d'un encadrement juridique, sans quoi, il ne peut avoir préséance sur le schéma d'aménagement de la MRC, sur la réglementation municipale, et même servir de base à d'éventuelles confrontations avec le gouvernement ou entre les citoyens.

Le plan directeur de l'eau sous la responsabilité de la MRC

La politique nationale de l'eau identifie la gestion intégrée de l'eau par bassin versant comme étant un axe majeur d'intervention. Cette approche territoriale de la gestion de l'eau repose sur la concertation des élus des municipalités et des MRC, des citoyens, des usagers, des ministères et des organismes gouvernementaux. Cette concertation mène à l'élaboration d'un plan directeur qui, dans une perspective de développement durable, établit le portrait du bassin versant, identifie des milieux sensibles, définit les enjeux et détermine un plan d'action. Il faut donc que la gestion intégrée de l'eau soit orchestrée par les MRC, en continuité avec leur mandat d'aménagement du territoire. Évidemment, les bassins versants étant plus vastes que le territoire d'une seule MRC, les MRC concernées par le même bassin versant devraient gérer cette responsabilité en commun sur le modèle, par exemple, des commissions conjointes d'aménagement prévues aux articles 75.1 et suivants de la loi sur l'aménagement et l'urbanisme du Québec (L.R.Q. c. A-19.1) avec les adaptations nécessaires, notamment sur le plan de la représentativité ou encore par le biais des pouvoirs réservés au regroupement de MRC que sont les bureaux de délégués [3].

La participation citoyenne émerge comme une condition du succès à toute démarche de développement durable. Une remise en question des niveaux de décision, l'authenticité de la consultation et la réelle influence sur le futur rehaussent l'adhésion des citoyens à la démarche proposée. Toutefois, le droit doit venir supporter l'action du milieu et chacune des parties à l'élaboration d'un plan directeur de l'eau pour un bassin versant donné doit y trouver son compte. Ainsi, un statut juridique s'impose pour le comité de bassin. Il doit être reconnu comme l'entité responsable de l'élaboration du PDE et d'une proposition économique de mise en œuvre. Par contre, ce plan et cette proposition doivent être approuvés par les élus locaux via la MRC. Ce sont eux qui sont imputables devant les citoyens, et non le comité de bassin.

Si le conseil de la MRC approuve (après discussions, demandes de modifications, etc.) le plan proposé, il l'intégrera à son schéma d'aménagement et de développement afin d'éventuellement lui conférer un statut juridique exécutoire.

Selon le processus établi par la loi, avant l'adoption d'un schéma d'aménagement et de développement d'une MRC, ce dernier doit être soumis au gouvernement pour approbation des ministères et organismes gouvernementaux. Après approbation (sous réserve de discussions, demandes de modifications, etc.), le schéma entre en vigueur et devient véritablement la loi des parties. C'est de cette façon que l'on regroupera l'écologie, le consensus local et l'application juridique d'une réelle protection de l'eau à l'échelle d'un bassin versant. La proposition de mise en œuvre quant à elle couvrira l'aspect économique requis par l'approche de développement durable.

Pollution, dégradation, exportation d'eau seront soumises au régime juridique du schéma. Serons-nous à l'abri de tout ? Sûrement pas. Mais nous aurons au moins un rempart permettant à chacun d'ester en justice pour faire valoir les droits qui découleront du plan directeur de l'eau, lui-même intégré au schéma d'aménagement de la MRC… jusqu'à ce que les politiciens s'en mêlent !

La politique nationale de l'eau du Québec, faisant référence à la gouvernance, s'exprime ainsi : « La gestion par bassin versant repose sur la concertation de l'ensemble des acteurs de l'eau concernés (municipalités ou MRC, groupes de citoyens, usagers du bassin versant, ministères ou organismes du gouvernement) et sur une meilleure intégration des multiples intérêts, usages, préoccupations et moyens d'action des forces vives du milieu. »

Pour y arriver, il faudra judiciariser le processus afin qu'il occupe une fonction exécutoire.

La gouvernance de l'eau : une responsabilité qui doit tirer son origine de la loi

Il faut un meilleur encadrement de la gestion de l'eau dans tous les pays. Au Québec, nous estimons que la législation et la réglementation sont essentielles à la survie de l'eau. Le statut juridique tant des décideurs que du document qui constituera la loi des parties sur le territoire du bassin versant doit être inscrit dans une loi ou un texte exécutoire pour tous.

Rappelons-nous ce qui se fait dans d'autres pays. Aux États-Unis des États comme le Vermont, le Maine et le New Hampshire ont protégé légalement la ressource. Le *Clean Water Action Plan* au niveau fédéral vient d'ailleurs apporter une protection supplémentaire. Au Canada, les provinces de l'Ontario, de la Colombie-Britannique, de l'Alberta, de la Saskatchewan, du Manitoba et du Nouveau-Brunswick appliquent des lois spécifiques sur l'eau. L'Union européenne s'est dotée en décembre 2000 d'une directive établissant un cadre pour une politique communautaire dans le domaine de l'eau. Il s'agit donc au Québec de donner suite à cette volonté de gouvernance exprimée dans la Politique nationale de l'eau adoptée au début du siècle.

L'exigence démocratique est une réalité incontournable qui dépasse les formes traditionnelles de démocratie représentative. Elle appelle des pratiques renouvelées de gouvernance à tous les niveaux où se construisent et se décident des politiques publiques, et donc au niveau local. Ce sont là les bienfaits de ce type de gouvernance qu'il faut reconnaître. En effet, fruit des initiatives locales, les comités de bassin qui préconisent la démocratie participative s'inscrivent dans la construction d'une démocratie sociale. Cette approche témoigne de la pluralité des démarches permettant d'associer les citoyens à des prises de décision qui, bien entendu, demeurent toutefois de la responsabilité des élus.

Le schéma d'aménagement et de développement de la MRC est un outil juridique de planification du territoire qui s'adopte au conseil de la municipalité régionale de comté, donc par des élus. Ce schéma doit déterminer, à l'égard du territoire de la municipalité régionale de comté (du bassin versant lorsqu'on s'y met à plusieurs MRC) :

– les grandes orientations de l'aménagement du territoire ;
– les grandes affectations du territoire pour les différentes parties de celui-ci ;
– toute partie du territoire présentant pour la MRC un intérêt (...) « d'ordre écologique ».

Ainsi, un plan directeur de l'eau (PDE) pourrait facilement, voire logiquement, faire partie du schéma des différentes MRC du bassin versant. De ce fait, le PDE acquerrait un statut juridique. Cependant, tous les intervenants doivent être impliqués dans le processus, qu'ils soient usagers, gestionnaires, décideurs municipaux ou gouvernementaux (ministères et organismes). L'acceptabilité sociale exige que les citoyens contribuent à l'élaboration et au devenir du PDE.

Pour ce faire, la loi doit être modifiée afin de reconnaître formellement le statut juridique du comité de bassin. La composition de ce comité doit également être représentative du milieu et axée sur sa mission. La MRC adoptera donc, à l'instar de l'ensemble des MRC du bassin versant, un règlement constituant le comité. Ce dernier aura alors l'exclusivité du mandat d'élaborer un PDE et de faire une proposition économique pour sa mise en œuvre.

En conclusion, il y aura toujours des conflits d'usages lorsque l'on parlera de la gestion de l'eau. La façon d'orchestrer les usages, afin d'en limiter les conflits et de respecter la mission de protection du patrimoine collectif, sera d'associer ceux qui y voient un intérêt qu'il soit écologique, économique ou social. Les consensus sont souhaitables et recherchés, mais ils ne suffisent plus. La loi et la judiciarisation du processus par l'intégration du PDE dans le schéma d'aménagement et de développement de la MRC nous apparaissent la seule solution à privilégier.

Au-delà de tout, un ministère de l'eau pourrait se voir confier une mission spécifique à l'égard de cette ressource que plusieurs autres ministères (environnement, affaires municipales, ressources naturelles), ou organismes publics (ex. : Hydro Québec), gèrent chacun en partie, et ce, souvent sans ligne directrice commune. La gouvernance participative est louable, mais il s'agira toujours de décider qui a raison et qui a tort. Une gouvernance basée sur la loi encadrerait judiciairement ces conflits d'usages.

Nous sommes des spécialistes de l'élaboration de plans de développement durable : l'eau est un élément incontournable dans un tel plan, que ce soit pour un organisme public (municipalité, société parapublique) ou une organisation commerciale (compagnie, industrie, etc.). Notre équipe offre une assistance technique et professionnelle aux entreprises qui désirent se doter d'un tel plan. Habituellement, lorsqu'on croit à ce que l'on fait, on le fait bien. Et si tous les organismes adoptaient une planification de leurs activités basée sur le développement durable et notamment sur le principe de précaution, la planète serait sans aucun doute plus rassurante pour les générations futures.

Bibliographie

[1] Politique de l'eau du Québec, 2002. (www.mddep.gouv.qc.ca/eau/politique/politique-integral.pdf)

[2] Le Grand Livre de l'eau, (1995), Édition La Manufacture, p. 399.

[3] Code Municipal du Québec, art. 128-141.

Comment réussir une collaboration entre acteurs et financeurs pour minimiser les risques de crue à la population ?

L'exemple du projet pilote du système d'alerte de crue sur le bassin versant du Lez (Drôme-Vaucluse)

Nelly PEYRON

Introduction

Le bassin versant du Lez s'étend sur 455 km^2 et couvre 28 communes de la Drôme et du Vaucluse (2 régions). Les dégâts occasionnés par les dernières crues entre 1993 et 2003 ont démontré l'importance des enjeux, tant financiers (520 millions d'euros de dommages) qu'humains (3 morts). Le besoin de disposer d'un outil performant permettant d'alerter les populations dans les meilleurs délais est alors apparu primordial pour leur mise en sécurité.

Depuis 2002, l'État français a créé des services de prévision de crues (SPC) sur un certain nombre de cours d'eau importants dits « réglementaires ». Ces SPC se dotent actuellement de moyens financiers et techniques pour pouvoir livrer au public des prévisions de crues par tronçons de cours d'eau à différentes échéances. N'étant pas un cours d'eau réglementaire, le Lez est géré par une collectivité, le syndicat mixte du bassin versant du Lez (SMBVL) qui a donc souhaité se doter d'un système clé en main opérationnel, capable d'alerter de façon fiable et rapide les personnes concernées.

Pour atteindre cet objectif, le SMBVL a décidé de mettre en place un réseau de capteurs hydrométéorologiques sur le Lez et ses affluents (pluviomètres, limnimètres et sondes d'humidité du sol), dont les données seront traitées en temps réel de manière à alerter les acteurs et la population concernée. Plus précisément, les données mesurées aux capteurs sont transmises par radio *via* un réseau propriétaire installé par le SMBVL, puis concentrées en temps réel vers un central d'alerte basé au syndicat. Un ensemble d'analyses informatiques est mené automatiquement pour définir le risque de crues sur l'ensemble du bassin. L'alerte est alors transmise par radio via un système de « pagers » aux différents élus et acteurs de la sécurité civile. La gestion des actions à mener pour la protection des biens et des personnes est ensuite prise en charge par chaque commune dans le cadre du plan communal de sauvegarde. À noter que les données du réseau sont mises à disposition du public en temps réel via un site internet dédié.

Le projet a pu aboutir grâce à la collaboration réussie entre les multiples acteurs et financeurs impliqués :

– entre le SMBVL et le SPC Grand Delta qui dans le cadre de ce projet ont établi une collaboration basée sur un échange de données en temps réel (collaboration exemplaire dans le domaine entre l'État et une collectivité) ;

– les différentes sources de financements : l'État, l'Agence de l'Eau, la région Provence-Alpes-Côte d'Azur, le département de la Drôme, le département du Vaucluse, et les 28 communes du bassin versant par le biais du SMBVL (communes soumises à différents risques, avec des enjeux et des moyens variables, mais toutes conscientes des bénéfices obtenus par une mutualisation cohérente et adaptée des moyens) ;

– la forte implication du service départemental d'incendie et de secours de Bollène qui accueillera le central d'alerte de secours dans ses locaux.

Ce projet pilote est donc exemplaire puisqu'il a permis de mettre en place un système unique et innovant destiné à minimiser les risques de crues à la population, grâce à une coopération financière et opérationnelle particulièrement réussie entre les différents acteurs.

Contexte et principe

En 2006, le SMBVL a donc lancé un appel d'offres de maîtrise d'œuvre pour la conception et la réalisation d'un système d'alerte clé en main. Egis Eau a ainsi été retenu pour cette prestation pilote en juin 2006. La phase conception s'est déroulée de juin 2006 à décembre 2007 et la phase réalisation est en cours avec une réception des travaux prévue pour janvier 2009.

Le système d'alerte est basé sur un réseau de capteurs hydrométéorologiques sur le Lez et ses affluents. L'objectif principal du dispositif est l'anticipation des crues pour l'alerte. Le système doit donc permettre de fournir les informations pertinentes en temps réel, de manière à mettre en œuvre le plus tôt possible et avec le moins d'incertitude possible les actions à mener pour la sécurité des personnes et des biens sur le bassin versant. Cet objectif ne peut être atteint que par la mise en place d'un équipement des cours d'eau du bassin versant du Lez en pluviomètres, en limnimètres et en sondes humidimétriques dont les données mesurées sont télétransmises en temps réel dans le but de :

– fournir les éléments techniques constituant la base d'un système d'alerte de crue (instrumentation, transmission des données, architecture du système d'alerte...) et de suivi des étiages ;

– acquérir une meilleure connaissance de l'hydrologie des rivières, en régime normal, en crue et en étiage. Il est en effet essentiel de mieux comprendre le comportement hydraulique du Lez et de ses affluents pour pouvoir mieux prévenir et réagir lors d'événements majeurs.

L'ensemble des différents éléments du système sont donc mis en œuvre (9 mois de travaux), allant de la pose des capteurs à l'organisation de l'alerte en passant par la mise en place d'un moyen de communication sécurisé pour l'ensemble des mairies. Le projet a été mené en s'appuyant particulièrement sur les retours d'expériences des systèmes opérationnels existants, qui soulignent l'importance de la sécurité de chaque maillon de la chaîne.

Le principe du système d'alerte s'articule autour des points suivants :
- mise en place de capteurs hydrométéorologiques ;
- acquisition et transmission des données en temps réel ;
- collecte et traitement des données au centre d'alerte ;
- diffusion de l'alerte aux mairies (sur dépassement de seuils) ;
- mise en œuvre du plan communal de sauvegarde.

Retour d'expérience des systèmes existants

Plusieurs entretiens auprès de différents organismes, ayant un réseau de mesure pour l'alerte de crues (SPCGD, SISA, ville de Nîmes...), ont permis de recueillir des informations particulièrement intéressantes sur les différents moyens et méthodes existantes. Grâce aux retours d'expérience de ces organismes, nous avons pu établir une vue d'ensemble des avantages et inconvénients, ainsi que des contraintes de tels systèmes.

De plus, à la suite des crues torrentielles qui ont frappé les départements du Gard, de l'Hérault, du Vaucluse, des Bouches-du-Rhône, de l'Ardèche et de la Drôme les 8 et 9 septembre 2002, une mission d'expertise a été menée par le service de l'inspection générale de l'environnement (les conseils généraux des ponts et chaussées et du génie rural des eaux et des forêts y ont été associés).

Réseau de mesure

Le système d'alerte de crues s'articule autour de la chaîne de transfert de l'information suivante :

> Capteur de mesure —> Station de collecte —> Transmission radio —> Concentrateur/Superviseur au central d'alerte de crues (SMBVL) —> Analyse dépassements de seuils d'alerte —> transmission radio —> Alerte aux mairies (maires, adjoints...) + service de secours + Préfecture

L'alerte à la population et la gestion des actions à mener pour la protection des biens et des personnes sont prises en charge par les communes dans le cadre du plan communal de sauvegarde (PCS). La figure 1 ci-après présente les 28 communes concernées sur le bassin versant.

Figure 1. Liste des communes sur le bassin versant (Syndicat mixte du bassin versant du Lez – SMBVL)

Stations de mesure

Types de stations

Trois types de stations sont prévus :
– station limnimétrique au droit de pont ;
– station limnimétrique au droit de pont avec pluviomètre à proximité ;
– station météorologique mesurant la pluie, l'humidité du sol et de l'air, la température, le vent.

Localisation

Dans le cadre de l'annonce de crues, les critères à prendre en compte pour la mise en place d'un réseau de stations hydrométéorologiques sont les suivants :
– anticipation par rapport aux points où sera effectuée l'alerte (zones à enjeux) ;

– représentativité par rapport à l'hydrologie du bassin (notamment apports intermédiaires, répartition des apports dans le bassin) ;
– faisabilité du site : validité hydraulique, faisabilité de jaugeages, accès au site, importance du transport solide, risque d'embâcles (installation en aval de pont) ;
– redondance de certains points de mesure importants.

Lors de la crue de 1993, le décalage dans le temps entre le pic de l'orage sur la Lance et Bollène a été d'environ 8 à 9 h.

Le réseau proposé comprend les stations essentielles pour une alerte de crue sur le bassin, particulièrement pour les zones à hauts risques. Leur localisation et leur répartition ont fait l'objet d'une analyse hydrologique et de terrain.

Au total le réseau comprend 12 sites de télémesure équipés d'un ou plusieurs instruments :
– 9 limnimètres ;
– 8 pluviomètres ;
– 3 sondes d'humidité du sol.

Mode de transmission

Une étude de faisabilité de la transmission radionumérique sur le bassin a été réalisée dans le cadre de cet avant-projet. Suite à cette analyse et compte tenu du fait que les relais existants sont suffisants, la transmission des données par le média radio a été retenue. En effet, dans le contexte difficile du bassin (crues rapides, contexte orageux en période de crue entraînant un risque de coupure des lignes de téléphone), ce média semble garantir un maximum de fiabilité, à un coût raisonnable en l'absence de nécessité de nouveau relais à mettre en place. Il faut souligner la possibilité avec ce type de média de faire de la télésurveillance et de la télémaintenance, c'est-à-dire de pouvoir avoir accès aux informations techniques concernant les stations de mesure à distance. Un espion radio installé au Mont Ventoux permettra au SPCGD de récupérer les données en temps réel. Ces données permettront notamment le calage des lames d'eau issues du radar installé à Bollène et qui couvre le bassin versant du Lez. Ces données radar seront alors mises à disposition du SMBVL *via* une convention établie entre l'État et la collectivité.

Centre d'alerte de crues

Le centre principal sera installé à Grillon, dans les locaux du SMBVL. En secours, un 2e central sera installé au SDIS à Bollène. Un concentrateur et un superviseur hydrologique sont installés de façon à concentrer les données et pouvoir les analyser et les consulter en temps réel ainsi qu'en temps différé, notamment pour pouvoir capitaliser les retours d'expériences et mieux comprendre le comportement du bassin versant. Le site internet du SMBVL sera muni de pages avec les données issues des capteurs en temps réel.

Diffusion de l'alerte

Le système mis en place par le SMBVL transmet l'alerte de crues aux 28 mairies qui pourront alors mettre en œuvre les actions de leur plan communal de sauvegarde. Une communication par téléphone (fixe ou GSM), email ou fax sera assurée et une radiodiffusion de l'alerte est menée en parallèle via un système de « pager » afin d'assurer la transmission de l'information.

De plus, afin d'assurer la mise en sécurité des personnes, l'alerte sera également transmise aux organismes suivants :
- les préfectures de la Drôme et du Vaucluse ;
- la gendarmerie ;
- les services de sécurité civile.

Pour ces organismes, l'alerte sera transmise de manière filaire par téléphone (fixe ou GSM) ou fax.

Chaque mairie est dotée d'un téléphone satellite portable, garantissant une communication entrante et sortante ainsi que d'une connexion à internet et par fax en toutes circonstances. Ces appareils ont une autonomie de 48 h grâce à une batterie, n'ont pas d'abonnement, mais ne sont utilisés qu'en cas de crise grave.

Entretien et suivi du réseau d'alerte

L'entretien et le suivi du réseau sont essentiels pour garantir un système d'alerte fiable en période de crise. La régularité de l'entretien du matériel (des capteurs au superviseur et à l'automate d'alerte) est un point très important qu'il convient de ne pas négliger. Cet entretien est assuré en sous-traitance. La fiabilité du réseau est d'un niveau élevé, avec une redondance des équipements essentiels. Un certain nombre de tâches principales du système d'alerte sont réalisées de manière automatique.

Assistance extérieure

Une assistance extérieure, s'appuyant sur le réseau d'alerte, a été mise en place pour les communes sur le bassin du Lez de manière à apporter un soutien aux élus en temps de crise. La mission du prestataire devrait couvrir les points principaux suivants :

– veille hydrométéorologique sur l'ensemble du bassin (accès aux bulletins d'alerte météo) pour la mise en vigilance des personnes et des mairies ;

– assistance en période de crise 24 h/24 (astreinte) auprès du SMBVL et des 28 communes avec une expertise hydrométéorologique ;

– analyse post-événement (base de données des crues historiques).

Conclusion

Pour conclure, les points forts du système d'alerte mis en place par le SMBVL sont les suivants :
- permet une anticipation des crues le long du Lez et de ses affluents ;
- outil essentiel à la performance des PCS des 28 communes du bassin versant ;
- système évolutif, capable d'être adapté en fonction de l'évolution du bassin, de ses enjeux et de son comportement hydrologique ;
- système pérenne, qui s'intègre dans le schéma directeur du bassin Rhône Méditerranée ;
- système fiable et sécurisé avec une redondance pour tous les maillons de la chaîne d'alerte.

Innovations du projet

Les innovations du projet se situent sur différents plans :
- technique :
  - projet complet clé en main avec conception et installation sur l'ensemble d'un bassin versant géré par une collectivité ;
  - mise en œuvre d'un réseau performant basé sur l'utilisation de techniques de pointe innovantes pour les différents maillons de la chaîne d'alerte ;
  - analyse et choix des meilleures techniques pour chaque maillon de la chaîne d'alerte avec un volet important sur la sécurisation de la transmission de l'information ;
  - mise à disposition aux communes de « pagers » (pour donner l'alerte par voie radionumérique) et de téléphones satellites (pour la communication avec l'extérieur) ;
  - mise en place d'un espion radio au Mont Ventoux grâce auquel l'État (qui a son propre réseau radio) récupérera en temps réel les données du réseau du SMBVL ;
- institutionnel :
  - mise en place d'une collaboration constructive entre l'État (SPCGD) et une collectivité (SMBVL) par le biais d'une convention permettant des échanges de données essentiels à une alerte de crue pertinente ;
  - convention avec le SDIS pour la mise en place du central d'alerte de secours dans leurs locaux (prêt à intervenir en cas de crise).

Transversalité du projet

Ce projet a fait appel à tous les aspects de l'ingénierie pour répondre au mieux au besoin exprimé :
- hydrologique et hydraulique ;
- génie civil ;
- instrumentation, automatisation ;

– télécommunication ;
– informatique.

L'adaptation aux différentes contraintes (techniques, paysagères, institutionnels, juridiques), et la recherche de la solution optimale, ont été les fils directeurs suivis par Egis Eau tout au long du projet, pour aboutir à un système opérationnel fiable, autonome et performant. Un point fondamental pour la réussite de ce projet ambitieux et innovant a été la coordination menée par Egis Eau avec l'ensemble des acteurs et financeurs du projet, dont :
– le SMBVL ;
– les financeurs : l'État, l'agence de l'eau, la région Provence-Alpes-Côte d'Azur, les départements de la Drôme et du Vaucluse, ainsi que les 28 communes du bassin versant par le biais du SMBVL (communes soumises à différents risques, avec des enjeux et des moyens variables, mais toutes conscientes des bénéfices obtenus par une mutualisation cohérente et adaptée des moyens) ;
– l'État ;
– le service départemental d'incendie et de secours de Bollène qui accueillera le central d'alerte de secours dans ses locaux ;
– les institutions ;
– les entreprises...

Contributions au développement durable

De par son principe basé sur la définition de seuils d'alerte paramétrables, le système est pérenne et permet de s'adapter à l'évolution du bassin (urbanisation, travaux en rivières...) et du climat.

En période d'étiage, le système permet une gestion de la ressource en eau plus cohérente et globale sur l'ensemble du bassin versant, puisque les données seront disponibles en temps réel sur internet. Ce système est en outre basé sur un réseau radio propriétaire permettant la transmission sécurisée et indépendante des données sur le bassin. Il pourra alors servir de vecteur de transmission pour le suivi de la nappe phréatique avec l'intégration sur ce réseau de sondes piézométriques.

Enfin, la pose des capteurs n'apporte aucune modification ni détérioration de l'environnement. La région étant riche de sites historiques, le respect des sites instrumentés a fait l'objet d'une attention toute particulière, notamment avec les architectes des bâtiments de France.

L'adaptation aux changements climatiques au Québec en matière d'eau et de santé

Pierre BARIL

Introduction

Selon le groupe intergouvernemental d'experts sur le climat (GIEC), la température moyenne à l'échelle de la planète s'est réchauffée de 0,6 °C depuis le début du XXe siècle. Or, les divers scénarios à l'étude démontrent que le réchauffement de l'atmosphère, induit par l'augmentation de la concentration des gaz à effet de serre (GES), s'accélérera au cours des prochaines cinquante années. Les études d'impacts font état de conséquences dramatiques dans plusieurs régions du monde notamment en ce qui concerne l'accès à l'eau, la production de nourriture, la santé ainsi que l'environnement. Des centaines de millions de personnes pourraient souffrir de la faim, de la pénurie d'eau et d'inondations côtières au fur et à mesure que la planète se réchauffe. Au Québec, une étude menée conjointement par le ministère de l'environnement du développement durable et des parcs (MDDEP) et Ouranos montre que la température de l'air a augmenté de 1960 à 2003 et que ce réchauffement est plus net dans l'ouest, le sud et le centre de la province. Ces tendances sont illustrées à la figure 1. De manière plus spécifique en été, des tendances significatives à la hausse pour les températures, et à la baisse pour les précipitations, ont été observées.

Devant une telle perspective, il est clair que l'humanité se doit de réduire rapidement la croissance des émissions et des concentrations de GES. Cependant, même si nous y réussissons, avec des politiques fortement interventionnistes, il ne sera pas possible d'éviter une augmentation substantielle des concentrations au cours des prochaines décennies. L'humanité et l'environnement auront donc à faire face à d'incontournables et importants changements climatiques.

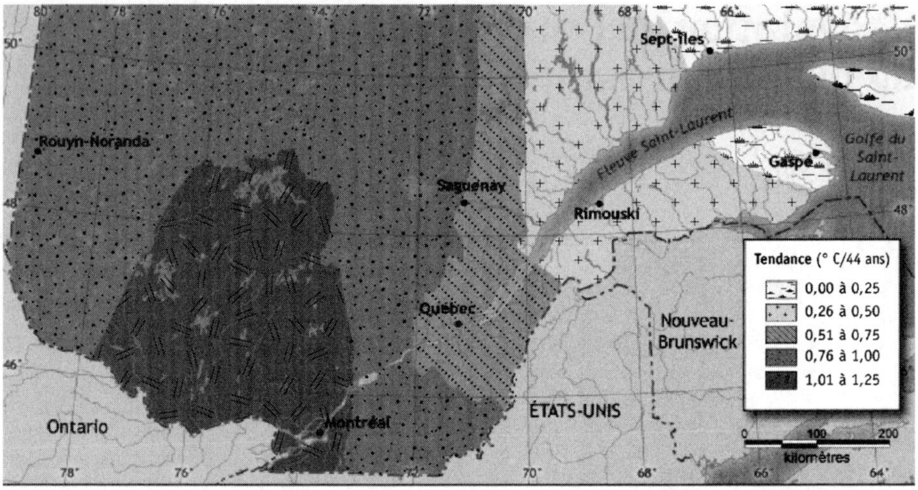

Sources
Données : MDDEP, Programme québecois de surveillance du climat
Réalisation : Laboratoire de cartographie, département de géographie, Université Laval
© Gouvernement du Québec, 2006

Figure 1. Évolution des températures annuelles moyennes entre 1960 et 2003

Le Québec sera affecté de multiples façons, spécialement dans sa partie septentrionale où les augmentations de températures seront les plus élevées mais aussi sur sa façade maritime, dans la forêt boréale et dans le sud agricole et urbain. Les températures vont non seulement augmenter mais plusieurs autres paramètres intimement reliés seront aussi affectés tels que l'évaporation, les précipitations, l'englacement et l'enneigement, l'hydrologie des lacs et des rivières, les événements extrêmes, les vents et les régimes de tempêtes, etc. Ces changements entraîneront des impacts aussi bien sur l'environnement (naturel et bâti) que sur les personnes (sécurité, santé, bien-être) et les activités qui les relient (économie, transport, énergie...).

Le Québec, comme le reste du monde, devra donc composer avec les changements climatiques pour atténuer leurs effets et dans certains domaines, en profiter. La priorité est de mettre en œuvre une stratégie équilibrée et intégrée entre l'atténuation des émissions des GES et l'adaptation aux changements climatiques. C'est pour agir dans ce sens que le consortium Ouranos a été créé avec pour but essentiel de pouvoir répondre à la deuxième action.

Le Consortium Ouranos

Créé au lendemain de catastrophes climatiques majeures qu'a connues le Québec, en 1996, 1998 et 2001, Ouranos joue aujourd'hui un rôle de tout premier plan dans le développement des connaissances sur les projections et les scénarios climatiques, les impacts des changements climatiques et l'élaboration de stratégies d'adaptation. La création d'Ouranos a été rendue possible grâce à l'initiative et l'implication du gouvernement du Québec, de la société d'État Hydro-Québec, et du Service météorologique d'environnement Canada. Huit ministères du gouvernement du Québec y participent, de même que quatre universités : l'université du Québec à Montréal, l'université McGill, l'université Laval et l'Institut national de la recherche scientifique. Plus récemment, l'École de technologie supérieure et Manitoba Hydro sont venus renforcer ce partenariat en devenant membres affiliés.

Ouranos regroupe, dans une seule et même équipe, une centaine de scientifiques et spécialistes alors que les partenariats créés par Ouranos, au sein de plusieurs universités et autres institutions, mettent à contribution directement ou indirectement plus de 150 chercheurs additionnels. Tous travaillent sur une quarantaine de projets avec diverses équipes intégrées, de la modélisation à l'adaptation aux changements climatiques. Le budget global annuel est évalué à quelque dix millions de dollars, dont environ la moitié provient de contributions par les membres d'Ouranos.

Le rôle d'Ouranos se situe à cinq niveaux :

– production de projections et de scénarios de changements climatiques à différentes échelles régionales à l'aide de plusieurs modèles, dont le modèle régional canadien du climat (MRCC) ;

– soutien aux spécialistes de centres de recherche et d'universités (production et échange de données, approches de mise à l'échelle) en fonction de leurs besoins particuliers ;

– rôle de catalyseur et de participant aux études d'impacts et d'adaptation, en recherchant et réunissant des chercheurs, des utilisateurs et des décideurs dans la définition et la mise en œuvre des projets d'étude ;

– sensibilisation des décideurs et du grand public aux changements climatiques, et aux actions à entreprendre dans ce contexte ;

– soutien au rayonnement international de la recherche québécoise et canadienne.

Depuis sa création, Ouranos a réalisé de nombreuses études en collaboration avec plus d'une dizaine d'institutions et d'organismes. Ces travaux, conformément à sa programmation scientifique, ont porté autant sur la réalisation de scénarios climatiques tirés du modèle régional canadien de climat (MRCC) que sur des sujets aussi divers que l'impact des changements climatiques sur la pratique des sports d'extérieur comme le ski et le golf et sur la demande d'énergie à des fins de chauffage et de climatisation. Des recherches ont aussi été effectuées sur la fonte du pergélisol dans l'Arctique québécois et ses conséquences sur les pistes d'aéroports et l'habitat dans les villages inuits. Les impacts sur la forêt feuillue, sur l'agriculture et ses besoins en eau, les questions relatives à la santé tels les effets des vagues de froid et de chaleur et la dispersion du pollen sont autant de sujets abordés dans les différentes études auxquelles Ouranos a participé. Des travaux importants ont été également consacrés à l'étude des précipitations sur les bassins hydrologiques du Québec et leur conséquence en matière d'écoulement.

Comme illustrée par la figure 2 ci-après, la programmation scientifique se structure autour de grands programmes reflétant ces enjeux, eux-mêmes composés de plusieurs projets de recherche :

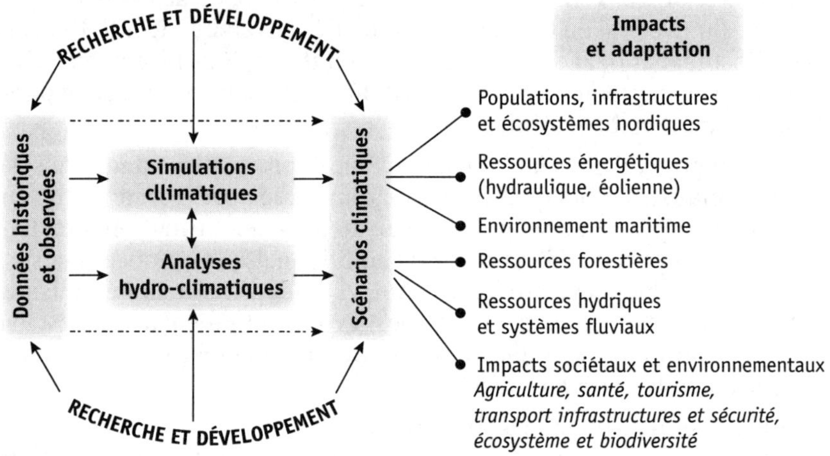

Source : d'après Ouranos

Figure 2. La programmation scientifique d'Ouranos

L'ampleur, la diversité et la complexité des enjeux nécessitent donc une approche coordonnée mettant à profit l'ensemble des ressources disponibles. Si plusieurs organismes au Canada et au Québec ont, chacun dans leur domaine, abordé la question des impacts et de l'adaptation aux changements climatiques, aucun n'a regroupé aussi bien à la fois les experts des sciences du climat et ceux des impacts physiques, humains et sociétaux. La force d'Ouranos vise justement à combler cette lacune et à assurer la complémentarité des différents travaux réalisés en pleine interdisciplinarité. En effet, l'information requise pour répondre aux impacts des changements climatiques est de nature très variée et nécessite une approche intégrée et multidisciplinaire. Des scénarios climatiques régionaux, voire locaux, sont nécessaires, de même que des données climatiques, hydrologiques, géospatiales, géomorphologiques biophysiques, économiques, sanitaires et sociales à l'échelle régionale. Il est important que les climatologues fournissent aux experts des sciences d'impacts, les valeurs des indicateurs climatiques pertinents, qui vont de moyennes annuelles ou pluriannuelles sur de vastes régions aux intensités et fréquences des précipitations par dizaine de minutes sur des superficies relativement restreintes.

L'interdisciplinarité amène également la nécessité de l'approche interinstitutionnelle. Il est en effet difficile d'imaginer regrouper au sein d'une seule institution toutes les compétences relatives à l'ensemble des problématiques étudiées. C'est ainsi qu'au-delà des ressources humaines directes composées par ses membres (une trentaine d'employés et une autre trentaine de spécialistes), Ouranos compte sur la contribution de quelque 250 chercheurs organisés en réseau dans ses divers projets provenant surtout des institutions universitaires du Québec. Comme nous pouvons le constater, la qualification de « consortium » sied ainsi très bien à Ouranos.

Cette structure en équipes multidisciplinaires et multi-institutionnelles est novatrice, et de par cette originalité elle donne à Ouranos une richesse et une plus-value incontestable. En effet, un tel regroupement permet de créer un milieu de travail stimulant et performant afin de réaliser au mieux les missions et les objectifs, et de répondre aux attentes des membres. Au-delà de cette complémentarité assurée par Ouranos, avec les chercheurs de disciplines et d'origines fort diverses, son autre atout incontestable est sa capacité de regrouper et de faire interagir chercheurs et décideurs. Par son partenariat avec les organismes gouvernementaux, Ouranos est en situation pour susciter des rencontres et établir des concertations nécessaires à l'orientation des recherches, dès la conception des projets et tout au long de leur avancement. Ouranos assure ainsi la pertinence des projets par rapport aux interrogations des décideurs et facilite leur déroulement avec ses experts de terrain, pour la formulation des hypothèses et dans la recherche de données. Il facilite enfin le transfert de connaissance et des résultats acquis, qui intéressent directement les bénéficiaires comme les diverses mesures d'adaptation envisagées ou retenues, non seulement au sein de ses équipes mais également par le biais de méthodes participatives.

Le Québec et la gestion de l'eau dans un contexte de changement climatique

Les eaux de surfaces

Les eaux de surface représentent environ 80 % des volumes d'eau utilisés au Québec. Bien que cette ressource soit abondante au Québec, et étant donné son caractère névralgique, les impacts qu'auront les changements climatiques sur celle-ci sont à prendre au sérieux. Il y a deux aspects à considérer : les impacts sur les volumes disponibles (aspect quantitatif) et les impacts sur la qualité des eaux brutes (aspect qualitatif).

Vraisemblablement, les changements climatiques auront comme impact, sur la disponibilité de la ressource hydrique, une modification des fréquences d'occurrence et de l'ampleur des étiages et des sécheresses. La vulnérabilité future et appréhendée des systèmes d'approvisionnement en eau potable met en avant l'ampleur des changements (qualitatif et quantitatif) et la capacité des infrastructures et des organisations à y faire face. Outre l'approvisionnement, les différents usages de l'eau des aquifères, des rivières et des lacs sont considérés comme des instruments de développement économique et régional. En régions rurale et urbaine, les usages de l'eau sont distincts :

– prélèvements pour diverses utilisations (embouteillage, approvisionnement industriel, municipal, piscicole, agricole et minier) ;
– ou utilisation sur place (production hydroélectrique, transport fluvial, usages récréatifs, pêche et évacuation des eaux usées).

Le Sud du Québec n'échappe pas à la règle d'être, comme de nombreuses régions, le théâtre d'activités économiques majeures, dont les impacts sur la ressource hydrique, sont considérables.

Pour ce qui est de l'amplitude des crues, malgré des résultats divergents selon les scénarios climatiques utilisés, il semble que les crues printanières seraient plus précoces et probablement moins importantes en moyenne. Or, étant donné que 65 % de la population du Québec vit dans des bassins hydrographiques urbains et que 32 % vit dans des bassins modérément urbains, la pression sur les bassins versants méridionaux serait énorme. Dès lors, les impacts des modifications hydro-climatiques appréhendés pourraient amplifier les conflits d'usages, conflits ayant déjà généré un intérêt politique et menant même à une nouvelle politique de l'eau au Québec.

Quant aux centrales hydro-électriques situées dans le Sud du Québec, même si les impacts prévus des changements climatiques – surtout un début de gel tardif et un printemps hâtif – avaient tendance à en favoriser leur production, les contraintes associées à la formation d'une couche de glace en amont de ces centrales pourraient s'accentuer. En effet, une formation récurrente de cette couche au cours d'un même hiver pourrait affecter le rendement des centrales sur une longue période. Aussi, l'alternance plus fréquente de périodes de gel/dégel pourrait, dans certains cas, entraîner des problèmes de frasil (pellicule formée par la glace qui commence à prendre) et d'embâcles plus fréquents, et réduire d'autant le rendement de ces centrales tout en provoquant d'autres risques.

Enfin, il est attendu que la réduction anticipée des précipitations en été et en automne, conjuguée à une hausse de température (augmentation élevée de l'évapotranspiration), ait des conséquences importantes sur la disponibilité en eau dans le Sud du Québec, comme sur le bassin versant des Grands Lacs.

Afin de proposer des recommandations pour la gestion des bassins versants « multi-usages » du Québec méridional, Ouranos développe actuellement en partenariat avec ses partenaires une programmation inédite. Le bassin versant de la rivière Châteauguay étant un des sites privilégiés.

Les eaux souterraines

Quant aux eaux souterraines, d'après les résultats obtenus dans le cadre d'une étude sur les ressources naturelles au Canada, la recharge annuelle semble rester stable ou diminuer légèrement depuis les dernières décennies, alors que les précipitations et les températures tendent à augmenter depuis le début du siècle. Des baisses significatives de disponibilité en eau souterraine pourraient avoir d'importants impacts, surtout en zone rurale où une grande proportion de la population (90 % dans le cas du Québec) s'approvisionne en eau souterraine à l'aide de puits parfois individuels. Leur vulnérabilité est d'autant plus grande que la connaissance des nappes au Canada reste encore lacunaire (d'où l'importance de la cartographie de l'aquifère réalisée dans le bassin versant de la rivière Châteauguay). De plus, sur ce même bassin, plusieurs projets de recherche supportés par Ouranos et le Conseil de recherches en sciences naturelles et en génie (CRSNG), démarrés en 2006, tentent d'améliorer les connaissances des systèmes intégrant à la fois les eaux de surface et les eaux souterraines, entre autres, avec de la modélisation couplée. Ces connaissances permettront de contribuer à l'étude de la vulnérabilité de ces aquifères à l'échelle locale.

Le traitement médiatique de la crise des cyanobactéries au Québec lors de la période estivale 2007[1]

Alain Létourneau, Karine Saint-Denis

Introduction : le phénomène des cyanobactéries

Existant depuis plus de trois milliards d'années, les cyanobactéries ont eu une place non problématique jusque tout récemment dans la communauté biotique. Mais, depuis quelques années, leur présence, dans certains cas, est devenue problématique. Sans le vouloir, les humains favorisent collectivement ce développement par une pluralité de déversements de substances contenant du phosphore et des nitrates. L'augmentation de cours d'eau ainsi affectés est un effet indirect de l'influx dans les courants et réservoirs naturels des substances qui viennent non seulement de l'agriculture, mais aussi des engrais, des fosses septiques, des détergents et fertilisants, tous éléments qui sont les moyens de l'entretien « normal »[2] de la vie humaine. Cela relève de ce qu'on appelle *« the tragedy of the commons »*, soit une tragédie des ressources communes, ou des communaux, et en particulier du phénomène de l'environnement considéré dans la pratique comme un lieu de réception des sous-produits directs ou indirects de l'activité humaine, sous le mode d'un « évier généralisé »[3].

Le cadrage médiatique de la crise des cyanobactéries

Au Québec on a constaté, spécialement lors de la saison estivale 2007, une relative abondance de cyanobactéries, phénomène qui a donné lieu à une certaine abondance de textes journalistiques ; la première abondance apparaissant

---

1. Les auteurs souhaitent remercier le Centre Sève et le Fonds de recherche sur la nature et les technologies du gouvernement du Québec pour leur contribution financière.

2. Le qualificatif « normal » est ici à comprendre comme un critère évaluatif socioculturel.

3. Sur cette question, voir en particulier Elinor Ostrom, *Governing the Commons. The evolution of institutions for collective action,* New York, Cambridge University Press, 1990.

comme une condition matérielle de la seconde[4]. Nous allons nous arrêter ici à la crise québécoise des cyanobactéries pour cette période estivale 2007 en tant que construit médiatique, et non pas directement à la prolifération de cyanobactéries elle-même, qui pourra être traitée par d'autres.

La presse concourt manifestement à développer une étiologie générale, qui est élémentaire pour rendre compte d'un phénomène complexe à causalités multiples. L'analyse de notre revue de presse a permis de déceler certaines répétitions représentatives de cette étiologie. Elle fournit aussi des prescriptions typiques, en agissant comme relais des agences gouvernementales. Si nous avons intérêt à prendre en compte ce traitement, c'est qu'il illustre en bonne partie ce qu'est et ce qu'a été le discours public sur les cyanobactéries. Ce discours reflète une façon de poser le problème et donc de le comprendre. Nous avons intérêt à mieux comprendre notre manière de poser les problèmes, et pas seulement de mieux comprendre le domaine empirique du système environnemental bio-géo-physique concerné, car le traitement humain du problème des cyanobactéries est forcément une condition essentielle de la gouvernance humaine effective de ce problème. Il fait partie du problème comme il fait partie, éventuellement, des solutions comme nous pouvons le voir en examinant le traitement. Plus nous comprendrons notre façon de poser ce problème, plus nous serons en mesure de l'évaluer, de le discuter et éventuellement de l'améliorer si cela s'avère utile ou requis.

Plus particulièrement depuis 2006, les cyanobactéries ont acquis une existence publique et médiatique qu'elles n'avaient pas auparavant[5]. Vu leur abondance et la toxicité qu'elles représentent, elles sont devenues des réalités sociales concrètes, contre lesquelles se lèvent des associations, des paliers de gouvernement, municipalités, agents de divers ministères, comités de bassin versant, groupes de pressions, sections de l'industrie touristique ou immobilière. C'est tout l'espace social concerné qui est ainsi reflété et pour une part exprimé dans l'espace médiatique. Cet espace est une scène sur laquelle ces interventions en tout genre peuvent se lire parce qu'elles s'y déploient au départ, et c'est le cas en particulier de la presse écrite qui nous intéresse plus spécialement ici.

Le phénomène du cadrage médiatique

Dès qu'elle est assez substantielle pour pouvoir être convenablement décrite, la médiatisation d'un thème est forcément une mise en relief. Cette mise en relief peut très bien être assez plurielle, ce qui s'avère le cas ici. C'est ce qu'on appelle en théorie des communications médiatiques, le cadrage (mieux connu

---

4. Comme nous le préciserons ulltérieurement, nous avons recensé et traité 362 articles traitant de la crise des cyanobactéries et ce, dans 13 journaux francophones québécois.

5. Elles sont ainsi entrées en société, comme dirait B. Latour. Voir par exemple Latour, Bruno. *La science en action. Introduction à la sociologie des sciences.* Paris, Gallimard, 1989.

en anglais sous le nom de *framing*)[6]. Sur l'analyse de quelques textes seulement, le phénomène peut sembler peu significatif, apparaître comme des cas isolés, la plupart du temps d'ailleurs l'utilisateur non averti des nouvelles écrites ne remarque pas, ou remarque à peine ce phénomène du cadrage qui se joue par les termes clés, les images, l'abondance de figures, la récurrence des modes de traitement, le caractère répétitif du propos. Seul un traitement d'une portion significative de la production permet de dégager les grandes lignes d'un traitement.

Les hypothèses de recherche

Afin d'orienter l'analyse du cadrage médiatique de la crise des cyanobactéries au Québec lors de la saison estivale 2007, nous avons émis au départ les hypothèses de recherches suivantes : (1) vraisemblablement cette crise a été comprise comme une crise économique affectant la valeur mobilière, l'industrie touristique et la valeur d'usage des plans d'eau ; (2) soit elle a été comprise comme une crise de santé publique affectant la santé humaine et les ressources d'eau potable ; (3) ou bien cette crise fut comprise comme une crise environnementale affectant la santé des écosystèmes aquatiques. Nous estimions évidemment envisageable qu'une combinatoire de ces possibilités soit donnée dans les faits, selon des proportions à découvrir.

La revue de presse : ses caractéristiques et les modalités d'analyse

Afin d'évaluer nos hypothèses de recherche, nous avons établi une revue de presse de 362 articles répertoriés dans 13 journaux francophones québécois. Ces articles ont tous été publiés entre le 1er mai 2007 et le 31 septembre 2007. Nous avons traité ces articles à l'aide d'une analyse de contenu thématique qui nous a permis de procéder à une analyse quantitative et qualitative de ces articles. L'analyse quantitative a principalement permis d'identifier les répétitions thématiques illustrant le cadrage médiatique de la crise. Pour sa part, l'analyse qualitative a permis d'approfondir le traitement de certaines problématiques, tel que les impacts économiques de la crise. Nous ne pourrons ici que donner un aperçu de ce second niveau d'analyse.

---

6. Pour un bon exemple de ce genre d'approche des contenus médias, voir Stephen D. Reese Jr., Oscar H. Gandy, August Grant (ed.), *Framing Public Life. Perspectives on Media and Our Understanding of the Social World.* Mahwah (NJ), Laurence Erlbaum, 2003.

L'analyse des résultats

Les enjeux de la crise

Les différents enjeux de la crise des cyanobactéries ont été regroupés en douze catégories. Le tableau 1 permet de constater qu'une de ces catégories se distingue clairement : en effet les « *interventions gouvernementales* » font l'objet d'une présentation ou d'une critique dans 330 articles de notre revue de presse soit, dans 91,2 % des articles. Nous pouvons donc affirmer que le traitement médiatique de la crise des cyanobactéries est fortement orienté sur la description et les réactions face aux interventions des différents paliers gouvernementaux (fédéral, provincial et municipal).

Tableau 1. Nombre d'articles de la revue de presse en fonction des enjeux[7]

Enjeux	Nombre d'articles	% d'articles
Agriculture	103	28,5 %
Critique crise	43	11,9 %
Économie	73	20,2 %
Environnement	62	17,1 %
Impacts sur la population	37	10,2 %
Informations générales	43	11,9 %
Interventions gouvernementales	330	91,2 %
Médias	38	10,5 %
Prévention	280	77,3 %
Provenance	218	60,2 %
Santé	182	50,3 %
Tourisme	139	38,4 %

Les interventions gouvernementales regroupent premièrement les actions du ministère du développement durable, de l'environnement et des parcs tels que les renvois, mentions et discussions de la liste des lacs et rivières contaminés. Plusieurs articles font état du nombre de lacs et de l'ajout de cours d'eau sur cette liste. Il est à noter que le type d'avis ministériel est rarement clarifié, à l'exception des avis de santé publique concernant les interdictions de consommation d'eau. Les deux extraits suivants sont représentatifs des ambiguïtés pouvant être engendrées par cette liste.

7. Il est à noter que le total de la colonne « nombre d'articles » n'équivaut pas au total du nombre d'articles de notre revue de presse, soit 362, et que le total de la colonne « % d'articles » n'équivaut pas à 100, puisqu'un même article peut traiter de plus d'une catégorie.

« D'abord inscrit sur la liste des lacs en danger, le lac Saint-Jean est de nouveau déclaré sécuritaire, ou presque. Le ministère de l'environnement a annoncé hier que les algues bleues recensées à différents endroits du lac ne posent aucun risque pour la santé humaine. Mais l'avis d'interdiction à la consommation et à la baignade est maintenu. » [1]

Le propriétaire d'une marina à Lac-Brome, dans les Cantons-de-l'Est, refuse d'afficher un avis de l'agence locale de santé publique qui signale la présence d'algues bleues dans le lac. Le ministère de la santé a émis sa mise en garde le 27 juin. Le texte invite les résidants à ne pas boire l'eau du lac et à ne pas se baigner dans les endroits où l'eau est verte. Mais la baignade est toujours permise. L'avis a été publié immédiatement après la découverte des algues. [...] « La perception du public, c'est que le lac est fermé », explique-t-il en entrevue. [...] [2]

Face à ces ambiguïtés, cette liste des lacs et rivières a fait l'objet de précisions de la part de la ministre Mme Line Beauchamp et de critiques de la part des scientifiques.

« "Seulement" 13 lacs québécois sont présentement contaminés au point de nécessiter une interdiction de baignade ou de toute autre utilisation, alors que l'an dernier on en comptait 72, a fait valoir la ministre. Dans les autres cas répertoriés cette année, soit 72 lacs, les masses visqueuses sont localisées à certains secteurs du plan d'eau, ce qui entraîne une simple mise en garde. "Il faut bien comprendre, dans ces cas-ci [les 72 lacs], qu'on ne parle pas d'une interdiction d'utiliser un plan d'eau à des fins d'activités sportives ou récréo-touristiques. Ces mises en garde sont plutôt un appel à la vigilance ; chaque usager doit prendre les précautions nécessaires, soit procéder à des observations visuelles avant d'utiliser un plan d'eau", a expliqué Mme Beauchamp. » [3]

« Malheureusement, la mauvaise publicité créée par cette liste noire commence à produire des impacts économiques indésirables et souvent injustifiés. À force de crier au loup, les médias risquent de provoquer un désintéressement général envers un problème environnemental qui, dans certains cas, s'avère bien réel. Espérons que les institutions publiques apprendront rapidement de leurs erreurs et s'ajusteront à la réalité. » [4]

Il est visible qu'ici l'acteur politique ne s'en tire pas à très bon compte, il est vu comme complice d'une aggravation de la crise.

« La ministre s'est défendue d'avoir été alarmiste en publiant sur une même liste des mises en garde et des avis de santé publique. Ainsi, sur les 85 lacs de la liste, il y en a 13 pour lesquels le ministère de la santé a émis un avis de santé publique. Le ministère y a interdit la consommation d'eau, la baignade ou encore l'utilisation de l'eau pour se laver. Une façon de procéder "moins drastique" que l'an dernier, a ajouté Mme Beauchamp, alors que les 72 lacs mis sur la liste en 2006 avaient été immédiatement "fermés" par le ministère [8]. »

8. Presse-02-08-07. F2 Droit-02-08-07 F2, « Presse : Algues bleues. Pas de nouvelles mesures avant fin septembre ». Droit : « Algues bleues : Québec prendra son temps »

Les groupes interviennent, certains réclament plus de réglementation par le ministère, ce dernier et Greenpeace s'avèrent en désaccord sur le rôle des agriculteurs. Les partis d'opposition ont bien sûr aussi de meilleures solutions à offrir que celles du gouvernement en place. La ministre annonce qu'elle se mettra en itinérance pour rencontrer la population et les intervenants, alors que certains hauts fonctionnaires dédramatisent la situation : « "Il n'y a pas de crise nationale. Ce n'est pas pire que les autres années", a tempéré le directeur adjoint du cabinet de la ministre, Pierre Millette, vendredi, lors d'un entretien téléphonique [9]. » Fin juillet la situation ne semble pas pire que l'année précédente. On compte les lacs touchés, les plages fermées. Pourtant, les municipalités réclament qu'on sonne l'alarme, on veut des mesures musclées. Les intervenants oscillent entre prévention et coercition, avec des partisans de chaque approche.

Au niveau municipal, les thématiques principales sont les fosses septiques et les usines de traitement des eaux ainsi que la prévention des cyanobactéries par le reboisement des rives, l'application de réglementation sur l'usage de phosphore (engrais et pesticides) et la sensibilisation de la population. Certaines actions préventives émergentes du milieu municipal sont d'ailleurs citées en exemple, tel est le cas de la ville de Lac-Sergent dans la région de Québec qui a adopté un règlement obligeant les citoyens à renaturaliser une bande riveraine de deux mètres – qui sera élargie à cinq mètres d'ici 2011 –. Les fertilisants ont également été bannis de la municipalité [5].

Il est important de souligner qu'au plan des contenus médiatiques, ceux-ci sont assez proches de leurs sources et à ce titre les textes sont plutôt une réverbération ou une expression des acteurs économiques, ministériels et politiques.

Les enjeux économiques

Les enjeux économiques, et en particulier les pertes économiques, sont à aborder avec précaution ; les craintes de pertes économiques semblent parfois relever davantage d'une projection que d'un fait. La figure 1 ci-après compare le nombre d'articles selon les pertes et les profits de différents secteurs économiques.

Nous pouvons remarquer d'abord que 53 articles, soit 14,6 %, traitent des pertes économiques attribuables à la crise des cyanobactéries. Les deux secteurs économiques caractérisés comme les plus touchés sont le secteur touristique (33 articles, 9,1 %) et le secteur immobilier (25 articles, 6,9 %). Certains acteurs ont pu chiffrer leurs pertes économiques, tel est le cas du « Resto-Plage » situé en bordure du lac Maskinongé à Saint-Gabriel-de-Brandon, dans la région de Lanaudière, un lac qui fut affecté par les cyanobactéries et identifié sur la liste

9. *Ibid.*

des lacs et rivières contaminés du ministère du développement durable, de l'environnement et des parcs du Québec. Selon sa propriétaire, qui trouve à s'exprimer par la médiation de l'article, « Son casse-croûte ne s'est jamais si mal porté. "Notre chiffre d'affaires a baissé de 70 %", déplore-t-elle. » [6].

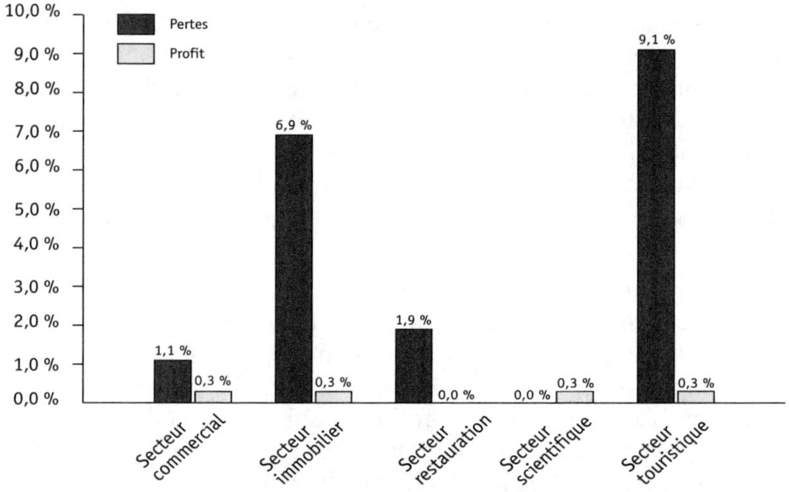

Figure 1. Nombre d'articles de la revue de presse en fonction des pertes et des profits économiques

Des pertes économiques furent également observées par les propriétaires de plages et de marinas ainsi que par les responsables de parcs régionaux et nationaux. Mais, selon certains responsables d'associations de tourisme régional, ces pertes économiques du secteur touristique sont à relativiser ; bien que les cyanobactéries aient pu avoir un impact, les pertes économiques sont, selon ceux-ci, prioritairement associables au temps pluvieux du début de la saison estivale.

> « De mauvaises informations diffusées par les médias nationaux ont suscité plusieurs questions de la part des Québécois qui avaient pour projet d'aller dans la région du Memphrémagog pour leurs vacances, selon le commissaire touristique de la région Jocelyn Jussaume, mais peu d'entre eux ont changé leur plan à la suite des réponses qu'ils ont obtenues. "Certains médias avaient même raconté que le lac en entier était affecté alors que ce n'est pas du tout le cas", explique M. Jussaume. Si le début du mois de juillet a été tranquille, c'est davantage à cause des caprices de mère Nature que de la présence de cyanobactéries dans le lac Memphrémagog. "La preuve est qu'avec le retour du soleil en fin de semaine passée, les touristes étaient au rendez-vous. Il n'y avait pas une chambre d'hôtel à louer dans la région ce week-end. Tout était complet", confirme M. Jussaume. » [7].

Notons qu'ici les discours des acteurs d'un secteur ne peuvent pas être caractérisés comme neutres ou désengagés par rapport à leur situation. Dans le secteur immobilier, certains propriétaires ont associé la diminution de la valeur de leurs propriétés à la présence de cyanobactéries. Par exemple, au lac Maskinongé, dans la région de Lanaudière, un texte rapporte qu'un propriétaire de chalets touristiques a vu la valeur de ses propriétés diminuer de 20 à 30 % et, selon lui, cette diminution est attribuable à la présence de cyanobactéries [8]. Par contre, d'autres acteurs allèguent que la présence de cyanobactéries n'est pas une cause directe et absolue de la baisse de la valeur des propriétés. Certaines propriétés ont vu leur valeur augmenter et ce, malgré la présence de cyanobactéries ; tel est le cas de l'évaluation de la valeur des propriétés aux abords du lac Champlain et de la baie Missisquoi, dans la région de l'Outaouais, qui a augmenté de 33 à 38 % depuis janvier 2005, et ce, malgré les épisodes de cyanobactéries [9]. Pour certains intervenants du secteur immobilier, l'alarmisme face à la diminution de la valeur immobilière n'est pas fondé, la demande pour les propriétés en bordure des lacs demeure importante et ces propriétés ne correspondent qu'à une infime partie du secteur immobilier : « "Qu'il y ait 40 aspirants acheteurs d'une propriété au bord d'un lac donné au lieu de 50, du fait de son infestation possible, qu'est-ce que cela peut bien faire ? La demande resterait néanmoins excellente et les prix, stables", suppute-t-il. » [10]. Ce qui revient à entériner l'existence d'une certaine baisse. Nous pouvons supposer que pour de tels acteurs, il est souhaitable d'éviter d'amplifier la crise en la soulignant sans égard pour la réception qu'auront forcément les nouvelles.

De plus, certains articles peu nombreux relèvent que la crise des cyanobactéries n'a pas uniquement eu des impacts économiques négatifs. Bien que les profits économiques ne soient qu'en nombre réduit (4 articles, soit 1,1 %), certaines entreprises, tels que les commerces de produits écologiques – notamment par la vente de savon sans phosphore, [11] et les firmes d'experts-conseils en environnement ont vu leurs profits augmenter, voire même leurs nombres d'employés augmenter. Certaines entreprises touristiques, comme le parc du Mont-Orford ont également vu leur achalandage augmenter : « Mais loin d'avoir amené une baisse d'achalandage, c'est plutôt une recrudescence du nombre de visiteurs qui a été observée : à la suite d'une entente avec le parc national de la Yamaska, où la baignade est interdite, les campeurs sont autorisés à fréquenter sans frais les plages du parc du Mont-Orford. » [12]

Le discours sur les pertes économiques tourne donc principalement autour de deux composantes : la composante immobilière (25 articles, 6,9 %), et la composante touristique (33 articles, 9,1 %), incluant les plages, les auberges et restaurants, etc. Ce discours, qu'on veut empêcher de prendre des proportions d'une panique sur le marché (avec les pertes qui s'ensuivraient), est néanmoins pour une part souvent lié à un discours sur l'accès aux biens naturels qui sont menacés, soit ce que nous appelons ici la valeur d'usage. Concrètement les personnes ne peuvent plus boire leur eau, ne peuvent plus se baigner pendant des périodes de temps et la question est de savoir quand ils pourront de nouveau avoir accès à la ressource. S'il nous est permis de faire une remarque à caractère philosophique, nous dirions que cette valeur d'usage a été et demeurera la base de toute véritable richesse, puisqu'elle permet tout accès et échange à des biens naturels.

Les enjeux de santé publique

Le ministère de la santé et des services sociaux du Québec, ainsi que les agences et les directions régionales de la santé publique, ont été des acteurs gouvernementaux majeurs. L'inscription d'un cours d'eau sur la liste des lacs et rivières contaminés élaborée par le ministère du développement durable, de l'environnement et des parcs du Québec s'accompagne de manière constante d'un avis de santé publique. De tels avis sont des dispositifs d'information typiques qui sont un outil de communication récurrent et familier : ils agissent en prescrivant des actions [10]. Ces avis de santé publique sont mentionnés dans 90 articles (24,86 %) et ce, tant pour avertir la population d'une interdiction de consommation d'eau que pour rappeler les impacts possibles sur la santé humaine. Voici l'avis de santé publique émis le 17 août 2007 à l'intention des citoyens du lac Brome en Estrie ; il s'agit d'un avis de santé publique composé des informations les plus régulièrement médiatisées.

> « Évitez tout contact avec l'eau du lac (baignade, sports nautiques, usage pour la douche ou le bain). Les enfants sont plus à risque d'être exposés et doivent faire l'objet d'une surveillance accrue : ne consommez pas l'eau non traitée du lac et ne pas l'utiliser pour préparer ou cuire des aliments (bouillir l'eau n'éliminera pas les toxines) ; évitez de consommer les poissons provenant de ce plan d'eau ; ne laissez pas les animaux boire ou jouer dans cette eau. Selon le ministère de la santé et des services sociaux, les risques liés au degré d'exposition sont l'irritation de la peau, du nez, de la gorge et des yeux, les maux de ventre, les vomissements, la diarrhée, les nausées, les étourdissements, les maux de tête, la fièvre, les dommages au foie et au système nerveux [11]. » [13]

Les enjeux environnementaux

Bien que les cyanobactéries soient un phénomène qui affecte directement la qualité de l'environnement au sens des écosystèmes incluant les humains, il est significatif qu'uniquement 62 articles (17,1 %) traitent directement des enjeux environnementaux [12]. Comme le montrent les extraits précédents, la crise des cyanobactéries est prioritairement abordée comme un lieu d'interventions politiques et de discussion de ces dernières. De plus, les mesures préventives et la crainte d'impacts sur la santé humaine et sur l'économie régionale et touristique

---

10. Reprenant certains auteurs, nous pourrions dire qu'ils sont dotés d'« agentivité », ce qu'on appelle en anglais *agency*. Voir à ce sujet James R. Taylor et Elizabeth Van Every, *The Emerging Organization. Communication as its site and surface*. Mahwah (NJ), Lawrence Erlbaum ed., 1999.

11. Il est ici possible de se questionner sur la spécificité des conséquences de la consommation d'eau contaminée aux cyanobactéries, ces symptômes nous apparaissent similaires aux symptômes attribuables à la consommation d'eau non traitée.

12. Nous avons ici traité uniquement les articles portant directement sur les enjeux environnementaux. Ces statistiques ne contiennent donc pas nécessairement les articles abordant la question des mesures préventives et des actions des associations écologiques. Nous avons limité ce traitement afin de respecter l'intégralité des contenus des articles et éviter d'extrapoler les contenus.

semblent régulièrement dissociées des préoccupations écologiques. Bien que certaines initiatives soient prioritairement axées sur la protection de l'environnement – tel est le cas du parc municipal d'Hatley, en bordure de la rivière Tomifobia, dans la région de l'Estrie, qui fut créé pour assurer un reboisement maximisant la protection de la rivière [14] – il est parfois difficile d'identifier clairement les objectifs écologiques de la prévention des cyanobactéries. Par exemple, les propos reproduits à la suite d'un conseiller de l'agence de la santé publique de la région de Chaudière-Appalaches, semblent évacuer les enjeux écologiques au profit des enjeux sanitaires.

> « De plus en plus de municipalités optent pour la nappe aquifère souterraine plutôt que les eaux de surface pour s'approvisionner, une décision qui contribuerait à diminuer les problèmes d'algues bleues dans l'eau potable. "Avec l'eau souterraine, les risques de contamination aux algues bleues sont minimes. Les eaux de surface sont toujours plus sensibles à plusieurs formes de contamination", indique M. Simon Arbour, conseiller en santé environnementale à la direction de la santé publique et de l'évaluation de Chaudière-Appalaches. » [15]

Il est à remarquer que seulement 40 articles de notre revue de presse traitent directement de la protection de l'environnement (soit 11,0 %), ce qui confirme que, bien que l'éclosion de cyanobactéries soit avant tout un phénomène environnemental, le traitement médiatique de la crise des cyanobactéries n'accorde qu'un intérêt mineur aux enjeux environnementaux. De plus, bien que la thématique de la prévention des cyanobactéries soit fortement présente (280 articles, 77,3 %), seulement, 113 articles (soit 31,2 %) font appel aux scientifiques des sciences médicales et environnementales afin de proposer des solutions à cette crise [13].

Conclusion

Il est intéressant de noter qu'en 2008, le MDDEP a changé sa politique, suite aux nombreuses critiques dont il a été l'objet. Désormais en effet, seules seront identifiées les étendues d'eau sérieusement atteintes, et non toutes celles où des cyanobactéries ont été repérées comme ce fut le cas en 2007. Nous pouvons remarquer que dans ce cas, les critiques formulées dans la sphère publique par différents acteurs, sans doute relayés aussi par d'autres commentaires formulés directement, ont eu un certain impact politique sur le comportement des décideurs. Bien que la part exacte des choses soit difficile à faire à cet égard, il est clair que le tollé médiatique n'a pas été pour rien dans le réajustement des décideurs.

---

13. En ce sens, il est notable que le 30e congrès de la Société internationale de limnologie qui s'est tenu à Montréal lors de la semaine du 14 août 2007 n'a fait l'objet que de 10 articles (26 %), dont l'un tournant en dérision certaines recherches présentées lors de ce congrès.

Bibliographie des articles journalistiques cités

[1] Cet article a été publié simultanément dans trois médias.
Croteau M., Handfield C. (24 juillet 2007) « Psychose des algues bleues, La grande peur bleue. Des spécialistes jugent le gouvernement trop prompt à tirer la sonnette d'alarme », La Presse, Nouvelles générales, page A2.
Croteau M., Handfield C. (24 juillet 2007) « Des experts dénoncent l'alarmisme du gouvernement », Le Nouvelliste (La Presse), Actualités, page 29.
Croteau M., Handfield C. (24 juillet 2007) « Algues bleues. Excès d'alarmisme ou réel danger ? Nous n'avons pas le choix d'être prudents, se défend le ministère de l'Environnement », La Tribune (La Presse), Actualités, page 23.

[2] Croteau M. (27 juillet 2007) « Algues bleues. Le propriétaire d'une marina refuse d'afficher l'avis du Ministère », La Presse, Actualités, page A4.

[3] Shields A. (2 août 2007) « Algues bleues. Québec n'entend pas imposer de nouvelles règles », Le Devoir, Les Actualités, page A1.

[4] Carignan R. (28 juillet 2007) « L'alarmisme bleu. La crise des cyanobactéries au Québec connaît un dérapage médiatique dont les effets risquent de noyer le poisson », La Presse, Forum, page A22.

[5] Moreault E. (26 septembre 2007) « Déception : le mal s'attaque aussi au lac Sergent », Le Soleil, Actualités, page 8.

[6] *Idem* à source [1]

[7] Noël M. (25 juillet 2007) « Les algues bleues en progression. L'achalandage touristique se maintient », La Tribune, Actualités, page 6.

[8] *Idem* à source [1]

[9] Muller D. (11 août 2007) « Point de vue. Un remède aux algues bleues », Les Affaires, Actualité et analyse, p. 10

[10] Angers G. (25 août 2007) « Cyanobactéries. Le marché de l'immobilier s'interroge », Le Soleil, Maison, page M7.

[11] Le Nouvelliste (28 juillet 2007) « Cyanobactéries. Un deuxième lac affecté au Centre-du-Québec », Le Nouvelliste, Actualités, page 9.

[12] Dandurand M. (14 août 2007) « L'inquiétude se dissipe sur les plages estriennes. Alertes multiples aux cyanobactéries », La Tribune, Actualités, page 6.

[13] Tremblay P. (2 juillet 2007) « Tribune libre. Il faut sévir pour combattre les algues bleues », La Tribune, Opinions, page 17.

[14] Custeau J. (15 septembre 2007) « Cyanobactéries : le parc Gaston-Giguère donne l'exemple », La Tribune, Actualités, page 12.

[15] Bussières I. (17 septembre 2007) « Algues bleues. Plusieurs municipalités se tournent vers l'eau souterraine. », Le Soleil, Actualités, page 20.

La participation des acteurs, élément clé de la gestion intégrée des ressources en eau

Daniel VALENSUELA

La gestion intégrée des ressources en eau (GIRE) est la base de la gestion durable de l'eau. Elle se concrétise par une utilisation équilibrée de la ressource en eau en relation avec la gestion de l'espace, tout en favorisant un développement économique et social équitable, sans porter atteinte aux écosystèmes et sans compromettre l'avenir des ressources naturelles.

Définissant les quatre grands principes de la GIRE, la Conférence internationale de l'environnement et de l'eau tenue à Dublin en 1992 a placé la participation des acteurs parmi ces principes, considérant son rôle essentiel pour l'amélioration de la gestion des ressources en eau dans toutes ses dimensions.

Force est de constater que bon nombre de problèmes relatifs à la gestion de l'eau de par le monde sont liés à des questions de participation. Il en va ainsi des mécanismes démocratiques trop souvent défaillants, ne laissant aucune place ni au dialogue, ni au débat avec la population sur les sujets majeurs du pays, comme ceux relatifs à la gestion de la ressource en eau. Le manque de clarté dans la représentation des usagers et des acteurs dans les instances de concertation, quand ces dernières existent, est aussi le lot de beaucoup de pays, qui de surcroît, n'ont pas mis en place un système de communication et d'information vers la société civile.

Le sujet de la participation amène à poser trois questions :

1. Pourquoi faut-il développer la participation en ce qui concerne le secteur de l'eau ?
2. En quoi consiste la participation dans le domaine de l'eau ?
3. Quelles sont les conditions essentielles pour mettre en œuvre une participation efficace ?

Pourquoi faut-il développer la participation en ce qui concerne le secteur de l'eau ?

La participation s'avère nécessaire si on se réfère au grand nombre d'acteurs qui interviennent dans le secteur, souvent avec des intérêts divergents ; c'est le cas par exemple de l'agriculture qui irrigue à partir d'un cours d'eau alors que le débit ne suffit plus à « alimenter » l'écosystème, ou en encore de la concurrence sur une même ressource entre l'industrie et les besoins domestiques.

L'eau est à l'évidence chargée de « conflictuel » du fait de cette concurrence, de sa rareté soit au cours de périodes particulières, soit dans des zones géographiques régulièrement en insuffisance de ressource. La participation est alors nécessaire pour faciliter la rencontre et les échanges de points de vue entre ces acteurs afin de trouver des consensus et éviter les conflits graves.

Plus encore, tous les citoyens d'un pays sont des usagers de l'eau, et en réalité des « multi-usagers » puisqu'ils utilisent de l'eau pour la boisson, pour leur hygiène, pour des besoins domestiques mais aussi, à travers la consommation des produits alimentaires qui contiennent une « eau virtuelle » considérable (eau qui est entrée dans le processus de production/eau constitutive de l'aliment). Cela signifie que chaque personne à un moyen d'action sur la qualité et la quantité d'eau, d'où l'avantage qu'il y a à impliquer la population dans les processus de gestion.

Par ailleurs, la gestion « centralisée », la gestion sectorielle et monodisciplinaire ont largement montré leurs limites au cours des dernières décennies. Les exemples sont malheureusement nombreux qui démontrent cette réalité : la mer d'Aral ou la période post-construction du barrage de Nam Theun au Laos avec les interrogations du gouvernement sur les impacts sociaux et environnementaux négatifs sont deux exemples d'une trop longue liste.

Enfin, l'efficacité de la gestion de l'eau dépendant du degré d'appropriation de celle-ci par les usagers eux-mêmes, il faut donc favoriser cette appropriation par une information adéquate, par des mécanismes d'écoute, par la concertation, et par la prise en compte de ce qui vient du niveau local.

En quoi consiste la participation dans le domaine de l'eau ?

La participation dans le domaine de l'eau peut recouvrir des formes variées. Il peut s'agir par exemple de l'implication dans la surveillance d'un point d'eau communautaire, sa livraison, son paiement, en Afrique ou en Amérique latine. C'est aussi le fait de participer à l'élaboration d'un plan de gestion ou d'un contrat de rivière (exemple des commissions locales de l'eau [CLE]), dans le cadre d'un schéma d'aménagement et de gestion des eaux (SAGE) en France. Participer à la définition d'une politique communale pour développer les économies d'eau entre aussi dans cette rubrique. Il peut s'agir aussi de la participation à un débat ou un dialogue national pour préparer un nouveau code de l'eau, comme cela se déroule dans de nombreux pays en développement (la plupart des pays engagés dans la préparation d'un plan national de GIRE) ou dans les pays développés (exemple de la consultation Internet en France préalable à la rédaction de la loi de 2006).

En réponse à ce besoin de consultation des populations, certains pays ont mis en place des mécanismes favorisant la consultation du public ; c'est par exemple le cas en France, avec le système d'enquête publique qui consiste à solliciter l'avis de la population directement concernée par un projet dont on a évalué qu'il y avait un impact sur une zone géographique précise. Ce système, loin d'être spécifique au secteur de l'eau, apporte un cadre à la consultation officielle et volontaire du public tant au niveau local qu'au niveau national, en fonction de la dimension du projet.

La participation formelle de représentants des usagers aux commissions de bassins, commissions locales de l'eau ou divers comités est un autre moyen d'assurer la consultation et l'écoute de la population. Dans ces différents cas, les autorités publiques ont un rôle prépondérant pour assurer et organiser le bon fonctionnement de ces mécanismes. Cependant, il convient d'être plus précis dans la définition de la participation, mot qui recouvre une variété de significations.

Selon le mécanisme en place et le degré d'engagement souhaité, la participation s'échelonne en cinq niveaux : d'abord l'information, puis la consultation, l'implication ou concertation, le suivi de la collaboration ou co-construction et enfin la délégation.

D'une façon générale, dans la majorité des cas, on se situe au stade de l'information, parfois de la consultation. On est rarement dans un processus de concertation vraie ou de collaboration. Le positionnement selon cette échelle de participation diffère bien sûr, en fonction des sujets abordés, des groupes et organisations : une association locale de pêcheurs par exemple sera intéressée à collaborer sur la gestion piscicole d'un cours d'eau tandis qu'elle souhaitera une simple information sur l'évolution des politiques publiques en ce qui concerne les rivières. Une association locale de riverains se mobilisera pour la concertation avec l'autorité publique à propos de la révision du PLU sur les zones inondables, alors qu'elle sera moins intéressée par la politique communale de voirie.

Quelles sont les conditions essentielles pour mettre en œuvre une participation efficace ?

Mettre en œuvre la participation des usagers, des acteurs et du public nécessite la réunion de plusieurs conditions. Il faut d'abord que la politique de l'eau nationale et sa déclinaison régionale ou locale soient ancrées sur la participation c'est-à-dire qu'elle prévoit dans les divers mécanismes de prise de décision l'intervention de phase de consultation, de demande d'avis ou même de collaboration avec les représentants des acteurs.

Il est du ressort des politiques et des administrations de faciliter les processus participatifs en favorisant par exemple l'émergence d'associations, en organisant la diffusion de l'information sur le domaine de l'eau ou en organisant l'écoute de la population, la remontée d'avis et la prise en compte dans les processus décisionnels.

La réalité de la participation repose aussi sur la qualité de la représentation des groupes, des usagers et acteurs. Leur efficacité dépend de leurs motivations, et de la façon dont ils conçoivent leur mandat, en sollicitant le groupe qu'ils représentent et en tenant correctement informé ses membres. La compréhension partagée du rôle de la participation entre les décideurs et les acteurs est aussi une donnée cruciale pour un bon fonctionnement participatif. La mise en œuvre de la participation du public et des acteurs dépend beaucoup de la communication, de l'information vers ces acteurs et donc du degré de transparence sur les données en tout genre. C'est dire toute l'importance qu'il y a à mettre en place un système d'information sur l'eau d'usage facile pour tout usager, et permettant un accès et une compréhension quel que soit le degré d'éducation de la personne.

En outre, la capacité des acteurs doit être prise en compte dans les processus participatifs, et déboucher éventuellement sur des séquences de formation ou de sensibilisation sur certains sujets. Bien sûr, la participation n'a de sens que si et seulement si, il existe une marge de manœuvre par rapport à la décision finale. Rien n'est pire que la participation alibi, processus qui conduit immanquablement à la démotivation des acteurs.

La participation sera d'autant plus effective et efficace qu'elle se situera au niveau le plus pertinent, le plus proche de l'acteur, suivant un processus de décentralisation. En ce sens, la participation au niveau local devra être encouragée et les mécanismes d'arbitrage, indispensables dans un processus démocratique, devront être bien connus de tous.

Les collectivités et les PPP face à la protection de la santé publique et aux risques liés à l'eau

Bernard Bizet

L'enjeu mondial des infrastructures et de la distribution de l'eau

Les infrastructures dans les pays émergents et développés

Dans la formation de leur territoire habité, les pays développés aussi bien que les pays émergents ont bénéficié d'un codéveloppement de leurs infrastructures qui a été partagé entre, d'une part, les investisseurs privés et, d'autre part, les acteurs publics, ces derniers intervenant sous les formes les plus variées allant de la réalisation directe à la réalisation entièrement confiée à des tiers en provenance de la sphère économique privée [3, 4].

Une distinction doit cependant être établie entre les pays à l'économie émergente et les pays en développement. Les premiers suivent un processus de croissance rapide avec des économies qui ne partent pas d'une base économique à construire, au contraire donc de l'approche de la théorie classique du développement, fondée sur une accumulation lente du capital et du savoir-faire.

Enfin l'objectif-double de rapprocher l'usager de la prise de décision et de s'appuyer sur une gouvernance citoyenne se transforme en approche institutionnelle prégnante [5].

Des grands projets et des programmes d'infrastructures importants

À l'instar des pays émergents, les pays en développement entrent dans une phase de post-développement ou de décollage économique qui s'appuie sur des grands projets et sur des programmes lourds de réalisation d'infrastructures, notamment pour l'eau. Ces projets et programmes tentent d'utiliser des formes nouvelles d'intervention publique avec des systèmes de décision déconcentrés et décentralisés qui viennent en complément des pratiques traditionnelles d'intervention directe et d'intervention par délégation [6]. Ainsi, les pays en développement sont amenés à conduire de front des politiques multiples d'équipement pour améliorer leurs compétitivités et ils doivent pour cela s'engager dans des implantations d'activités économiques de production et de services. Dans le même temps, ils doivent soutenir un effort de grande dimension et de longue durée pour l'implantation de leurs infrastructures de base liées à l'eau. De ce fait, les contraintes de la géographie dues à l'existence de bassins hydrographiques, mettent en évidence les dimensions régionale et locale de ces infrastructures et conduisent ces politiques d'accueil d'activités [7].

Par ailleurs, des retombées économiques agricoles peuvent être espérées à court ou moyen terme de ces équipements [8] lorsque des ressources économiques liées à la démographie, et nécessaires à la valorisation de ces investissements, existent localement en zones urbaines. Les partenariats public-privé liés à l'eau trouvent ici les conditions de leur déploiement aussi bien dans leurs finalités agricoles que tertiaires.

Un modèle sélectif de création et d'utilisation des infrastructures liées à l'eau

Peut-on en déduire l'apparition d'un modèle de développement sélectif pour la création et l'utilisation des infrastructures liées à l'eau ? Son prolongement conduirait à une séparation sociale durable des deux systèmes démo-économiques fondés sur la concentration des activités motrices, là où les infrastructures liées à l'eau sont mises en place parce qu'elles sont les plus performantes, et sur un comportement attentiste pour les autres aires. Autrement dit, ces investissements peuvent supporter une dynamique de sélection au lieu d'une équi-répartition unificatrice d'un territoire [9].

Cette approche indique comment des déséquilibres structurels similaires à ceux qui s'observent entre les pays émergents, les pays en développement et les pays développés peuvent se consolider à l'intérieur d'un pays. On voit ici la force du double défi que doivent surmonter les politiques de l'eau face aux tendances démographiques et aux éléments économiques et sociaux afin que des distorsions ne s'établissent pas au cours des phases de réalisation et d'exploitation des réseaux [10].

Des options d'investissement et de gestion en relation avec les implantations des infrastructures pour l'eau

En termes décisionnels et de politique de l'eau, les deux modèles de l'amélioration des états préexistants des réseaux et de l'implantation de réseaux neufs montrent des effets distincts sur les managements des aires urbaines et sur leurs extensions spatiales, sans oublier leurs impacts sociaux différenciés. Ces modèles expliquent largement les processus d'évolution des zones urbaines denses par opposition à ceux des zones urbaines périphériques très observables dans les pays en développement.

Les priorités pour des investissements en infrastructures liées à la production, au transport et à la distribution de l'eau pourraient par exemple être analysées à l'aide d'un tableau tel que le tableau 1, où sont représentées schématiquement les options d'investissement et de gestion mises en relation avec les implantations des infrastructures pour l'eau.

Tableau 1. Éléments d'analyse des priorités

Priorité des investissements en infrastructures	Extension de réseaux	Création de réseaux	Niveau de délégation
Zones urbaines denses			
Zones urbaines périphériques			

Cette approche peut aussi être utilisée selon que l'aire urbaine à équiper se situe en compétition avec d'autres aires urbaines éventuellement proches ou semblables par leur niveau d'équipement. La capacité de production et de distribution de l'eau en agglomération apparaît alors comme un élément déterminant de l'axe de développement fondé sur les externalités urbaines [11].

La responsabilité de l'eau

De la source au robinet

La réponse des grands groupes mondiaux privés pour la réalisation de ces infrastructures publiques s'étend au-delà de la réalisation des réseaux et installations et englobe parfois la gestion de l'eau à sa source. Leurs activités se calquent souvent sur la politique de décentralisation à l'œuvre dans le pays, la province ou l'agglomération. Il reste qu'en pénétrant le marché du service de l'eau, ces firmes doivent investir lourdement et s'engager dans l'activité de transport et de distribution de l'eau auprès des usagers finaux qui peuvent éventuellement devenir leurs clients directs.

Une distinction peut être introduite selon que l'activité de ces entreprises est orientée vers la rénovation d'infrastructures et de leur management – cas des pays d'Europe centrale par exemple – ou vers les demandes urgentes et les besoins en équipements neufs – situation fréquente en Asie et en Extrême-Orient.

Dans tous ces cas, l'existence d'une ressource humaine mobilisable sur place se trouve au cœur des questions à résoudre. Cette ressource professionnelle existe-t-elle ? Est-elle extensible ? Ses liens avec l'appareil administratif et politique de décision local sont-ils solides ? Est-elle en mesure de garantir et superviser la qualité sanitaire de l'eau ?

Le questionnement global à courte échéance rassemble ainsi un ensemble d'éléments dont il reste à harmoniser les interactions pour obtenir un service de l'eau efficace. Mais l'exposition à la conjoncture internationale peut devenir inquiétante. Si la disponibilité des capitaux privés est importante à l'échelle mondiale, est-ce que cela serait encore vrai dans une situation inflationniste forte et/ou avec des taux d'emprunt élevés ? Comment les États et les collectivités pourraient-ils, presque immédiatement, se substituer aux financements et aux opérateurs privés en cas de retrait global des financements du secteur bancaire ?

Prérogatives et responsabilités publiques pour la protection de la santé et de l'eau

Une autre interrogation globale est de savoir dans quelles circonstances, quand, comment, et avec quelle intensité, les autorités publiques veulent ou peuvent déléguer une part de leurs attributions et de leurs prérogatives publiques de protection de la santé. Après les découvertes de Pasteur, le mouvement quasi idéologique de protection de la santé par la prophylaxie a favorisé la création de service public appliqué à la santé, faisant suite aux concepts de responsabilité publique mis en place dans les années postérieures à 1850. Ces approches ont été étendues à l'eau en y associant, lorsque cela était possible, les prestataires privés déjà en place dans le transport et la distribution de l'eau. Mais cette évolution n'a pas clairement répondu à la question de savoir si et comment la puissance publique peut déléguer sa garantie pour assurer la qualité de l'eau. Il apparaît clairement aujourd'hui que l'eau « saine » est en premier lieu un produit qui mobilise un savoir-faire. La place et l'étendue de la responsabilité des institutions de production face à la responsabilité publique, et *in fine* à la responsabilité politique, doit être clairement montrée. Ce point est essentiel quand les États, les régions, les collectivités veulent, et doivent, garantir la qualité de l'eau [12].

Une puissance publique tutrice et responsable de l'eau et une puissance publique partenaire

Le concept d'efficacité et de sécurité dans la production de l'eau modifie le rapport entre une puissance publique, tutrice et responsable de l'eau, et une puissance publique partenaire [13]. Sur le plan institutionnel, l'évolution vers ce qui est parfois compris comme une dépossession de prérogatives publiques essentielles s'accompagne aussi de réserves idéologiques anciennes. Par exemple : l'eau est un bien vital et à ce titre elle doit être considérée hors commerce ; le garant de sa qualité ne peut être que la puissance publique.

Ce mouvement correspond à une observation mondiale selon laquelle la séparation de l'État et de la société civile ne correspond plus idéalement aux attentes de la société civile. Dans la mesure où une aspiration de cette nature se vérifierait, il faudrait convenir que la réussite d'une puissance publique interventionniste passe par la qualité des rapports noués avec ses partenaires privés.

Il y aurait ici une introduction et une participation nécessaires de l'État et des collectivités dans la sphère de l'économie privée. Ceci laisse ouverte la question du maintien des fonctions publiques protégées pour l'eau et du champ des responsabilités administratives, privées et pénales attachées.

Des schémas et des lois

Le cadre géographique, avec ses composantes hydrographiques et ses composantes relatives à la décision territoriale, apporte par ailleurs ses solutions et ses contraintes. C'est ainsi que dès la loi de décembre 1964, la saisie du territoire de l'eau par la puissance publique s'appuyait sur le cadre naturel du bassin hydrographique. La mise en place des SDAGE et SAGE, des textes et schémas d'aménagement, des textes sur les paysages, les carrières, les déchets, les aires exposées à des risques ou bien encore les DTA ont été utilement complétés par la loi sur l'eau et les milieux aquatiques (LEMA) en décembre 2006.

Ces dispositions sont globalement bien adaptées aux espaces ruraux, voire périurbains. Par contre les réseaux urbains, qui sont bien plus complexes, n'ont pas été complètement saisis par ces textes. Ainsi, une césure existe, relativement à la politique de l'eau, entre le milieu rural et le système urbain dense qu'il serait possible de représenter par la division suivante de l'espace : la qualité de l'eau et du service public de l'eau se met en place dès l'amont dans l'espace rural, et les objectifs se réalisent en aval dans l'espace urbain de consommation, avec des résultats vérifiables.

L'exposition aux risques des collectivités

Les collectivités locales et la délégation de services

Les collectivités locales de dimension modeste ou moyenne sont fréquemment hors d'état de saisir l'ensemble des aspects techniques, réglementaires et sanitaires de la gestion de l'eau. Si elles jouissent d'une grande latitude pour ne saisir qu'une part de ceux-ci, elles n'ont que rarement les ressources juridiques pour gérer toutes les fonctions de la fourniture de l'eau. Elles sont alors tentées de se tourner vers l'autorité centrale pour faire face aux risques techniques et de gestion, et/ou de déléguer éventuellement certaines de leurs missions à des opérateurs privés. Cette délégation de service possède un caractère particulier car elle englobe l'organisation des activités d'intérêt général qui accompagnent un service à l'usager et elle s'étend donc au-delà du cadre d'une exécution conventionnelle. Cette extension, soumise à la volonté de la collectivité, reste un point en débat face au droit communautaire qui semble ne pas accepter le développement de la notion de service public au-delà du cadre du contrat.

Avec la gestion de l'eau, la collectivité doit satisfaire un ensemble d'obligations qui s'exercent dans des champs distincts. Par exemple, elle doit veiller à un ajustement continu entre la satisfaction du consommateur et la rationalité de l'exploitation. Elle peut aussi être amenée à répondre aux contestations de résidents qui considèrent payer deux fois l'eau : une fois par l'impôt et une autre fois pour l'achat du produit et du service rendu.

Par ailleurs et pour ce qui concerne la qualité de l'eau, la collectivité est quelquefois mise en cause par ses résidents, chacun d'eux voulant montrer une exigence particulière et ne pas reconnaître la qualité globale d'un service collectif.

Les risques en matière de santé et d'environnement

La notion de santé liée à la qualité de l'eau propose une approche par principe évolutive parce qu'elle vise une amélioration continue et avec des effets dans le champ du droit de l'eau et de son service. La notion de santé répond aussi à plusieurs définitions [14]. Il serait possible de retenir l'approche de l'OMS pour laquelle la santé est la manifestation d'une absence de maladie qui s'associe à un état de complet bien-être physique, mental et social. Ce pourrait être aussi un idéal à atteindre et à protéger. Le nouveau code de la santé de 2003 dispose que tous les moyens disponibles au bénéfice de toute personne soient mis en œuvre pour protéger sa santé par les professionnels, les établissements de santé et les réseaux de santé ainsi que par les organismes d'assurance maladie et tout autre organisme contribuant à la prévention et aux soins. Un plan national santé environnement adopté pour 5 ans en 2004 complète ce texte législatif.

Ces dispositions posent les questions de l'évaluation du risque sanitaire liée à l'eau et de l'utilisation de normes. Une première difficulté réside dans l'identification des normes par leurs suites et leur durée d'effet ou d'observation en complément de leurs composantes chimiques ou organiques, tant leurs conséquences à long terme sont indissociables de ces dernières. Les normes sont applicables à un instant ou pour une durée précise. Serait-il possible de décrire l'eau potable comme étant une eau en situation certes impure, mais impure d'une manière acceptable, puisque l'on sait que des composantes chimiques et organiques dangereuses à forte densité (au-delà des normes ?) sont indispensables pour disposer d'une eau saine ? Notons qu'à la fin du XIXe siècle l'eau potable était définie en France par 6 paramètres et qu'il en existe aujourd'hui plus de dix fois ce nombre pour le même objectif, ce qui fait de l'eau potable la denrée alimentaire la plus fortement réglementée en France [15].

Le rapprochement de la santé et de l'environnement concerne en premier lieu l'eau dans notre milieu naturel ; mais l'Union européenne ne s'est saisie en 2003 de ce rapprochement que pour les maladies dites environnementales, notamment l'asthme et les maladies respiratoires [16]. Elle a établi à cet effet un plan d'action 2004-2010 pour lutter contre ces maladies [17]. Puis, une veille sanitaire permanente appliquée aux OGM et à la modification climatique a été instituée, accompagnée d'un système d'information pour l'évaluation de l'impact des facteurs environnementaux sur la santé.

L'approche de la composante « eau » n'a pas été engagée sur ce même modèle et elle vise au contrôle du trajet de l'eau aux différentes étapes du captage, de la production, du réseau et du robinet. À certains égards, l'approche de la Commission correspond au point de vue selon lequel l'eau est un bien commun, tandis que sa production et sa gestion relèvent de l'action et de l'initiative volontaires.

Le dommage écologique et la responsabilité

Il convient d'observer ici la notion de dommage et de dommage écologique particulier pour l'eau. Le dommage écologique qui affecte les milieux naturels reste imprécis dans son principe en Europe, ce qui n'est pas le cas en Amérique du Nord où il peut être spécialement reconnu. Cependant, la Convention de Lugano de 1993 ouvre la voie à une notion de responsabilité civile attachée à des dommages pour des activités dangereuses qui affectent le milieu naturel, en limitant ces dommages à toute perte ou dommage qui résultent de son altération. Ceci renforce la question de l'évaluation de cette responsabilité [18] civile spécifique.

La conception française de dommage restreinte aux biens et aux personnes ne répond pas au périmètre du dommage écologique, qui est par essence d'abord collectif puis individuel par ses suites ultimes. De même, le dommage écologique peut n'apparaître qu'après un long délai sans qu'il soit prévisible, comme en matière de sol contaminé où le véhicule de transmission est souvent l'eau et où le dommage final peut apparaître avec la pollution d'un aquifère [19]. Le dommage peut aussi provenir des réactions entre des corps distincts ou des transmissions d'éléments nocifs dans la chaîne alimentaire et jusqu'à l'homme. L'eau est souvent ici, à une étape ou une autre, le support de transmission.

Le concept de réparation ou de réversibilité du dommage est fréquemment utopique lorsqu'il concerne le dommage écologique. À cet égard, on sait que l'eau naturelle ne peut être reconstituée à l'identique, sauf à attendre le résultat d'une filtration naturelle qui peut nécessiter plusieurs décennies. La responsabilité pour dommage écologique apparaît ainsi comme une notion à identifier séparément parce qu'elle amène à reconnaître un concept, ignoré en droit, qui est celui de la rupture d'un écosystème, écosystème lui-même lié le plus souvent à la préservation de l'eau.

La responsabilité du fait du produit

Si ce n'est sous l'angle du dommage écologique, l'eau peut être considérée sous celui de la responsabilité du fait du produit. Le producteur de l'eau peut être amené à supporter en ce cas un ensemble de responsabilités classées en trois catégories :

1. la responsabilité contractuelle qui ressort du droit de la vente et de la garantie des vices cachés ;

2. la responsabilité délictuelle définie par l'article 1382 du code civil et fondée sur la faute. Elle couvre en pratique l'ensemble de la chaîne de production de l'eau aux différentes phases de la fabrication, de la conception, du renseignement et de l'information, de la vente et de l'exploitation ;

3. la responsabilité délictuelle établie par l'article 1384 du code civil qui met en avant la notion de garde, le fabricant et le vendeur pouvant être déclarés responsables, sans faute de la structure et du comportement du produit [20]. Sous ces trois approches, ce sont tous les acteurs de l'eau qui peuvent être rendus responsables. Il semble opportun de citer sur ce point les débats actuels sur le projet de loi portant sur la responsabilité environnementale, avec son éclairage d'une relation renforcée pollueur-payeur [21], ainsi que les travaux en cours au Parlement sur l'évolution des textes sur l'eau.

Une directive européenne du 25 juillet 1985, transposée en droit français par la loi du 19 mai 1998, a ouvert la voie d'une reconnaissance de responsabilité des agents de l'eau. Elle vise à renforcer la responsabilité de ces agents en prévoyant une responsabilité sans faute du producteur, et une responsabilité solidaire de tous les intervenants et producteurs, pour les produits dont la sécurité est décevante, sans exiger strictement l'existence d'un lien de causalité [1].

La responsabilité pénale

La responsabilité pénale, comme pour le dommage écologique, n'identifie pas la responsabilité pénale écologique en l'absence de reconnaissance du principe de délit écologique. Or, depuis l'introduction du Nouveau Code pénal en 1994, la responsabilité pénale des personnes morales peut être étendue à des circonstances environnementales et des infractions pénales sont contenues dans les lois et règlements relatifs à la protection du milieu naturel, à la lutte contre les pollutions et les nuisances et à la protection contre les risques environnementaux.

En l'absence de délit écologique, le Code pénal distingue deux situations : l'atteinte à la personne et la mise en danger de la personne. Dans le premier cas d'atteinte à la personne, les acteurs de l'eau peuvent être concernés par le non-respect d'obligations légales et réglementaires, comme il se rencontre dans les installations classées, et par la notion d'homicide involontaire. Ils peuvent aussi être concernés par des actes de maladresse, d'imprudence, de négligence ou de violation d'obligations légales, et par la notion d'homicide involontaire à l'intégrité de la personne. Le second cas fait référence à la situation où la personne est mise en danger par une exposition à un risque de mort ou de blessure aux effets d'infirmité permanente. Mais dans tous les cas, il faut que le risque existe et qu'il soit prouvé, conditions ordinairement difficiles à satisfaire.

---

1. Elle a été complétée par la directive 2001/95/CE du Parlement européen et du Conseil du 3 décembre 2001 relative à la sécurité générale des produits.

La question relative à la responsabilité pénale ouvre donc sur la prise de mesures préventives adéquates, ce qui conduit à des considérations scientifiques et techniques qui ne sont pas toujours convergentes et pose alors le problème de leur choix judicieux dans des documents contractuels.

Le contrat de partenariat public-privé (PPP)

Le contrat de partenariat et la prévention des litiges

L'un des éléments novateurs et attractifs du contrat de partenariat, notamment mis en exergue par l'Union européenne, vise à favoriser l'identification des risques pour la puissance publique ainsi que les conditions de leurs éventuels transferts au partenaire privé lors de la formation du contrat [22]. Dans les contrats de partenariat appliqués à l'eau, les risques doivent être identifiés en amont de manière à réduire les champs de responsabilité de la partie publique ou de préciser ces responsabilités de sorte à faciliter la reconnaissance des responsables en cas d'éventuels difficultés ou conflits.

La phase d'évaluation du contrat de partenariat prend aussi en compte les facteurs d'urgence et de complexité, deux éléments fréquemment attachés à la gestion de l'eau. La phase de dialogue compétitif attribue à chaque partenaire les différents risques à supporter et dont font parties les risques environnementaux. Une difficulté non résolue par la jurisprudence et par la doctrine est celle de l'établissement d'un partage clair et stable des risques entre ceux qui, par nature, doivent rester à l'autorité publique et ceux qui peuvent être transférés à des partenaires privés [23].

Avec le contrat de partenariat, la phase d'attribution des risques est définie strictement et les conditions de publicité et de mise en concurrence sont précises. Dans les contrats relatifs à l'eau, les éléments de la compétition qui incluent les risques pourront être établis en incluant des clauses de rencontre qui contraignent les parties à se réunir et à examiner le déroulement du partenariat. Des clauses spéciales, éventuellement fondées sur l'existence de risques, pourront prévoir la rupture ou la modification du contrat pour atteinte à l'économie du contrat. D'autres clauses pourront aussi prévoir des solutions à apporter en cas d'événements graves et indépendants des parties ou pour prévenir une évolution non souhaitée.

Enfin, des dispositions pourront prévoir des réunions de conciliation, l'assistance d'un médiateur ou d'un évaluateur, ou bien encore l'appel à un juge conciliateur, voire l'appel à un « adjudicator » par référence au PFI anglo-saxon [24].

Le contrat de partenariat et le transfert des risques

Le contrat de partenariat conserve notamment un noyau stable de risques qui ne peuvent être transmis au titulaire du contrat, comme par exemple ceux liés aux évolutions du cadre juridique, fiscal ou normatif. Mais ces changements de type réglementaire, qui devraient être supportés par l'autorité publique, entrent dans le champ de l'évolution normale de l'environnement du contrat. S'il apparaissait que leurs conséquences fussent trop profondes ou brutales pour être supportées par l'attributaire, les solutions de négociation prévues au contrat devraient être utilisées.

Il subsiste des zones imprécises, notamment pour les obligations de traitement de l'eau, obligations qui peuvent évoluer au cours de la vie du contrat, sans pour autant remettre en cause son exécution. Par exemple, des clauses dites de paysage ont pour objet de limiter la charge de l'entreprise ou de réduire celle-ci en contrepartie d'une rémunération particulière [25]. Toutefois, une autre contrainte au transfert, non réductible, perdure en application de l'article 14 du Code des marchés publics et veut qu'une clause sociale et environnementale ne puisse être imposée au preneur et que les risques soient connus des candidats.

Le contrat de partenariat propose ainsi un cadre d'évaluation préalable et de prise en compte des risques inhérents à la production de l'eau et à sa distribution jusqu'au consommateur [26]. La phase de dialogue compétitif de ce contrat est essentielle puisqu'elle impose l'attribution et la responsabilité des risques à la partie la mieux en mesure de les supporter. Par ailleurs, il est évident que certains risques, notamment macro-économiques et environnementaux, ne peuvent être transmis en toutes circonstances et être entièrement imposés aux entreprises parties au contrat [27].

En conclusion, il est recommandable de distinguer dans le contrat de partenariat, les risques maîtrisables par l'entreprise, c'est-à-dire ceux qui relèvent de l'économie d'entreprise avec une approche microéconomique aux moments de la conception, de la réalisation, de l'exploitation ou bien encore de la distribution de l'eau. Il reste essentiel aussi de veiller à conserver un niveau de transfert des risques qui maintienne véritable et sincère le dialogue compétitif [28].

Conclusion

Le défi mondial pour la production et la distribution de l'eau rencontre aussi celui du « bon » développement, c'est-à-dire du développement qui tient compte des zones et régions déficitaires en ressources en eau, ou qui sont moins favorables à leur exploitation, et qui ne peuvent être laissées hors des grands projets d'infrastructures et de services.

L'action des collectivités est essentielle parce qu'elles forment le premier corps susceptible de prendre des décisions, relevant à la fois de l'intérêt général, local et de celui de l'usager. L'amélioration de la qualité de l'eau, si elle s'avère nécessaire, leur incombe au moment où l'extension du savoir, l'affinement du management et la précision des objectifs augmentent leur exposition juridique et leur besoin de compétences techniques.

Si les collectivités sont attirées par des évolutions administratives et managériales qui délèguent à des producteurs et distributeurs des tâches spécialisées et optimisées, elles doivent aussi conserver une part des responsabilités « finales » de l'eau en qualité et services ainsi que celle des risques « incessibles ».

Face à cette exigence, la réponse de principe donnée par les contrats PPP apporte pour les deux parties des solutions souples et circonstanciées. Il reste cependant à trouver des formes génériques pour le partage des risques de santé liés à l'eau dans ces contrats. Le mouvement législatif actuel va dans ce sens.

Bibliographie

[1] Rochefort P., (1995), Les conditions du partenariat public-privé, Partenariat Public Privé et développement territorial, Ed. Le Monde, Paris.

[2] World Bank, (2004), Public-Private Partnership in Irrigation and Drainage, Water for Food initiative, PPPin I & D, 07/02.

[3] World Bank, (2004) ; Global Development Finance.

[4] UNESCO, (2008), L'eau : une responsabilité partagée.

[5] Organisation internationale du travail, (2001), L'impact de la décentralisation et de la privatisation sur les services municipaux, Genève : programme des actions sectorielles.

[6] Rapold D., (2001), Guide de décentralisation, Swiss Agency For Development and Cooperation, Directorate SDC, Berne.

[7] Donzier J.-F., (2003), Gestion intégrée des ressources en eau : les nouvelles orientations, @h2o.net, mai.

[8] Jacquet P., (2003), Promouvoir les partenariats public-privé, Agence Française de Développement, @h2o.net, mai.

[9] Finger M., (2002), « La privatisation de l'eau : quelles options politiques ? ». Louvain, Mimeo.

[10] Ruet J., (2002), Redéfinir le rôle de l'État en utilisant le privé : le cas de l'Inde, Sociétal, Paris.

[11] Bizet B., (2006), The Transfer of Public Infrastructure and Equipment in the Decentralization Process, World Bank, ABCDE, Tokyo, May.

[12] Bizet B., (2002), Deconcentration vs. Decentralization of Administration : a Center – Periphery Dilemma, Canadian Journal of Regional Science, Montréal, Autumn.

[13] Rochefort P., inf. [1].

[14] Rauch A., (1995), Histoire de la santé, PUF, Que-sais-je ?

[15] CNRS, Eau douce, www.cnrs.fr/cw/dossiers/doseau/decouv/potable/potableNor.html

[16] Commission européenne, (2003), Stratégie communautaire en matière de droit de la santé/*COM/2003/0338final*/.

[17] Commission européenne, (2004), The European Environment and Health Action Plan, 2004-2010, (Sec (2004) 729).

[18] Commission des communautés européennes, (2000), Livre blanc sur la responsabilité environnementale, COM (2000) 66 final, 09.02.

[19] Bizet B., (1993), Sols pollués : qui doit payer ?, Moniteur des Travaux Publics et du Bâtiment, Paris, février.

[20] Huglo C., De Malafosse J., Maître M.-P., (2005), Code de l'environnement, Litec, Paris.

[21] Sénat, Session ordinaire de 2007-2008 (Contrat de partenariat), Enregistrement du 13 février 2008 et Sénat, Débats des 27 et 28 mai 2008, Sénat, Projet de Loi, Session ordinaire de 2007-2008.

[22] Van de Vyver P., (2007), La dimension communautaire des contrats de partenariat, Revue du Trésor, Paris, juin.

[23] OECD, (1999), Performing Contracting : Lessons from Performance Contracting and Framework for Public Performance Contracting. Paris : PUMA/PAC (99) 2.

[24] Pons Y., Thouvenot S., (2006), Comment prévenir et régler les conflits dans le cadre d'un contrat de partenariat ?, Cahier de droit de l'entreprise, LexisNexis, Paris, n° 4, juillet-août.

[25] Martor B., (2006), Comment organiser le suivi et l'évolution du contrat de partenariat ?, Cahier de droit de l'entreprise, LexisNexis, Paris, n° 4, juillet-août.

[26] Degenne V., Martor B., (2006), L'évaluation préalable des PPP, Cahier de droit de l'entreprise, p. 21 n° 4, juillet-août.

[27] Institut de la gestion déléguée, (2004), Évaluation des contrats globaux de partenariat, Cahier détaché n° 2, 14/1736, Paris, 5 avril.

[28] MEDEF, (2007), Guide du dialogue compétitif, février.

Approche globale de la gestion des risques sanitaires liés à l'eau

René SEUX

Introduction

La perception de l'eau en tant que facteur de vie est très ancienne. Elle est bien antérieure à l'ère chrétienne. L'eau qui circule sur le globe terrestre a toujours été jugée aussi indispensable à la vie que le sang qui irrigue le corps humain. Pendant longtemps, des croyances très affirmées attribuaient aux miasmes des zones insalubres, et donc à l'air vicié, l'origine des épidémies. Jusqu'au siècle dernier, l'eau a pourtant été pour les pays industrialisés une source de contamination par des pathogènes responsables d'épidémies meurtrières. La France a ainsi connu deux grandes épidémies de choléra, en 1833-1834 et 1854-1855. Cette dernière vague a causé la mort de 143 000 personnes. Imaginez l'onde de choc que ces chiffres produiraient aujourd'hui sur le plan politique !

C'est à Londres que l'hypothèse de la transmission par l'eau de cette maladie a été émise pour la première fois, par Snow, l'un des pères fondateurs de l'épidémiologie. Snow a observé, lors de l'épidémie de choléra de 1854-1855 sévissant en Angleterre, que les cas étaient beaucoup plus nombreux en aval de Londres qu'en amont. Or à cette époque, l'eau tirée des fleuves qui traversaient les grandes villes en drainant par ruissellement toutes les immondices, était utilisée directement par les populations, et à Paris, les porteurs d'eau distribuaient dans les immeubles une eau qu'ils puisaient dans la Seine. Une fois cette hypothèse confirmée, les progrès ont été rapides. Dès 1884, un Comité consultatif d'hygiène publique de France est créé. Placé sous l'autorité du ministre de l'intérieur, ce qui nous montre que les préoccupations en matière de salubrité publique étaient considérées comme une affaire de police, ce comité était chargé de suivre la salubrité des eaux. Des travaux importants sont effectués à cette époque, notamment par l'ingénieur Belgrand qui entreprendra d'assainir Paris pour collecter les eaux pluviales et les eaux usées dans les grandes agglomérations. Les découvertes de Pasteur, à la fin du XIXe siècle, permettront des progrès considérables en matière de santé publique. Avec la loi de 1902 sur l'hygiène publique, les risques microbiologiques liés à l'eau seront repérés et précisément définis. Mais l'eau saine reste l'apanage des pays les plus riches.

Aujourd'hui, la mauvaise qualité de l'eau consommée par les populations dans près des deux tiers des pays du globe, en fait une des premières causes de morbidité et de mortalité dans les pays en voie de développement.

La qualité microbiologique de l'eau

Depuis le début du XXe siècle, nous savons dans les pays industrialisés assurer la qualité microbiologique des eaux alimentaires. Les risques microbiologiques sont appréhendés sur la base d'indicateurs bactériens de contamination fécale. Coliformes thermotolérants et streptocoques fécaux sont utilisés à cet effet. Il est donc admis que la présence de ces germes dans l'eau justifie une suspicion de contamination : l'eau doit être déclarée non consommable. Bien sûr, cette position est à modérer selon le pays concerné. En Europe comme dans le continent nord-américain, la norme fixée est très stricte : elle exige l'absence de ces deux germes témoins dans un volume défini (100 ml en Europe). Mais dans les pays en voie de développement, cette exigence constitue un objectif rarement atteint.

Les premiers concepts ont fait apparaître que la contamination fécale des eaux constituait un danger majeur pour la santé publique. En réponse, la loi française de 1902 a, par exemple, prescrit un périmètre de protection des sources avec interdiction de tout épandage d'excréments humains. Plus tard, les notions et fonctions de périmètres de protection ont été précisées, mais leur mise en place soulève encore aujourd'hui des difficultés et dans la majorité des départements français, nombre de ressources utilisées n'en sont pas encore dotées.

Au-delà de la protection de la ressource, la qualité microbiologique des eaux d'alimentation est assurée par un traitement adapté à la nature et à la qualité de l'eau brute utilisée. L'efficacité du traitement est alors vérifiée à l'aide d'indicateurs, aujourd'hui encore identiques à ceux utilisés pour tracer la contamination fécale. Or, les agents pathogènes sont extrêmement variés (virus, bactéries, protozoaires) et dans ce cas les indicateurs d'efficacité devraient être choisis au sein des micro-organismes les plus résistants vis-à-vis d'un traitement désinfectant donné, ce qui n'est pas la réalité (tableau 1).

Tableau 1. Valeurs des coefficients spécifiques de létalité λ pour différents types de micro-organismes et de désinfectants à la température de 5 °C

Produit	Streptocoques	Virus	Kystes d'amibes
O_3	500	5	0,5
HOCl	20	1	0,05
ClO^-	0,2	0,02	0,005
NH2Cl	0,1	0,005	0,02

Ces valeurs montrent qu'aucun désinfectant n'est vraiment efficace sur les kystes et protozoaires.

L'efficacité, appréciée au travers des coefficients spécifiques de létalité des différentes espèces de micro-organismes, des désinfectants chimiques utilisés pour la production des eaux alimentaires, montre que les bactéries retenues comme indicateurs sont plus sensibles que beaucoup de virus et que les protozoaires sont particulièrement résistants à l'action des oxydants puissants comme l'ozone ou le chlore. C'est la raison pour laquelle la sécurité microbiologique d'une eau alimentaire produite à partir d'une eau de surface, ou influencée par une eau de surface (zone karstique), nécessite impérativement le couplage d'une rétention physique des protozoaires (filtration sur sable ou mieux, sur membrane d'ultrafiltration par exemple) et d'une désinfection pour détruire bactéries et virus.

Si dans les pays industrialisés le risque microbiologique lié à l'eau de boisson a été jusqu'alors relativement bien circonscrit avec l'évolution des connaissances et des technologies, il nous appartient d'être vigilants pour que sa maîtrise reste efficace.

L'émergence du risque chimique au XXe siècle

Les risques liés à la dissémination des produits chimiques dans notre environnement ont été perçus beaucoup plus tardivement avec une prise de conscience progressive au cours du XXe siècle, au fur et à mesure de l'évolution des connaissances sur les pathologies induites et révélées, entre autres, par les investigations épidémiologiques.

La contamination chimique d'une eau souterraine peut être naturelle (arsenic, sélénium, fluor par exemple), mais c'est le développement de la chimie et la diffusion dans notre environnement des matériaux et produits de synthèse qui a généralisé la contamination chimique des ressources en eau.

Avec l'évolution des moyens analytiques la liste des contaminants s'allonge très régulièrement. Elle concerne les minéraux : NO_3^-, PO_4^{3-}, As, Se, Cr, Hg, etc., mais les substances de synthèse sont de loin les plus nombreuses : solvants, hydrocarbures, pesticides, PCB, résidus de médicaments, etc. Enfin depuis les travaux de Rook, nous savons que les procédés de traitement utilisés dans les usines de production des eaux alimentaires peuvent être à l'origine de certaines substances identifiées dans l'eau de nos réseaux : comme les sous-produits de désinfection par exemple (trihalométhanes, acides haloaécétiques, chlorite, bromate, etc.).

Aujourd'hui, la chimie est présente dans tous les domaines de notre vie quotidienne, de la fabrication des matériaux aux cosmétiques et médicaments. Si nous tirons des avantages de ces développements nous devons avoir aussi conscience des effets indésirables de ces substances nombreuses qui diffusent dans tous les compartiments de notre environnement (eau, sol, air, écosystème). La diffusion des produits chimiques et l'exposition de l'être humain à ces produits représentent un problème plus difficile à traiter. En effet, les professionnels de santé étaient mieux armés pour faire face aux risques microbiologiques. La pathologie survient dans de courts délais et le clinicien peut rapidement établir un diagnostic. L'exposition quotidienne aux produits chimiques pose de nouvelles questions, à la fois quant aux risques éventuels et au délai de leur apparition. De manière générale, le lien entre l'environnement contaminé, les produits chimiques et la santé est toujours difficile à établir. On se trouve ainsi confronté à l'évaluation des effets liés à des expositions par des voies multiples et à de faibles, voire très faibles doses. Dans ces conditions, il n'est pas possible d'isoler l'eau des autres voies d'exposition, mais il faut au contraire l'intégrer dans une démarche globale qui passe par la fixation de limites appelées « doses journalières tolérables », ou valeurs toxicologiques de référence.

La démarche d'évaluation des risques

L'évaluation du risque sanitaire est une démarche qui structure et analyse les connaissances scientifiques disponibles à un moment donné pour élaborer, à partir d'éléments objectifs, les décisions en matière de santé publique.

Lorsque l'on cherche à évaluer les risques pour la santé d'une exposition à des substances chimiques telles que nitrate, plomb ou pesticides, le réflexe est de se tourner vers la toxicologie et, plus particulièrement, la toxicologie animale. Cela se justifie par plusieurs raisons : l'expérimentation est interdite chez l'homme pour des raisons éthiques évidentes ; la possibilité d'exposer les animaux à de fortes doses permet de gagner du temps et de l'argent en diminuant la taille des échantillons nécessaires pour mettre en évidence un effet donné ; les travaux épidémiologiques sont moins faciles d'accès, coûteux et d'interprétation souvent délicate puisqu'ils sortent du cadre expérimental.

Un double problème d'extrapolation se pose alors : de l'animal à l'homme et de hautes doses aux basses doses. Si, en matière de toxicité aiguë, il existe, bien souvent, un seuil à partir duquel le danger apparaît, pour la toxicité chronique en revanche, par exemple pour la cancérogénicité, il n'existe pas de seuil. Dès lors que l'exposition n'est pas nulle, il existe un risque non nul que l'exposition induise un cancer. Il n'est donc pas possible de raisonner en termes de tout ou rien. La question n'est plus : telle substance est-elle dangereuse pour l'homme ? Mais pour cette population exposée à une dose donnée, quel est par exemple le risque d'apparition d'un cas de cancer sur un million de personnes ?

C'est bien en termes de risque qu'il faut raisonner et non pas en termes de danger. Le risque renvoie à la probabilité d'apparition d'une pathologie donnée au sein d'une population déterminée pendant une période de temps fixée. Le danger définit une propriété pathogène (mutagène, tératogène, cancérogène) d'une substance. Le décideur a besoin d'une connaissance sur le risque pour pouvoir gérer une exposition de façon plus fine que l'autorisation ou l'interdiction d'une substance sur le marché.

Depuis vingt-cinq ans, les méthodes d'évaluation des risques se sont développées de façon considérable. Définie en 1983 par le National research council des États-Unis, comme l'utilisation de faits scientifiques pour déterminer les effets sur la santé d'une exposition d'individus ou de populations à des matériaux ou à des situations dangereuses, l'évaluation du risque a été largement utilisée pour fixer les concentrations limites de nombreuses substances chimiques dans l'eau ou les denrées alimentaires par exemple. Cette démarche a pour but de présenter de manière explicite aux différentes parties concernées, les éléments d'analyse sur lesquels la prise de décision pourra s'appuyer.

La démarche initiée par la Environmental Protection Agency (EPA) des États-Unis a été reprise par l'Organisation mondiale de la santé (OMS) et de nombreuses instances d'expertise collective depuis une vingtaine d'années. Pour l'OMS, organisme international qui a la responsabilité de transmettre un message scientifique aux autorités politiques des États, la vérité absolue n'existe pas. Seule une estimation des risques, fondée sur des observations expérimentales et des extrapolations à l'humain sur la base d'hypothèses plus ou moins justifiées, est possible. Cette méthode comporte quatre étapes.

Identification des dangers

L'identification des dangers conduit à répertorier les substances qui méritent de retenir l'attention des autorités sanitaires en raison des effets indésirables qu'elles ont sur les organismes. Cette première étape fait appel à des données épidémiologiques si elles existent mais plus généralement aux résultats des essais sur mammifères :

- toxicité aiguë (DL 50) ;
- toxicité à court et long terme ;
- étude de la reproduction (avec 3 phases) ;
- pouvoirs mutagène et cancérogène.

Étude de la relation dose-effet pour les dangers mis en évidence lors de la première étape

Après avoir montré que « toute substance pouvait devenir dangereuse au-delà d'une certaine dose » et qu'il n'y avait pas de risque tant que cette condition d'exposition était évitée, Lehman et Fitzhugt introduisent en 1954 la notion de facteur de sécurité pour déterminer, à partir d'un niveau de dose sans effet observé, une dose journalière acceptable, précurseur des valeurs toxicologiques de référence. On dégagera par exemple ainsi la plus haute dose sans effet (NOAEL) ou la plus petite dose avec effet (LOAEL).

L'examen de cette relation a pour objet de définir des niveaux de doses « virtuellement sûrs[1] » qui constituent la base de l'établissement des normes d'exposition.

1. Notion introduite par Montel et Bryan en 1961.

Mais la question fondamentale à résoudre ici est celle de la méthode permettant d'extrapoler du domaine observable chez l'animal (fortes doses) au domaine non observable chez l'humain (faibles, voire très faibles doses). Elle admet qu'une fraction de la dose n'ayant entraîné aucun effet chez l'animal n'aura pas d'effet chez l'homme. Cela suppose qu'il existe un seuil en deçà duquel il n'y a pas d'effet toxique.

Lorsqu'on considère les effets à seuil, le choix de l'effet critique est déterminant dans la construction de valeur toxicologique de référence (VTR = dose critique/facteurs d'incertitude et facteurs d'extrapolation à l'homme), car il permet de fixer l'indicateur de toxicité retenu pour l'étude et influence donc le niveau de la dose critique testée. Sa détermination requiert un jugement toxicologique d'experts. Les substances cancérogènes génotoxiques sont considérées comme agissant sans seuil, et des niveaux d'exposition même très faibles sont associés à un excès de cancer. Pour les effets sans seuil, l'hypothèse classiquement retenue est qu'une seule molécule de la substance toxique peut provoquer des changements dans la cellule et être à l'origine de l'effet observé. La probabilité de la survenue de l'effet croît avec la dose, mais l'intensité de l'effet n'en dépend pas.

Différentes VTR sont proposées dont celles d'excès de risque unitaire (ERU) pour la voie orale ou l'inhalation unit risk (IUR) élaborée par l'EPA pour la voie respiratoire. D'autres, comme le CR (excess lifetime cancer risk) élaborée par le RIVM des Pays-Bas (institut de santé publique et sur l'environnement), peuvent être utilisées sans différentiation de la voie d'exposition. L'ERU et le CR correspondent à la probabilité supplémentaire, par rapport à un sujet non exposé, qu'un individu contracte un cancer s'il est exposé pendant sa vie entière à une unité de dose de la substance cancérogène. Il s'agit en général de la limite supérieure de l'intervalle à 95 % de la pente de la droite (*Slop factor*) qui relie la probabilité de réponse à la dose toxique et dont la plage de validité correspond à un risque compris entre 0 et 1 %. Cet indice est l'inverse d'une dose et s'exprime en $(mg/kg/J)^{-1}$ ou en $(\mu g/kg/J)^{-1}$.

Estimation des expositions

La connaissance de l'exposition est souvent considérée comme une étape essentielle. Sans elle, un quelconque risque encouru par les populations ne peut pas être caractérisé et encore moins calculé. Les voies d'exposition sont généralement multiples (dermique, respiratoire, digestive par exemple). L'exposition aux produits phytosanitaires par exemple est très mal connue, mais on sait aujourd'hui qu'à côté de la voie alimentaire, la voie aérienne concerne aussi la population générale.

À défaut d'évaluation, l'OMS admet que seule la voie alimentaire peut être prise en considération. L'évaluation des expositions nécessite des moyens analytiques pour connaître la contamination des denrées et des milieux, ainsi que des protocoles d'enquête adaptés auprès des populations.

Caractérisation des risques

La dernière est une étape de synthèse appelée caractérisation du risque. Elle comporte une estimation globale de l'excès de risque liée au contaminant étudié, et prend en considération des facteurs psychologiques, économiques, politiques mais également sociologiques avec comme support déterminant : la perception et l'acceptation du risque par l'opinion, en fonction de sa nature et de son origine.

Au terme d'une démarche d'évaluation des risques, il est en effet nécessaire, d'une part, de résumer les données scientifiques en indiquant leur degré d'incertitude et, d'autre part, de fournir aux décideurs des éléments d'interprétation de l'importance des risques en question. La démarche utilisée par l'OMS, pour fixer les valeurs limites qu'il est recommandé de ne pas dépasser, ne considère que les aspects quantitatifs et le calcul est fondé sur un niveau d'excès de risque unique (1 cas sur 100 000) sans tenir compte des cocktails de substances auxquels nous sommes assez généralement exposés.

Révision des valeurs de référence ou des valeurs limites

L'évaluation du risque associé à une substance donnée mérite un réexamen périodique pour tenir compte du progrès des connaissances en matière de danger, de relation dose-effet, ainsi que des expositions. Pour de nombreuses substances, un effort de recherche doit être fait en matière de toxicologie pour disposer de valeurs toxiques de références fiables. Par ailleurs, les développements considérables, depuis la fin des années quatre-vingt-dix, des moyens analytiques permettent d'envisager pour de nombreuses substances jugées prioritaires au regard de l'écotoxicologie et (ou) de la santé publique, la caractérisation de la contamination des milieux. Ces évolutions légitiment des réexamens périodiques, comme cela est fait par exemple en Europe avec les directives concernant l'eau ou l'air, pour les valeurs de référence ou les valeurs limites fixées pour tel ou tel autre paramètre.

L'expérience montre qu'à de très rares exceptions, l'évolution va dans le sens d'un abaissement de la limite fixée précédemment, ce qui ne facilite pas la communication vis-à-vis du grand public qui considère assez facilement que la situation se dégrade, puisque les dépassements de la nouvelle « norme » peuvent être moins rares qu'avec la précédente, plus élevée. Par ailleurs, l'allongement de la liste de paramètres suivis pour une eau donnée par exemple, peut également, si l'on ne prend garde, conduire au même sentiment de dégradation, alors que tout le dispositif vise à assurer une meilleure prévention de la santé publique.

Une politique de l'eau fondée sur une approche globale de la gestion des risques sanitaires

La généralisation des réseaux d'eau potable après 1950 a eu pour corollaire l'accroissement des rejets urbains, contribuant ainsi, à côté des rejets industriels, à la dégradation de la qualité des eaux de surface. Cette situation a conduit la France à adopter en 1964 la première loi sur l'eau, instituant notamment une gestion par bassin versant, et des contributions financières fondées sur le principe pollueur-payeur. Les ressources financières ainsi collectées ont permis de conduire une politique d'incitation au développement de l'épuration des eaux usées.

Puis l'Europe a publié une première directive le 15 juin 1975 relative à la qualité des eaux de surface utilisées pour la production des eaux destinées à l'alimentation humaine. Cette directive simple dans son principe prescrit une adéquation entre la qualité de l'eau brute (avec 3 niveaux A1, A2 et A3) et les filières de traitement. Mais, fait nouveau, elle introduit la notion d'eau impropre à la production d'eau alimentaire lorsque la dégradation de la qualité de l'eau brute excède le niveau A3. Puis, les directives relatives à la qualité des eaux d'alimentation de 1980 et de 1998 ont intégré les méthodes d'évaluation et de gestion du risque pour étendre la liste des paramètres et fixer les limites de qualité, sauf pour les pesticides et produits apparentés dont la limite supérieure a été uniformément fixée à 0,1 μg/L par substance identifiée.

Outre, les difficultés de transcription dans le droit des pays membres de la Communauté Européenne, l'application de ces directives a rapidement montré que, si les pollutions ponctuelles pouvaient se traiter avec des aides à l'investissement dans les moyens d'épuration des effluents, les pollutions diffuses nécessiteraient, pour être réduites, une meilleure connaissance des mécanismes de transfert sol-eau (et des facteurs qui les influencent) des différents contaminants chimiques et microbiologiques. Ainsi, de nombreux programmes de recherche ont, au cours des trente dernières années, été consacrés à l'étude des transferts vers les eaux de l'azote, du phosphore et des pesticides, à l'échelle de la parcelle et du bassin versant. Depuis une quinzaine d'années, les résultats obtenus ont progressivement permis d'établir sur la base d'expertises collectives, des recommandations pour l'usage des fertilisants et des produits phytosanitaires qui devraient permettre de diminuer la contamination des masses d'eau. C'est effectivement ce que l'on observe dans l'ouest de la France pour les pesticides dont les concentrations maximales ont sensiblement diminué avec la mise en place d'interdictions de traitement à des distances de 1 à 10 mètres des fossés et cours d'eau, ainsi qu'un meilleur usage des désherbants en zone urbaine et sur les voiries.

Mais pour l'azote et le phosphore qui conduisent à une eutrophisation, se manifestant notamment par de fortes productions d'algues, dont certaines ont la capacité de produire des toxines, les résultats des prescriptions inscrites dans la réglementation ne sont pas à la hauteur des espérances et des enjeux.

Dans ce domaine, il se pose clairement sur le terrain un problème d'application des dispositions destinées à la reconquête de la qualité de l'eau qui requiert une mise en cohérence des politiques de l'eau et de l'agriculture, accompagnée d'un contrôle plus rigoureux des services de l'État.

L'objectif de bon état écologique à l'horizon 2015, fixé par la directive-cadre pour l'ensemble des masses d'eau, doit être un enjeu mobilisateur de tous les acteurs et usagers de l'eau. C'est en réduisant les altérations microbiologiques et chimiques de nos ressources que nous diminuerons les contaminations des chaînes trophiques sous influence de la qualité des masses d'eau et au-delà, que nous réduirons l'exposition en fin de chaîne des consommateurs que nous sommes.

Vers une démarche globale pour la sécurité sanitaire des eaux

À côté des critères de qualité physiques, chimiques et microbiologiques définis au cours du XXe siècle pour les eaux de boissons dans un premier temps, puis dans un second temps pour les eaux de baignade, de conchyliculture et plus récemment pour l'ensemble des ressources, un dispositif de gestion des risques sanitaires est indispensable pour assurer la sécurité sanitaire des différents usages de l'eau.

Dans le domaine des eaux d'alimentation, des règles techniques ont très tôt été définies pour la protection des captages et nous avons évoqué les difficultés de mise en place des périmètres de protection. Elles ont été suivies par des instructions relatives aux produits et procédés de traitement qui, en France par exemple, doivent être agréées par le ministre chargé de la santé. Plus récemment, un corpus de règles relatives à la conception et à l'entretien des réseaux de distribution a été élaboré. Mais au final, le contrôle portait jusqu'alors essentiellement sur la quantité du produit (eau alimentaire, coquillage) ou du milieu (eau de baignade) et très peu sur la gestion des moyens mis en œuvre pour assurer la régularité du résultat attendu.

Les évolutions actuelles au niveau international permettront de corriger cette situation avec par exemple la mise en place de « Water Safety Plan » proposé par l'Organisation mondiale de la santé pour les unités de distribution d'eau potable. Ce dispositif, dont l'objectif est d'améliorer la sécurité sanitaire des eaux par la mise en œuvre d'une démarche globale d'évaluation et de gestion du risque pour l'ensemble du système de production d'eau, comporte cinq composantes clés :

1. Fixation d'objectifs sanitaires ;
2. Évaluation du système de production et de distribution d'eau ;
3. Surveillance opérationnelle des points de maîtrise ;
4. Mise en place d'un système de management ;
5. Organisation d'un système indépendant de contrôle.

Il est probable que lors de la révision en cours de la directive européenne relative aux eaux destinées à la consommation humaine, ces aspects de gestion sécurisée de la production et de la distribution de l'eau seront intégrés. La directive eaux de baignade 2006/7/CEE du 15 février 2006 a aussi, en partie, tenu compte de cette nouvelle tendance en prescrivant par exemple l'établissement de profil des caractéristiques et des risques d'atteinte à la qualité des eaux de baignade d'une zone donnée.

Conclusion

La dégradation de la qualité de nos ressources, notamment au plan de la contamination chimique, remet parfois en cause certains usages de l'eau, ce qui accroît les conflits et les difficultés économiques. Cela a conduit à une mise en place, puis à une adaptation, d'un important dispositif réglementaire concernant l'eau et ses différents usages, au niveau de l'Union européenne. Ce dispositif est naturellement repris dans les législations et réglementations des États membres. Dans ce contexte, la démarche d'évaluation et de gestion des risques a permis de mettre en cohérence les différentes approches pour élaborer une politique de l'eau qui assure notre avenir.

Mais les logiques économiques et les habitudes corporatives montrent que les intérêts particuliers peuvent générer des comportements et des attitudes qui remettent en cause l'intérêt général. Or, avec l'eau nous sommes dans un domaine ou l'intérêt général doit prévaloir, ce qui impose aux États, courage et cohérence des politiques publiques.

Bibliographie

H.A. Barton, M.E. Andersen, H.J. Clewell (1998), Harmonization : developing consistent guidelines for applying mode of action and dosimetry information to cancer and non-cancer risk assessment, Human Ecological Risk Assessment, 4 : 75-115.

O. Briand, M. Millet, F. Bertrand, P. Cellier, C. Bedos, R. Seux (2003), Atmospheric concentrations and volatilization fluxes of two herbicides applied on maize. Fresenius Environmental Bulletin, 12,7 : 675-679.

N. Bonvallot, F. Dor, Institut de Veille Sanitaire (2002), Valeurs toxicologiques de références : méthodes d'élaboration.

M. Clément, R. Seux., L. Orhon (2000), Influence de la distance sur le transfert par ruissellement de quelques substances phytosanitaires. Revue des Sciences de l'eau, 55-73.

W. Dab, R. Seux (1992), La démarche d'évaluation des risques : principes et application en nutrition humaine à partir de l'exemple des phytosanitaires. Revue de Nutrition Pratique, 6 : 74-78.

ILSI (1995), Low dose extrapolation of cancer risks : issues and perspectives, ILSI press, Washington DC : 7-84.

H. Manegleir (1991), Histoire de l'eau. Du mythe à la pollution, Éditions François Bourin, Paris.

National Research Council (1983), Risk assessment in the Federal Government: Managing the process, National Academy Press, Washington DC.

National Research Council (1984), Science and Judgment in the Federal Government: Managing the process, National Academy Press, Washington DC.

I. Ravier, E. HaouisSee, M. Clément, R. Seux & O. Briand (2005), Field Experiment for the evaluation of pesticide spray-drift on arable crops Pest Management Science 61 : 728-736.

US Environmental Protection Agency (1992), Guidelines for Exposure Assessment. Federal Register 57 (104) : 22888-22938 (May 29).

US EPA (1989), Risk Assessment Guidance for Superfund (RAGS), volume I : human health evaluation manual, part A.

L. Zeise, R. Wislon, E.A.C. Crouch (1987), Dose response relationships for carcinogenesis. A review, Environmental Health Perspective, 73 : 259-308.

L'eau et la santé : les inquiétudes du public québécois

André Beauchamp

« Je tiens à remercier vivement les responsables du présent Forum de leur invitation. On comprendra que je ne suis pas un expert de l'eau, ni de l'interface eau et santé publique. Ayant eu toutefois l'insigne honneur de présider la Commission sur la gestion de l'eau au Québec (1999-2000), puis de participer à une autre enquête fort agitée sur la production porcine au Québec (2002-2003), et étant également souvent invité à présider des débats sur les controverses autour de l'eau, je vais m'aventurer à aborder avec vous une description sommaire des inquiétudes du public québécois en ce qui concerne l'eau et la santé. N'attendez pas une étude sociologique mais plutôt le simple témoignage d'un observateur privilégié. »

Extrait de la conférence donnée au Forum « Eau et santé 2008 ».

Une sensibilisation croissante à l'égard de l'eau

Avant même de parler d'eau et de santé, il vaut la peine de souligner la sensibilisation de plus en plus vive du public québécois à l'égard de l'eau. D'une part, l'eau va de soi au Québec. Il en tombe beaucoup, d'une manière assez bien répartie sur le territoire, tout au long de l'année. Les périodes de sécheresses sont rares et le printemps est le moment de fortes crues à cause de la fonte des neiges et de la débâcle des rivières et des lacs. On parle de 4 500 rivières et d'un demi-million de lacs. Le milieu agricole pratique peu l'irrigation, le problème majeur n'étant pas en général d'amener de l'eau aux champs mais plutôt de sortir l'eau des champs au printemps. Le drainage des terres importe beaucoup plus que l'irrigation.

En fait, l'omniprésence de l'eau nous a conduits à une certaine indifférence. L'eau allait de soi. Elle semblait inépuisable, indestructible. On a donc utilisé les cours d'eau comme voies de circulation (une rivière, c'est un chemin qui marche), en particulier pour le flottage du bois, ce que l'on appelle chez nous la drave (de l'anglais drive). Drave et pitoune (billots de bois) sont deux québécismes de l'univers mental du Québec. On désigne aussi souvent le Québécois francophone comme un porteur d'eau, c'est-à-dire un employé subalterne chargé de charroyer l'eau pour les maîtres principalement anglophones dans certaines villes, alors que l'aqueduc n'existait pas encore ou ne fournissait que de l'eau de qualité inférieure.

Au XXe siècle, les Québécois ont pratiquement perdu leur accès à l'eau. Les rivières ont été traitées comme des dépotoirs à ciel ouvert. Les rives ont été privatisées et souvent bétonnées. La question de l'eau relevait des experts. L'ancien Premier ministre du Québec, monsieur Robert Bourassa parlait des rivières comme d'une eau qui coule en vain devant votre porte et qu'il fallait donc harnacher à des fins hydroélectriques pour la rendre utile. Il suggérait dans le même esprit d'acheminer d'immenses quantités d'eau vers les États-Unis car, à ses yeux, cette eau avait fini sa vie utile au Canada et allait se perdre inutilement dans la mer. En écho à une telle conception strictement utilitariste de l'eau, j'entends dans ma tête ce vers de Théophile Gauthier « Ah, sans amour s'en aller sur la mer ! », tiré de son beau poème *Sur les lagunes*, poème mis en musique par Berlioz dans *Les nuits d'été*.

Or, nous assistons maintenant à une redécouverte extraordinaire de l'eau, de son importance globale, particulièrement écologique, de sa beauté, de sa fragilité, de sa rareté relative. Je ne sais pas quel a été le mécanisme déclencheur pour l'éveil du public à l'eau, mais je sais, que depuis vingt ans, les gens réclament l'assainissement des cours d'eau, l'épuration des villes, la responsabilisation des acteurs, la démocratisation de l'accès à l'eau. Ils ont redécouvert leur fierté face à l'eau. Ils s'insurgent à l'idée d'exporter massivement de l'eau. La question la plus controversée de l'audience sur l'eau a été celle de l'exploitation de l'eau souterraine à des fins d'eau embouteillée. L'argument invoqué n'était pas celui de la santé, mais le risque de surexploitation de la ressource, et donc de sa contamination potentielle par le mélange avec d'autres aquifères de qualité inférieure d'une part, mais surtout de l'éventualité de profits privés à même une ressource collective d'autre part. C'est la conscience sociale qui est ici mobilisée. Deux autres questions ont émergé : l'exportation massive de l'eau perçue comme un viol et la privatisation des équipements municipaux et des services d'eau.

Pour aborder formellement l'interface eau et santé personnelle et publique j'évoquerai :

- la qualité de l'eau municipale ;
- la réglementation sur l'eau municipale ;
- les puits privés ;
- les sports de l'eau.

En conclusion, j'aborderai les questions de ce que j'appellerai la peur-panique et de la confiance que le citoyen peut développer à l'égard du système sociotechnique qui lui fournit de l'eau. Nous débouchons par là à des interrogations d'un autre ordre.

La qualité de l'eau municipale

Si l'on se fie aux données du ministère de l'environnement datant de 1999, au Québec, 10 % de la population s'alimente à des puits privés et 90 % est reliée à des aqueducs municipaux. Les aqueducs municipaux s'alimentent surtout à partir de l'eau de surface (principalement le fleuve Saint-Laurent), des rivières et des lacs, et moins de 20 % à partir d'eau souterraine. La sur-représentation des eaux de surface s'explique par la ville de Montréal qui puise une eau brute d'excellente qualité dans les Rapides-de-Lachine dans le courant central du Saint-Laurent et qui alimente environ 3 millions de personnes à partir de cette source. Règle générale, plus la ville est grande, plus les chances d'avoir une eau de qualité le sont aussi, parce que le traitement est meilleur, la surveillance plus grande et que le personnel technique est plus nombreux et plus compétent. Dans certaines petites villes et villages isolés, certaines situations sont très préoccupantes.

Les gens m'ont paru en général assez inquiets de la qualité de l'eau municipale, très souvent pour des raisons organoleptiques. Le goût et l'odeur du chlore en particulier sont très dérangeants, alors qu'en soi la présence du chlore indique que le réseau est géré avec attention. Les gens ont manifesté une très grande inquiétude à l'égard de la présence de *Cryptosporidiums* (à cause de l'épidémie de Milwaukee en 1993) et de *Giardia* dans les eaux brutes. Ces deux protozoaires ne sont pas complètement contrôlés par la chloration.

L'autre inquiétude souvent évoquée concernait les THM (trihalométhanes), résultats de la réaction du chlore sur la matière organique, et soupçonnés d'être cancérogènes pour l'être humain. On s'inquiète également beaucoup de la présence des œstrogènes dans l'eau. Lors de l'audience sur la production porcine, la catastrophe de Walkerton (contamination de l'eau municipale par la bactérie *E. Coli* 0157 : H-7) a jeté une inquiétude énorme dans la population rurale. Même si *E. Coli* 0157 : H-7 se rattache à la production bovine plutôt qu'à la production porcine, les gens ont associé les deux productions aux mêmes risques.

En réaction à cette crainte ou à cette méfiance à l'égard de l'eau municipale, il y a une progression importante de la consommation de l'eau embouteillée comme eau de boisson, ou de l'utilisation des filtrants additionnels avant de consommer l'eau municipale comme eau de boisson.

La réglementation sur l'eau municipale

L'inquiétude des citoyens-citoyennes sur l'eau municipale pousse donc les gens à demander une réglementation beaucoup plus sévère. Il faut à la fois améliorer la qualité de l'eau brute des sources d'eau (et donc par le fait même assainir le milieu urbain, industriel et agricole), améliorer le traitement de l'eau potable et son acheminement dans le réseau d'aqueduc, resserrer la surveillance dans l'ensemble du système et hausser la compétence professionnelle des opérateurs.

Au moment de l'audience, la réglementation sur l'eau potable datait de 1984. Si le règlement était à jour, voire d'avant-garde en 1984, il ne l'était manifestement plus en 2000. Le gouvernement provincial voulait hausser ses exigences, mais les municipalités pour leur part renâclaient à cette idée car cela leur imposait une charge financière accrue. Il y a, on le sait, une tension constante entre l'aspiration à la santé et la volonté réelle de payer des villes et des citadins. Le règlement a été modifié en 2001. Il faut dire que les événements survenus à Walkerton (Ontario) en 2000 impliquant 7 décès et 2 300 cas de diarrhée attribuables à *E. Coli* et à *Campylobacter* ont conféré au ministre de l'Environnement l'autorité nécessaire pour l'implantation de sa réforme. Je n'entre pas dans le détail de cette réglementation : d'autres s'en chargeront.

Les puits privés

Environ 10 % de la population québécoise est desservie par des puits privés. Il s'agit de résidences isolées non rattachées à des réseaux d'aqueduc. C'est le cas en général des fermes et d'habitations dispersées en milieu rural. Il y a aussi beaucoup de chalets, résidences secondaires de villégiature pour la période estivale mais qui ont tendance à devenir des résidences secondaires à l'année longue, sinon carrément des résidences tout court. La ville s'éparpille de plus en plus et, dans le cas de Montréal, on parle de première et de deuxième couronne.

La qualité des puits privés est extrêmement variable et très peu surveillée. Quand j'étais jeune, c'était toujours un défi de trouver de l'eau de qualité en abondance. S'il y avait un lac ou une source à proximité, cela allait très bien. Mais souvent on creusait un puits de profondeur variable, dit de surface, de 1 à 5 mètres avec les moyens du temps en souhaitant que l'eau fût bonne et en quantité suffisante. Au chalet de mon père, il y a eu beaucoup de tentatives infructueuses pour creuser un bon puits, malgré la fourche de coudrier (nous disions couramment une hart) et l'habileté du sourcier que l'on appelle également un « tireur de puits ». Nous avons finalement trouvé une source tout près de la rivière et la source coule toujours, hiver comme été, mince filet d'eau patient et imperturbable.

Depuis une vingtaine d'années, les gens creusent dans la roche-mère à des profondeurs beaucoup plus considérables : 50, 100, 150 mètres. Il s'agit de forages professionnels qui permettent de rejoindre les nappes aquifères connues. Dans ma région, l'eau est en général bonne, impeccable au plan bactériologique, mais souvent minéralisée avec du fer, du zinc, du cadmium, etc. Selon les régions, les gens savent les qualités et les défauts de leur eau (il y a des cas d'arsenic en Abitibi) et ils s'ajustent en conséquence. Le problème réel des puits privés réside d'abord dans le contrôle. Les gens se fient à leur intuition et ne procèdent pas à des examens rigoureux pour éviter une dépense qui leur paraît inutile. L'autre raison est plus évidente. Le puits est souvent mal colmaté et donc progressivement contaminé à cause des déficiences du système d'évacuation des eaux usées. Dans le cas des puits dits de surface, la distance est souvent trop courte entre le puits, la fosse septique et le champ d'épuration en sorte que les eaux usées contaminent le puits. Le règlement actuel est assez sévère sur les distances et les équipements à prévoir. Mais les situations du passé restent problématiques avec par exemple des puisards inadéquats et des distances entre le puits et les équipements sanitaires tout à fait insuffisantes.

Depuis quelques années, plusieurs municipalités ont offert aux citoyens une analyse bactériologique gratuite ou à faible coût de leur eau. Il y a eu d'énormes surprises. En milieu rural, on soupçonne qu'il y a souvent contamination du puits domestique par les déjections animales. Mais les gens affirment que leur eau est bonne, qu'ils ne sont pas malades, que c'est ainsi depuis des générations… Au fond, si l'eau vient d'autrui, on est plus facilement soupçonneux et exigeant. Si elle dépend entièrement de soi, beaucoup témoignent alors d'un excès de confiance. Chacun sa besace dirait Jean de la Fontaine. D'ailleurs, quel joli nom pour parler de l'eau !

Les sports de l'eau

Une inquiétude souvent exprimée par les citoyens concerne ce que l'on peut appeler les sports de l'eau. En tout premier lieu, la baignade dans les lacs et les rivières dont la qualité de l'eau permet sans trop de risques ce genre d'activités. Il existe un nombre appréciable de plages publiques que la population fréquente volontiers durant notre trop bref été. Les baigneurs et baigneuses peuvent-ils ou non avoir confiance ? Les plages sont répertoriées et font l'objet d'un programme de surveillance qui témoigne de la qualité souvent variable de l'eau des plages. En certaines circonstances, on doit donc émettre un avis de santé interdisant la baignade à certains moments. On peut penser aux temps de canicule, alors qu'une eau plus chaude favorise l'éclosion de bactéries coliformes ou une poussée d'algues. Ces deux dernières années, d'importantes éclosions d'algues bleues ou cyanobactéries ont jeté la consternation dans de nombreux endroits de villégiature, souvent situés à proximité de lacs dont la qualité de l'eau s'est dégradée pendant une génération et qui devient d'un coup carrément mauvaise et dangereuse.

Dans la région de Montréal, les journaux ont aussi créé une véritable panique à l'égard des piscines et pataugeuses publiques, ce qui a amené des municipalités à fermer leurs équipements collectifs au moment où leur utilité sociale eût été à son sommet. En situation de canicule, quel est le chemin du moindre risque ? Prendre un risque bactériologique en se baignant ou souffrir de la chaleur ? Au Québec, un peu partout, les gens ont installé des piscines privées dans l'arrière-cour de leur résidence. Il n'y a pas sur ce point de programme de vérification. J'imagine qu'on aurait là aussi de grandes surprises. Monsieur Dupont obéirait-il à l'inspecteur qui lui dit que l'eau de sa piscine ne correspond pas aux normes ?

Il faut ajouter aussi aux sports de l'eau d'autres activités importantes : le ski nautique, le canot et le kayak. Ces deux derniers sports représentent un potentiel touristique considérables, mais leur condition d'exercice c'est la qualité de l'eau.

Ajoutons à cela la pêche sportive et donc la consommation de poisson. Peut-on ou non manger sans risque le poisson qu'on a pêché dans le ruisseau, le lac ou le fleuve ? Comme le poisson a tendance à fixer les polluants dans sa chair – et d'autant plus qu'il est plus haut dans la chaîne alimentaire – les services gouvernementaux publient des guides de consommation, fixant des seuils par semaine selon les sources d'eau et les espèces pêchées. Le poisson – surtout sauvage – est une source précieuse en oméga 3. Il est donc excellent d'en manger. Cependant, il faut surveiller la concentration en mercure et en d'autres métaux lourds, de même que la présence de pesticides ou d'autres produits chimiques qui se retrouvent dans les eaux. Il est toujours inquiétant de se faire dire qu'on peut manger de tel poisson deux fois par semaine, mais qu'en manger trois fois ce serait inadéquat ou même dangereux. Si en manger trois fois est dangereux ou nocif, en manger une fois est-il prudent ?

Ce que j'ai perçu de la part des gens qui s'adonnent aux sports de contact avec l'eau ou qui pêchent et consomment leurs prises, c'est moins la peur que la colère. Le risque entrevu ne les amène pas à cesser leurs activités préférées (ils y trouvent un bénéfice immédiat). Mais ils ressentent de la colère et de la frustration à l'égard d'une société à leurs yeux irresponsable qui détériore un milieu si essentiel et normalement si bénéfique.

Conclusion

Face aux inquiétudes, la peur et la colère de la population, il serait très prétentieux de la part d'un observateur de juger de l'attitude des gens à partir d'une quantification qui se voudrait objective et impartiale des risques réellement encourus.

Pourquoi les gens ont-ils si peur de la qualité de l'eau potable que leur offre leur municipalité et pourquoi se lancent-ils dans la consommation de l'eau embouteillée qui coûte souvent jusqu'à 1 000 fois plus cher, et qui n'est pas toujours à l'abri de tout risque si l'on tient compte de la façon dont elle est consommée ?

Dans tout débat public, il arrive que la peur soit fictive, ou rhétorique. Comme l'eau est une chose essentielle à la vie, mettre sa qualité en cause c'est entrer dans le registre de l'indignation, de l'intolérable. La peur peut alors être manipulée comme tout autre sentiment humain.

Lors de l'audience sur la gestion du porc, les gens manifestaient une peur viscérale à l'égard des impacts de la production porcine, notamment sur l'air (les odeurs qui, à leurs yeux, ne se réduisent pas à des nuisances mais engendrent l'effet de stress et d'autres malaises physiologiques), sur le sol et sur l'eau.

Les gens ont peur à la pollution de l'eau causée par les déjections animales et l'excès de fertilisation du sol dans la culture intensive de maïs. Dans la panoplie des maladies possibles, les gens évoquaient souvent le syndrome du bébé bleu. Cette maladie dont le nom scientifique est la méthémoglobinémie est une intoxication due à l'eau des puits (nitrite, nitrate) souvent associée à la pollution agricole. Un de mes collègues commissaires exaspéré de cette évocation constante décida de demander à l'expert du ministère de la santé présent à l'audience quel était le taux d'occurrence du syndrome du bébé bleu. L'expert nous répondit que la maladie était répertoriée dans les études mais qu'à sa connaissance il n'y avait aucun cas au Canada. Peut-être y en avait-il aux États-Unis ? Pourquoi chaque mère inquiète de la pollution agricole avait-elle peur que son bébé souffre du syndrome du bébé bleu alors qu'il n'y a aucun cas répertorié au Canada ?

L'observateur est alors porté à penser ici à de la mauvaise foi. Je pense que ce serait une erreur ou un jugement trop sommaire. La peur est très souvent réelle, elle s'enracine ici moins dans le risque scientifiquement calculé que dans la confiance que les gens ont ou n'ont pas dans la société où ils vivent. Le fondement de la peur est moins ici le risque en lui-même que la méfiance que les gens ont à l'égard du système technico-social qui gère leur eau. Dans le cas de la production porcine, ils se sentent victimes d'une industrie qui s'approprie leur territoire et les évacue de leur propre vie. Dans le cas de l'eau urbaine, ils pensent qu'on leur cache des choses et que les experts ne disent pas toute la vérité. La réponse à la peur n'est pas ici de rassurer coûte que coûte mais de parvenir à la transparence.

L'autre phénomène étrange est celui de la réglementation. Quand les gens demandent si l'eau est bonne, nous répondons qu'ils peuvent la boire en toute confiance car elle correspond aux normes. Mais les normes changent et changent vite. En 1984, la réglementation québécoise était d'avant-garde. En 1999, elle était vétuste. Mais on continuait à dire aux gens inquiets que leur eau était bonne à boire et conforme aux normes. En 2001, le gouvernement a mis ses normes à jour et a donc relevé considérablement ses standards, notamment en ce qui concerne les THM. Et du jour au lendemain, des municipalités se sont fait dire que leur eau n'était plus conforme aux normes. On laissait ainsi sous-entendre que désormais leurs citoyens étaient en danger. Aujourd'hui l'attention porte sur les THM, demain elle portera sur les AHA (acides halo-acétiques) ou sur autre chose.

Pour le citoyen ordinaire, ces changements subits minent précisément la confiance. Si la bonne eau d'hier est aujourd'hui inadéquate, et que la bonne eau d'aujourd'hui sera demain dangereuse, où s'arrêtera mon inquiétude ? Un vrai spécialiste ne pourra jamais dire qu'une eau est absolument bonne. Elle est bonne selon les critères du jour mais on pourrait allonger la liste des matières à soupçonner et des quantités mesurées. Le risque zéro n'existe pas. Mais le magistère des spécialistes laisse entendre que plus l'expert sera présent plus le risque régressera. Il y a ici un certain bluff, une promesse intenable. Je ne plaide pas ici pour l'ignorance et l'arrêt de la recherche. Je dis simplement que la victoire sur la peur passe d'abord par la qualité du rapport social (et donc de son exercice démocratique) et secondairement par son avancée technique. Au-delà du risque (et donc du danger et de sa probabilité d'occurrence) se profile l'image de la pollution et, derrière cette image, la ligne du pur et de l'impur, du tabou et de l'interdit. Il faudrait ici s'arrêter sur la contribution décisive de Mary Douglas. J'ai pour ma part abordé cette question dans mon livre *Gérer le risque, vaincre la peur* (Montréal, Bellarmin, 1996).

Ce n'est pas pour rien que l'eau est au cœur de nos débats de société. On ne saurait jamais la réduire à n'être qu'un élément technique hors de nous-même. J'oserais dire que, comme le vin, elle est meilleure au goût quand elle est partagée.

Table des matières

Maquette couverture : V. Hélye
Conception/Réalisation : Presses de l'EHESP
Achevé d'imprimer sur les presses
de l'imprimerie Darantiere à Dijon-Quetigny
Dépôt légal : Janvier 2009
N° d'impression : 29-0086
IMPRIMÉ EN FRANCE